黄河水沙调控与生态治理丛书

黄河治理若干科学技术问题研究

张金良 著

科学出版社
北京

内 容 简 介

作者坚守黄河治理一线 30 余年，针对世界上最复杂、最难治理的河流，长期致力于治河基本理论与重大水利工程设计运用技术研究。本书收录了作者不同时期发表的关于黄河水沙调控与河道生态治理方面的重要研究成果，经分类汇集，汇编成书。内容包括黄河水沙特性研究、水库异重流研究、三门峡水库运用与潼关高程研究、水沙调控研究、黄河下游生态治理研究等。

本书可供从事水沙调控、河道治理等方面研究、设计和管理的水利科技工作者及相关专业师生参考使用。

图书在版编目（CIP）数据

黄河治理若干科学技术问题研究 / 张金良著. —北京：科学出版社，2020.6

ISBN 978-7-03-063742-0

Ⅰ. ①黄…　Ⅱ. ①张…　Ⅲ. ①黄河–河道整治–文集　Ⅳ. ①TV882. 1-53

中国版本图书馆 CIP 数据核字（2019）第 280995 号

责任编辑：朱　瑾　习慧丽 / 责任校对：邹慧卿
责任印制：吴兆东　/ 封面设计：无极书装

科学出版社 出版
北京东黄城根北街 16 号
邮政编码: 100717
http://www.sciencep.com

北京虎彩文化传播有限公司 印刷

科学出版社发行　各地新华书店经销

*

2020 年 6 月第　一　版　开本：787×1092　1/16
2020 年 6 月第一次印刷　印张：15 1/2
字数：368 000

定价：228.00 元

（如有印装质量问题，我社负责调换）

序

黄河发源于“世界水塔”青藏高原北麓的巴颜喀拉山，一路奔驰千里流经青海、四川、甘肃、宁夏、内蒙古、山西、陕西、河南、山东九省（区），绵长5464km；纵差4500m，从第一台地直至第三台地，流域跨越青藏高原、黄土高原、华北平原等。黄河孕育了中华文明，也带来了深重的苦难。一部中华史满是人民与黄河斗争融合的历史，从原始的躲避洪水到限制洪水、防御洪水、治理洪水、扬水利除水害，五千年悠然而过。

中华人民共和国成立以后，我国逐步开展了大江大河系统性治理。从20世纪50年代编制《关于根治黄河水害和开发黄河水利的综合规划的报告》开始，谱写了人民治黄的宏伟篇章，取得了举世瞩目的伟大成就，水土保持、河道整治、干支流水库和堤防等水利工程建设，实现了黄河70年岁岁安澜，有力支撑了流域经济社会发展。但是，我们也要清醒地看到黄河体弱多病、水患频繁的基本特质。当前，洪水风险依然是流域的最大威胁，水沙调控体系不完善、防洪短板突出、上游形成新悬河、中游潼关高程居高不下、下游“二级悬河”发育、滩区经济社会发展质量不高等问题突出。新的历史时期，亟待治黄科技工作者破解上述难题，保障黄河长治久安。

作者长期工作在治黄第一线，数十年不断钻研治黄新手段、新方法，该书是他数十年如一日治黄认识与实践经验的汇编，是他的呕心之作。该书从黄河水沙特性这一角度切入，剖析了多沙河流水库中常见的异重流现象，研究了三门峡水库与潼关高程的相关问题，提出了水沙调控的布局与技术；站在新的历史时期，转变治黄思路，提出了黄河下游生态治理的总体构想，分析了生态治理方案、模式与效果；紧跟国家重大工程战略布局，提出了自己的独到见解。阅读此书，既可对黄河治理的过去和现状有总体了解，又可以面向未来思考黄河治理的新愿景。书中的一些认识和方法已经在治黄实践中得到检验与验证，一些构想可供其他专家交流、评议。

张建云

中国工程院院士、英国皇家工程院外籍院士

南京水利科学研究院名誉院长

2019年12月16日

前　言

本书是我多年来一些研究成果的汇编，基本贯穿我学习、工作的数十年，同我学习生涯、工作生涯的研究、思考、实践紧密关联。世事洞明皆学问，我的学习经历、工作经历使我对黄河水沙问题、黄河治理有思考的载体，有验证实践的机会，为本书的成稿提供了支撑和基础。

1963年我出生于河南新安，洛水汤汤、黄河滔滔，此间正是河洛文化的核心地带，河图洛书的古老传说一直令人神往。18岁我负笈北上天津，来到海河腹地，见识海河五大支流交汇奔流入海，求学于天津大学，开始与水利结缘；1997年南下，至长江穿城而过的南京，赴河海大学攻读硕士；1999年再赴天津大学，师从曹楚生院士，攻读水利水电工程水沙联合调度方向的博士，坚定了此后数十年努力工作的重点和方向。纵观我的求学经历，辗转于江河淮海间，一直在水利专业的道路上不断前进，逐渐将工作和学习结合起来，找到了努力的方向，这是本书成稿的第一道保障。

学习、工作的数十年是本书素材的积累时期，我的工作足迹主要可以分为三个阶段，三门峡枢纽管理局、黄河水利委员会防汛办公室及现在的黄河勘测规划设计研究院有限公司。1985年我从天津大学毕业，被分配到成立两年的三门峡枢纽管理局，从事水电站的运行管理与技术工作。在三门峡枢纽管理局工作的13年间，从技术计划处的技术员到基建分局副局长，从总工办主任到三门峡枢纽管理局副局长，从助理工程师到高级工程师，这是我事业上逐渐成长的时期，这期间我攻克了一些技术难关，破解了一些管理难题。也正是在三门峡枢纽管理局的多年工作经历，让我认识到黄河治理尤其是泥沙治理的重要性，国家花几十亿甚至几百亿投资建设一个枢纽，如果运行不好，就是一种巨大的浪费，要想让三门峡枢纽提高效益、发挥作用，必须把泥沙问题处理好。

2001年12月，我出任黄河防汛总指挥部办公室副主任和黄河水利委员会防汛办公室主任，肩负起整个黄河流域（片）的防汛调度管理重任，我开始从全河的视角审视黄河的泥沙问题。黄河复杂难治的症结在于水少沙多、水沙关系不协调，解决以上问题主要靠增水、减沙和调水调沙，长期的治黄实践总结为“拦、排、放、调、挖”五字方针。但调水调沙一直未在黄河流域得以施展，一是缺乏开展的硬件，即水库群，二是调水调沙的相关技术尚待完善。彼时举世瞩目的小浪底工程已经投运两年，硬件基础基本具备；下游河道水沙运动规律、水库排沙规律也有一定的研究基础，加之我在三门峡枢纽管理局的经历，使我对三门峡水利枢纽的调度相对熟稔，对于库区的特性有较为深入的认识。在此背景下，黄河水利委员会决定于2002年开展调水调沙试验。黄河调水调沙试验可以说是迄今世界水利史上最大规模的人工原型试验，我担任黄河水利委员会防汛办公室主任、调度组副组长、后评估组组长，直接参与组织完成了历次调水调沙试验方案制定、指挥调度和后评估等工作。这样的工作既让人兴奋，又让人承受着异常的压力。调水调沙的经历让我对黄河水沙联合调控、异重流运行规律、水库水沙运动规律有了更深的认识。调水调沙原型试验期间，也正是我完成博士论文的时候，生产与实践紧密结合，为论文撰写提供了坚实的基础。经过系统的总结提炼，形成了本书中有关水沙调控、异重流及库区特性的相关成果。

2008 年 11 月，我来到黄河勘测规划设计研究院有限公司，一直工作至今。黄河勘测规划设计研究院有限公司是黄河水利委员会治黄的技术参谋，为治黄的各项战略、战术提供技术支撑。我工作的内容更加拓宽，从以水库调度、防汛为主，扩展到治黄的方方面面，使得我对黄河治理有了更广泛、更深入的了解与认识。在工作中我意识到虽然人民治黄成绩斐然，但黄河依然存在着洪水威胁、下游悬河发育、水资源短缺、滩区居住大量群众等一系列问题和相互交织的矛盾，不断破解上述难题，逐步探索出人、水、沙和谐相处的黄河下游河道治理方略意义深远。近年来，我在治黄方面主要投入于论证建设黄河水沙调控体系、研究黄河下游河道生态治理等工作，完善水沙调控体系，深入开展古贤水利枢纽、东庄水利枢纽、马莲河水利枢纽等干支流水库前期工作，积极推动项目落地。黄河下游河道生态治理构想，是我基于新时代新的治水方针指引下，提出的一种实现下游河道悬河治理和破解滩区群众生产安全问题的一种全新思路。这也是本书中相关章节内容的来源。

让我欣喜的是，当前黄河调水调沙已经经过 3 次试验运行、16 次生产运行，下游河道平滩流量从 2002 年汛前的 1800m^3/s 恢复到 4200m^3/s；古贤水利枢纽可行性研究通过水利部水利水电规划设计总院审查，东庄水利枢纽开工建设；书中的一些认识已经得到水利行业同行的认可，一些构想也得到业内的广泛讨论。

提笔封卷，正欣逢中华人民共和国成立 70 周年，中国水利事业发生了翻天覆地的变化，并将接续奋进，不断创造新的辉煌。潮平岸阔，风正帆悬，水利行业犹如艨艟巨舰斩浪前行。个人投身于这样的时代，何其有幸，倘能取得一点成绩更是足慰平生。

是为序！

张金良

2019 年 12 月

目　录

第一章　黄河水沙特性研究

第一节　多沙河流分类标准研究[①]

一、研究背景

我国北方水土流失严重地区的多沙河流，具有输沙量大、含沙量高的特点，在这些河流上兴建水利水电工程或者其他涉水工程后，会改变天然河道的泥沙输移特性，泥沙将在水库内淤积，工程下游河道也将发生冲淤变化。这些变化会给工程的建设和运营带来一系列问题，严重时甚至会导致工程被迫改建或失败。根据河道来水来沙特性建立分类标准，反映不同河流泥沙问题的严重程度，对指导多沙河流开发治理和重大水利枢纽工程设计意义重大。

大量学者针对高含沙水流的判别开展了诸多研究，提出采用细沙比例和含沙量两个指标作为判别指标并给出判别阈值，但是基于来水来沙特性对河流进行分类方面的研究甚少。水利部水利水电规划设计总院组织编制的《泥沙设计手册》根据我国河流的泥沙情况和多年来研究解决工程泥沙问题的实践经验，以年均含沙量为指标，将河流分为少沙河流和多沙河流（涂启华和杨赉斐，2006）。少沙河流是指年均含沙量低于 $1kg/m^3$ 的河流，多沙河流是指年均含沙量高于 $10kg/m^3$ 的河流。目前这种河流分类方法在指导水利工程的建设和运营中起到了重要作用，然而我国北方诸多河流的年均含沙量变化幅度很大，例如，黄河流域的很多河流年均含沙量达到每立方米数十甚至数百千克，当水流含沙量高到一定程度且细颗粒泥沙达到一定比例时，水流流变特性、输沙特性和造床特性都将发生很大的变化。因此，从河流治理开发及工程泥沙处理技术需求来讲，需要对含沙量 $10kg/m^3$ 以上的多沙河流进行分级。本节以黄河流域重要支流为研究对象，以不同支流水沙特性差异为分类原则，研究多沙河流分类方法。

二、多沙河流水沙特性

我国多沙河流主要集中在北方水土流失严重、暴雨频发的区域，黄河流域最为典型，该流域重要支流来水来沙具有如下特点。

（一）水少、沙多、含沙量高

黄河 33 条重要支流的年均水沙特征值见表 1.1-1。黄河重要支流尤其是中游支流来水来沙普遍具有水少、沙多、含沙量高的特点，年均含沙量超过 $10kg/m^3$ 的有 30 条，年均含沙量超过 $100kg/m^3$ 的有 20 条，县川河、祖厉河、朱家川和皇甫川的年均含沙量甚至达到 $300kg/m^3$ 以上。

---

① 作者：张金良

表 1.1-1 黄河重要支流年均水沙特征值

序号	河流	水文站	时段	年均径流量/亿 m^3	年均输沙量/万 t	年均输沙量/（kg/m^3）
1	县川河	旧县	1977～2015 年	0.09	481	556.2
2	祖厉河	靖远	1955～2015 年	1.07	4 336	405.6
3	朱家川	桥头	1956～2015 年	0.25	968	390.1
4	皇甫川	皇甫	1954～2015 年	1.25	3 874	308.8
5	偏关河	偏关	1958～2015 年	0.29	836	292.4
6	孤山川	高石崖	1954～2015 年	0.66	1 593	241.1
7	屈产河	裴沟	1963～2015 年	0.30	718	236.1
8	清涧河	延川	1954～2015 年	1.35	3 095	230.0
9	清水河	泉眼山	1955～2015 年	1.15	2 581	224.8
10	湫水河	林家坪	1954～2015 年	0.67	1 460	216.4
11	清凉寺沟	杨家坡	1957～2015 年	0.11	225	206.6
12	佳芦河	申家湾	1957～2015 年	0.57	59	201.7
13	延河	甘谷驿	1954～2015 年	2.02	3 908	193.5
14	州川河	吉县	1959～2015 年	0.13	215	167.5
15	鄂河	乡宁	1959～2015 年	0.10	160	160.7
16	窟野河	温家川	1954～2015 年	5.23	7 782	148.9
17	蔚汾河	兴县	1956～2015 年	0.41	604	146.2
18	泾河	张家山	1954～2015 年	15.87	21 074	132.8
19	昕水河	大宁	1955～2015 年	1.23	1 299	106.0
20	岚漪河	裴家川	1956～2015 年	0.73	759	104.1
21	北洛河	状头	1954～2015 年	6.47	6 437	99.5
22	无定河	白家川	1956～2015 年	11.01	10 021	91.0
23	汾川河	新市河	1967～2015 年	0.33	234	71.6
24	三川河	后大成	1954～2015 年	2.13	1 490	69.8
25	红河	放牛沟	1955～2015 年	1.55	1 008	65.2
26	苦水河	郭家桥	1955～2015 年	0.91	461	50.6
27	秃尾河	高家川	1956～2015 年	3.19	1 521	47.6
28	渭河	咸阳	1954～2015 年	39.33	10 081	25.6
29	仕望川	大村	1959～2015 年	0.70	171	24.3
30	汾河	河津	1954～2015 年	9.50	1 876	19.8
31	湟水	民和	1954～2015 年	15.97	1 332	8.3
32	洮河	红旗	1954～2015 年	45.11	2 147	4.8
33	大通河	享堂	1954～2015 年	27.72	274	1.0

（二）水沙年际变化大

黄河 33 条重要支流最大年水量为其年均水量的 1.69～9.41 倍，最大年沙量为其年均沙量的 3.07～12.54 倍，来水来沙年际变化大。图 1.1-1 和图 1.1-2 分别为黄河典型支流无定河、朱家川实测径流输沙过程，可以看出，两支典型支流水沙年际不均，变化剧烈。无定河年径流量和年输沙量最大值分别为 20.14 亿 m^3、4.41 亿 t，分别为其最小值的 3.3 倍、164.9 倍；朱家川年径流量和年输沙量最大值分别为 2.34 亿 m^3 和 1.21 亿 t，而在其最枯的年份径流量和输沙量几乎为 0。

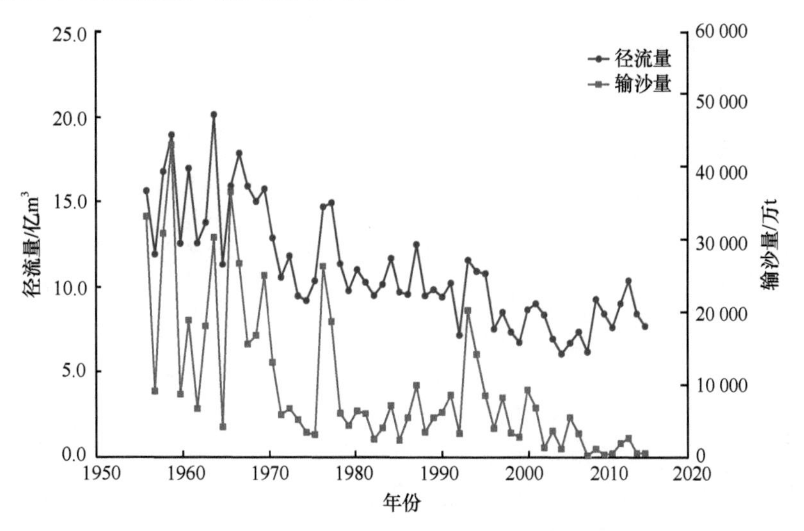

图 1.1-1　无定河实测径流输沙过程

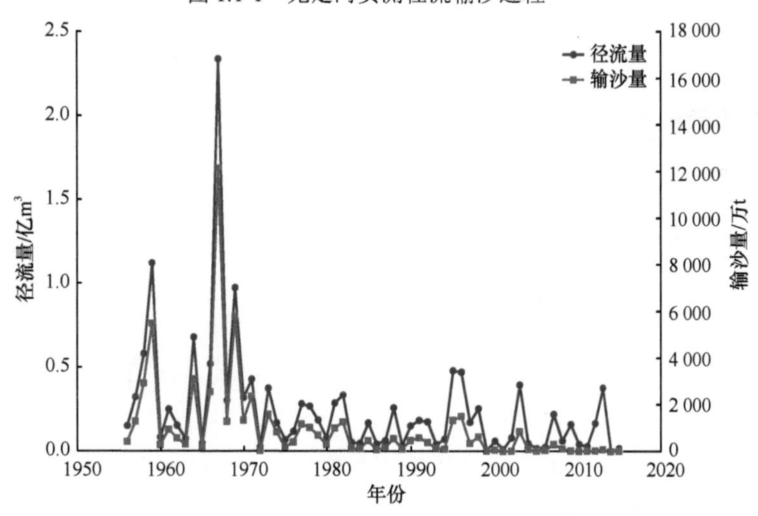

图 1.1-2　朱家川实测径流输沙过程

（三）水沙年内分配不均

年内来水来沙集中于汛期，汛期来水来沙集中于场次洪水，来水来沙年内分配不均。图 1.1-3 给出了黄河重要支流汛期水沙量占全年水沙量的比例，可以看出，汛期水量占全年水量的比例几乎均在 55%以上，比例最大的县川河达到 95%；沙量更为集中，汛期沙量占全年沙量的比例基本在 83%以上，比例最大的朱家川达到 97%。多数支流入黄泥沙集中于汛前历时短的场次洪水，洪水期水流含沙量普遍达到 300kg/m^3 以上，例如，1966 年 7 月 28 日窟野河的场次洪水，单日输沙量达到 0.92 亿 t，占全年来沙量的 31%，含沙量高达 836kg/m^3。

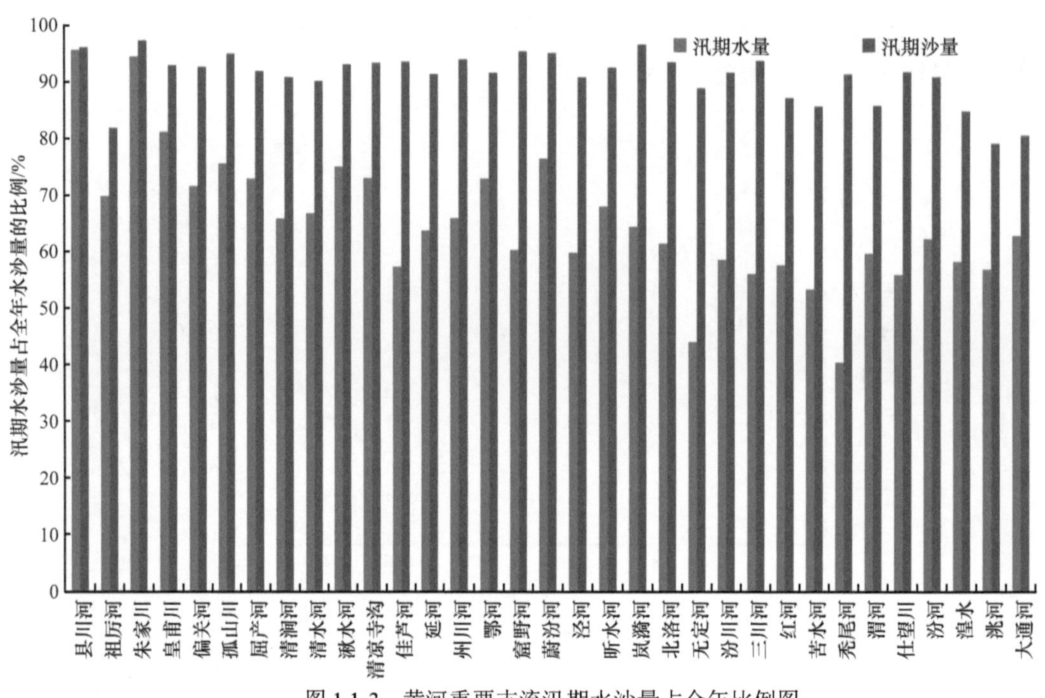

图 1.1-3　黄河重要支流汛期水沙量占全年比例图

三、高含沙水流的输沙和造床特性

（一）含沙水流的流变特性

针对含沙水流的流变特性，国内外学者开展了大量研究，发现一般含沙水流为牛顿流体，水流切应力 τ 与变形速度 $\dfrac{\mathrm{d}u}{\mathrm{d}y}$ 呈线性关系：

$$\tau = \mu \frac{\mathrm{d}u}{\mathrm{d}y}$$

式中，μ 为运动黏滞系数。静水沉降试验中，一般含沙水流粗颗粒泥沙沉降快、细颗粒泥沙沉降慢，粗、细颗粒泥沙分选现象明显。

若含有一定比例的细颗粒泥沙，随着含沙量的增高，水流将由牛顿流体变为非牛顿流体，形成高含沙水流。高含沙水流的流变特性（钱宁等，1979）可近似描述为

$$\tau = \tau_{\mathrm{B}} + \eta \frac{\mathrm{d}u}{\mathrm{d}y}$$

式中，τ_{B} 为非牛顿流体初始切应力；η 为非线性的黏滞系数。

细颗粒泥沙含量越高，τ_{B} 越大，对于同一种泥沙，τ_{B} 与含沙量的高次方成正比。众多研究（钱宁等，1979；钱宁和万兆惠，1985；宋天成等，1986）表明，与一般含沙水流相比，高含沙水流含有大量细颗粒泥沙，当含沙量达到某一临界含沙量时，全部泥沙都参与组成均质浑水，粗、细泥沙不再存在分选，粗、细颗粒都以同一速度下沉，而这一速度要比不均匀沙在清水中的平均下沉速度小数百倍乃至上千倍。

（二）高含沙水流的形成条件

普遍认为，含沙水流具有一定数量的细颗粒泥沙（d≤0.01mm），同时含沙量达到200～300kg/m^3 以上时，才能由牛顿流体转变为非牛顿流体，形成高含沙水流（宋天成等，1986）。黄河重要支流粒径小于 0.01mm 的输沙量比例大多在 25%以上，最高达到37%，洪水期含沙量普遍会达到 300kg/m^3 以上，因此易形成高含沙洪水。

（三）高含沙水流的造床作用

高含沙水流的流变特性复杂，造床作用极强。2017 年 7 月 25～26 日，无定河发生高含沙洪水，白家川水文站洪峰流量达 4480m^3/s，最大含沙量为 873kg/m^3。无定河丁家沟水文站和白家川水文站洪水前后断面分别如图 1.1-4 和图 1.1-5 所示，断面主槽最大冲刷深度达 1.5m，平均冲刷深度为 0.5～0.6m。

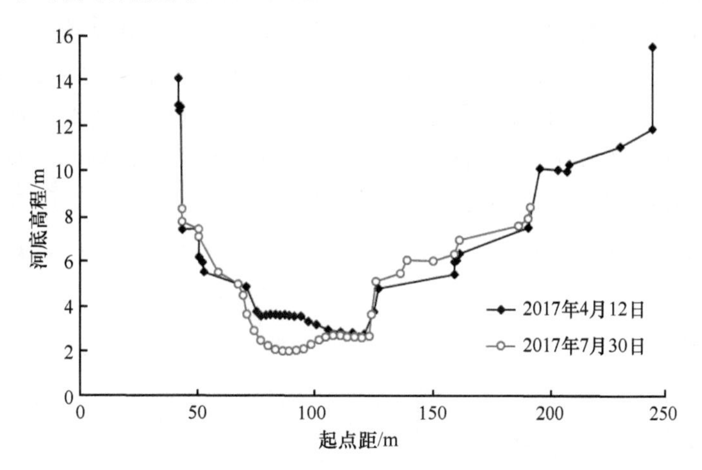

图 1.1-4　丁家沟水文站洪水前后断面

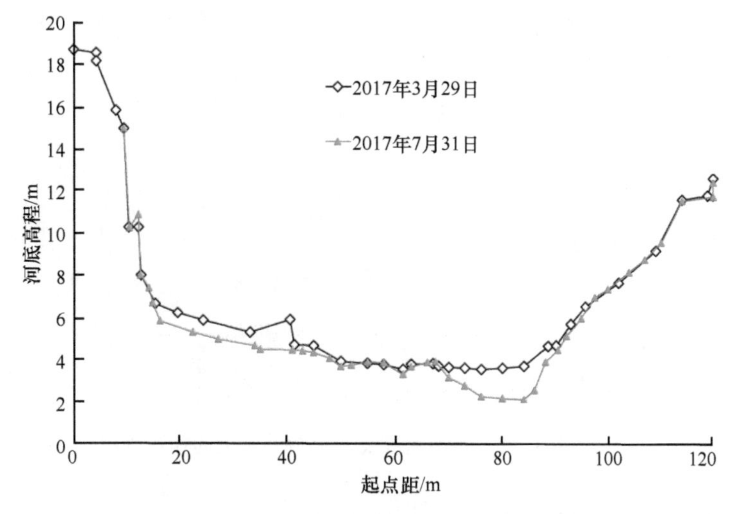

图 1.1-5　白家川水文站洪水前后断面

许炯心（1992）通过研究黄土高原的 30 余条宽谷或平原河流发现，高含沙水流在河床塑造中起了重要的作用，当进入高含沙水流范围时，水流能耗率大幅度降低，挟沙能力大大增加，促使河床向弯曲发展。年均含沙量为 10～25kg/m^3 时，高含沙水流出现概率很低，一般为游荡型河流；年均含沙量为 25～100kg/m^3 时，高含沙水流开始起不同程度的造床作用，河流既有游荡型，又有弯曲型；年均含沙量为 100～200kg/m^3 时，高含沙水流起主要造床作用，河流发育为弯曲型；年均含沙量为 200kg/m^3 以上时，河流发育为完美的弯曲型。由此说明，河流年均含沙量为 100～200kg/m^3、200kg/m^3 以上时水流的造床作用具有明显差异。

四、多沙河流分级

黄河流域典型支流来水来沙特性表明，多沙河流普遍具有水少、沙多、含沙量高、泥沙输送主要集中于汛期场次洪水期间，且多形成高含沙水流的共同特点。高含沙水流的流变特性和输沙特性与一般水流有本质差异，造床作用极强。对于多沙河流，高含沙水流尤其是高含沙洪水是河道冲淤演变的主要控制因素，反映了泥沙问题的严重性和重要程度。为此，采用实测资料，系统分析了黄河流域重要支流高含沙水流的输沙比例。图 1.1-6 可以看到，黄河上游年均含沙量较低的大通河、洮河、湟水等支流高含沙水流的输沙比例较小，不足 5%；黄河中游年均含沙量较高的多沙支流高含沙水流的输沙比例一般都在 70%以上，最高达 95%以上，即河流来沙几乎全部由高含沙水流输送。

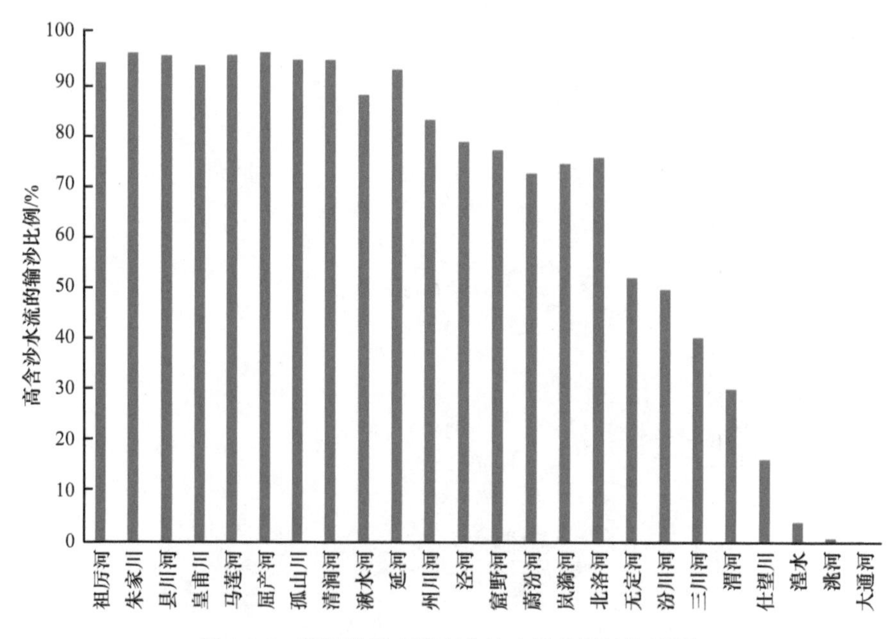

图 1.1-6　黄河重要支流高含沙水流的输沙比例图

黄河重要支流高含沙水流的输沙比例与年均含沙量的关系见图1.1-7，可以看到，多沙河流高含沙水流的输沙比例与年均含沙量具有较好的相关关系。随着河流年均含沙量的增高，高含沙水流的输沙比例不断增大，当年均含沙量为10～100kg/m^{3}时，高含沙水流的输沙比例小于70%；当年均含沙量为100～200kg/m^{3}时，高含沙水流的输沙比例为70%～90%；当年均含沙量在200kg/m^{3}以上时，高含沙水流的输沙比例大多为90%以上，多沙河流流域的泥沙几乎全部由高含沙水流输送，因此高含沙水流起决定性的塑槽作用。

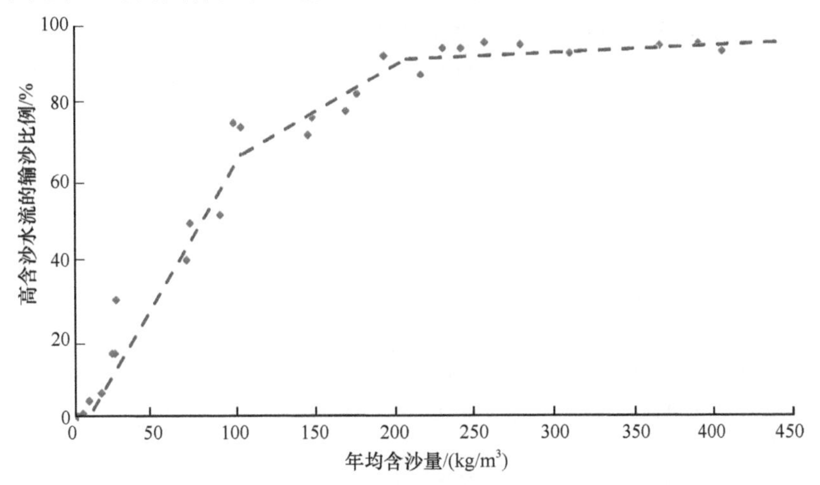

图 1.1-7　黄河重要支流高含沙水流的输沙比例与年均含沙量的关系图

在多沙河流年均含沙量为100kg/m^3、200kg/m^{3}处，高含沙水流的输沙比例与年均含沙量关系曲线具有明显的拐点，为此我们提出将年均含沙量为10～100kg/m^3（或高含沙水流的输沙比例在70%以下）的河流划分为高含沙河流；将年均含沙量为100～200kg/m^3（或高含沙水流的输沙比例为70%～90%）的河流划分为超高含沙河流；将年均含沙量为200kg/m^{3}以上（或高含沙水流的输沙比例超过90%）的河流划分为特高含沙河流。

五、结语与认识

（1）我国北方水土流失严重地区多沙河流的输沙量和含沙量变幅大，本节基于来水来沙特性建立了河流分类方法，反映不同河流泥沙问题的严重程度，对指导多沙河流开发治理和重大水利枢纽工程设计意义重大，非常必要。

（2）黄河流域典型多沙支流普遍具有水少、沙多、含沙量高的特点，年均含沙量一般为 20～300kg/m^3，泥沙输送主要集中于汛期，大多占全年输沙量的 80%以上，汛期输沙多集中于场次洪水期，且多形成高含沙水流。

（3）高含沙水流的流变特性和输沙特性与一般水流有本质差异，造床作用极强，高含沙水流尤其是高含沙洪水是多沙河流冲淤演变的主要控制因素。高含沙水流的输沙量反映了泥沙问题的严重性和重要程度。

（4）多沙河流高含沙水流的输沙比例与年均含沙量具有较好的相关关系，随着河流年均含沙量的增高，高含沙水流的输沙比例不断增大。年均含沙量较低的河流高含沙水流的输沙比例不足 5%，年均含沙量较高的河流输沙比例最高达 95%以上，即河道来沙几乎全部由高含沙水流输送。

（5）在多沙河流年均含沙量为 100kg/m^3、200kg/m^3 处，高含沙水流的输沙比例与年均含沙量关系曲线具有明显的拐点，河道的形态发育也存在显著差异。据此将年均含沙量为 10～100kg/m^3（或高含沙水流的输沙比例在 70%以下）的河流划分为高含沙河流；将年均含沙量为 100～200kg/m^3（或高含沙水流的输沙比例为 70%～90%）的河流划分为超高含沙河流；将年均含沙量为 200kg/m^3 以上（或高含沙水流的输沙比例超过 90%）的河流划分为特高含沙河流。

参考文献

林秀芝, 苏运启, 岳德军. 2005. 黄河高含沙水流的判别//黄河水利科学研究院. 第六届全国泥沙基本理论研究学术讨论会论文集. 郑州: 黄河水利出版社: 282-287.
钱宁, 万兆惠. 1985. 高含沙水流运动研究述评. 水利学报, (5): 27-34.
钱宁, 万兆惠, 钱意颖. 1979. 黄河的高含沙水流问题. 清华大学学报（自然科学版）, (2): 1-17.
宋天成, 万兆惠, 钱宁. 1986. 细颗粒含量对粗颗粒两相高含沙水流流动特性的影响. 水利学报, (4): 1-10.
涂启华, 杨赉斐. 2006. 泥沙设计手册. 北京: 中国水利水电出版社: 4-5.
许炯心. 1992. 高含沙型曲流河床形成机理的初步研究. 地理学报, 47(1): 40-48.

第二节　黄河泥沙入黄的机理及过程探讨[①]

一、研究背景

（一）实测水沙变化情况

黄河是举世闻名的多沙河流，水少沙多、水沙关系不协调是黄河区别于其他江河的基本特征，也是黄河复杂难治的症结所在。黄河中游的潼关水文站控制了黄河 90%的流域面积、90%的径流量和几乎全部的泥沙，分析潼关水文站不同时期水沙量变化（表 1.2-1）可以得出，20 世纪 60 年代以来，受气候变化和人类活动的影响，黄河年均径流量、年均输沙量呈减少趋势。进入 21 世纪以来，黄河年均径流量、年均输沙量减少尤其明显，潼关水文站（1960 年以前用陕县水文站的数据代替）实测年均径流量和年均输沙量分别由 1919～1959 年的 426.14 亿 m^3、15.9 亿 t 减少至 2000～2015 年的 230.60 亿 m^3、2.5 亿 t，减幅分别为 46%、84%。黄河水沙变化尤其是泥沙量的变化引起了国内外有关专家的高度关注。黄河水沙变化不仅影响黄河冲积性河道的冲淤发展趋势，还关系到重大治黄规划的实施、治黄战略的确定及重大水利枢纽工程的布局和建设时机等。

表 1.2-1　黄河潼关水文站不同时期实测径流量、输沙量

时段	年均径流量/亿 m^3	年均输沙量/亿 t	年最大输沙量/亿 t	年最小输沙量/亿 t
1919～1959 年	426.14	15.9	39.1	4.8
1960～1969 年	456.56	14.4	23.5	4.1

① 作者：张金良

续表

时段	年均径流量/亿 m^3	年均输沙量/亿 t	年最大输沙量/亿 t	年最小输沙量/亿 t
1970～1979 年	353.88	13.0	21.9	6.0
1980～1989 年	374.35	7.9	14.4	3.2
1990～1999 年	241.54	7.9	12.2	3.9
2000～2015 年	230.60	2.5	6.1	0.5

注：1960 年以前潼关水文站的数据用陕县水文站的数据代替

（二）黄河水沙变化研究成果

黄河水沙变化直接关系治黄战略布局，影响深远，相关部门开展了大量研究。第一期、第二期黄河水沙变化基金（冉大川等，2013）、国家自然科学基金课题“黄河流域侵蚀产沙规律及水保减沙效益分析”、黄河流域水土保持科研基金课题“黄河中游多沙粗沙区水土保持减水减沙效益及水沙变化趋势研究”，以及国家“八五”重点科技攻关项目专题“多沙粗沙区水沙变化原因及发展趋势预测”、黄河水利委员会黄河上中游管理局“八五”重点课题“黄河中游河口镇至龙门区间水土保持措施减水减沙效益研究”、“十一五”国家科技支撑计划项目课题“黄河流域水沙变化情势评价研究”（姚文艺和焦鹏，2016；徐建华等，2016）、“十二五”国家科技支撑计划项目课题“黄河中游来沙锐减主要驱动力及人为调控效应研究”（刘晓燕等，2016）等，采用不同时期的水文气象、水利水保等资料，分析了相应时期的黄河水沙变化特征，采用“水文法”和“水保法”等技术手段，结合气象、遥感、GIS 等学科和理论，研究了气候变化和人类活动等对黄河水沙变化的影响，分析预测了未来水沙的变化趋势。但是，由于研究采用的资料和方法不同，因此研究成果差别较大，对入黄泥沙量变化未能形成统一的认识（姚文艺和焦鹏，2016；刘晓燕等，2016；胡春宏，2016）。另外，以往对黄河泥沙变化的研究多侧重于坡面、沟道侵蚀产沙过程，对产沙入沟或入河后发生的河流输沙过程考虑较少，导致无法深入区分“产沙”和“输沙”的概念。

二、侵蚀产沙的主要机理

侵蚀产沙主要是指地表物质（包括成土母质）在侵蚀力作用下所发生的分散及相对初始位置的移动。根据侵蚀力的不同，可分为水力侵蚀、风力侵蚀、重力侵蚀和冻融侵蚀 4 种类型。黄河流域主要产沙区的侵蚀产沙方式包括风力侵蚀、水力侵蚀和重力侵蚀，其中风力侵蚀产生的入黄泥沙占比较小，成因复杂多样，一般不作为研究重点。因此，本节主要分析黄河流域主要产沙区的水力侵蚀和重力侵蚀。

（一）水力侵蚀

水力侵蚀是指水流在位能差异控制下，以地面的水流为动力冲走土壤产生的侵蚀作用，也称为水蚀，是全球分布最为广泛的侵蚀产沙类型。在雨滴击溅、地表径流冲刷和水分下渗等作用下，坡面土壤、土壤母质及其他地面组成物质被破坏、剥蚀、搬运和沉积，形成土壤侵蚀，且受到地形、植被和土壤表面特征等多种因素的影响。水力侵蚀的物理过程可以解释为：当雨滴冲击力超过土壤表面抗冲击力或水流产生的剪切力超过土壤的抗侵蚀力时，坡面地表就会产生土壤颗粒分离，分离后的土壤颗粒被雨滴击溅和地表漫流运移。

水力侵蚀是黄河流域主要产沙区分布最广泛、最重要的土壤侵蚀方式。除了部分沙丘地区和植被茂密的山区，几乎在所有降雨及产生地表径流的地区都可以见到水力侵蚀。即便是在局部干旱区域，夏季暴雨产生的侵蚀也是塑造地面的重要侵蚀方式之一。从成因上看，黄河流域黄土高原地区大部分地面起伏较大，植被覆盖率较低，组成物质较为松散，暴雨多发，是水力侵蚀广泛分布的主要原因。水力侵蚀范围约占黄土高原总面积的 74%，由水力侵蚀产生的输沙量占黄土高原总输沙量的 60%～80%。依据水力侵蚀的发展过程和特点，可将其分为面状侵蚀、线状侵蚀（水沟侵蚀）、泥流和潜蚀等。其中，泥流常发生在红黏土与黄土接触面上有地下水出露的地带；潜蚀是黄土和黄土状土特有的侵蚀方式，是导致沟头迅速前进、谷坡扩展和梯田地埂被破坏的重要方式。

（二）重力侵蚀

重力侵蚀是指在重力作用下，斜坡陡壁上的不稳定土石岩体分散或整块向下移动，从而形成沙量的侵蚀产沙类型，一般在 35°以上的坡面都有可能发生。按其发展过程、侵蚀特点，又可分为滑坡、崩塌、滑塌和泻溜等侵蚀方式。受特定的自然地理条件和人类活动影响，黄土高原地区地面起伏不平，多沟谷斜坡，黄土等松散物质较多，因此坡面重力侵蚀十分活跃，崩塌、滑塌、滑坡、泻溜、泥石流等现象处处可见，即重力侵蚀是流域侵蚀产沙的主要方式之一，见图1.2-1。在重力侵蚀中，滑坡侵蚀较为常见，一些较大的滑坡一次就可以移动数万立方米土体；泻溜侵蚀分布也较为广泛，在 30°以上的由松散物质组成的坡面上有可能发生，虽然侵蚀强度不大，但是分布广泛且几乎终年不止，因此侵蚀总量不可忽视。

图 1.2-1　汾川河流域重力侵蚀产沙

影响黄土高原地区重力侵蚀过程的主要因素为地形、地表物质组成、植被、气候和人类活动等。其中，①地形对重力侵蚀的最大影响因子为坡度，坡度显著影响坡面土体的稳定状态，控制重力侵蚀的多种方式；②黄土高原最为重要的地表组成物质是各个时期形成的黄土，黄土分布广泛（尤以马兰黄土分布为最广）、厚度大、质地疏松、抗侵蚀能力弱，这是黄土高原土壤侵蚀强烈的内在原因；③植被对重力侵蚀的影响非常显著，天然植物的根劈作用在植被盖度小的情况下往往可诱发或加强重力侵蚀，只有在植被覆盖较好且坡度不大的缓坡上，植被才可有效控制小型重力侵蚀的产生；④气候对重力侵蚀的主要影响因子为降雨，降雨径流对斜坡坡脚的淘蚀会引起或加剧重力侵蚀，降雨增加斜坡岩土的含水量、降低斜坡稳定程度，往往可直接诱发滑坡和崩塌，降雨径流冲刷坡面、沟床的松散岩土，形成泥流或泥石流，沟谷降雨径流搬走重力侵蚀产生的堆积物，为重力侵蚀的继续发生提供了必要条件；⑤黄土高原地区人类活动对土壤侵蚀过程的影响是巨大的，这种影响分为正面和负面两方面，对植被的严重破坏是人类活动产生的最大负面影响，其他负面影响主要表现为边坡的不合理开挖、弃土和矿渣的任意堆放、矿山的地下采空、排水措施的不完善等，造成岩土松动，降低岩土强度，破坏坡面的稳定性，进而导致滑坡、崩塌、滑塌等重力侵蚀过程发生，比较典型的如窟野河流域等。

三、泥沙入黄的主要过程

黄河流域主要产沙区实际侵蚀产沙过程是由水力侵蚀和重力侵蚀相互叠加共同作用而成的。水力侵蚀会诱发或者加剧重力侵蚀，重力侵蚀又可为水力侵蚀带来松散的侵蚀沙源。

由侵蚀产沙的机理分析可见，影响产沙的主要因素包括气候、地形、地表物质组成、植被和人类活动等，除植被可以通过水保措施进行控制外，其他主要影响因素在历史长时期内不会发生较大变化，尤其是降雨，虽然其与人类活动和植被存在互馈作用，但其基本会维持自身的周期性或趋势性等自然变化特征，不会发生较大的气候背景变化。因此，可以认为黄河流域主要产沙区的产沙能力在历史长时期内不会发生变化，只要降雨条件满足侵蚀产沙要求，就会发生侵蚀产沙。当降雨形成的水流条件不足时，水流中的泥沙量超过水流能挟带的泥沙量，泥沙颗粒就会停滞于坡面或者沟道，发生局部堆积，等待较大的水流输移；当降雨形成的水流条件足够时，产生的泥沙就会随水流汇入河道，进入泥沙入黄的下一环节，即河道水流输沙过程。因此，产沙与输沙概念并不一致，产沙是持续的、相对永久的，而输沙则需要适当的水流条件。由此也引出了在坡面产、输沙方面对“零存整取”概念的新诠释，即对于特定的产沙区，存在一定的降雨阈值（一般认为在黄河流域主要产沙区该阈值为日降雨量 25mm），当降雨量小于该阈值时，侵蚀产生的沙量不断滞存于坡面或局部沟道内，入黄沙量很小；当降雨量大于等于该阈值时，产沙可以向输沙转化，将长期累积“零存”的沙量大规模输送入黄。这与许炯心（2006）的研究结论互相印证，其根据研究区域内的资料分析认为：当年降雨量小于 300mm 时，降雨侵蚀力很小且基本上不随年降雨量的变化而变化；当年降雨量超过 300mm 时，侵蚀力随年降雨量的增大而迅速增大；当年降雨量大于 530mm 时，侵蚀力随年降雨量增大而增大的趋势更加明显。

汾川河新市河水文站和秃尾河高家川水文站实测水沙量变化情况分别见图1.2-2、图1.2-3，可以看出，在实测水沙关系基本不变的情况下，汾川河和秃尾河的实测输沙量在经历一定时期的沙量较小年份后，每隔若干年在降雨量足够大时（即径流量足够大时）

便会出现大沙年份，如汾川河 1971 年、1989 年和 2013 年。

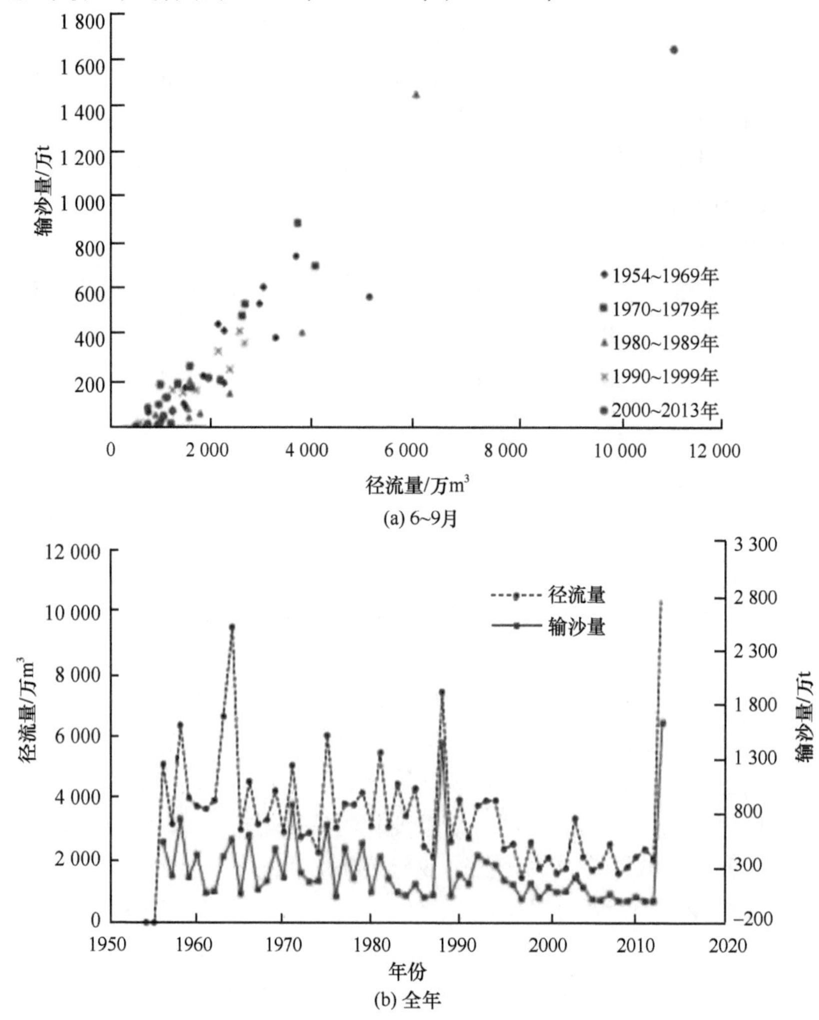

图 1.2-2　汾川河新市河水文站不同时段实测 6～9 月及全年径流量与输沙量的变化情况

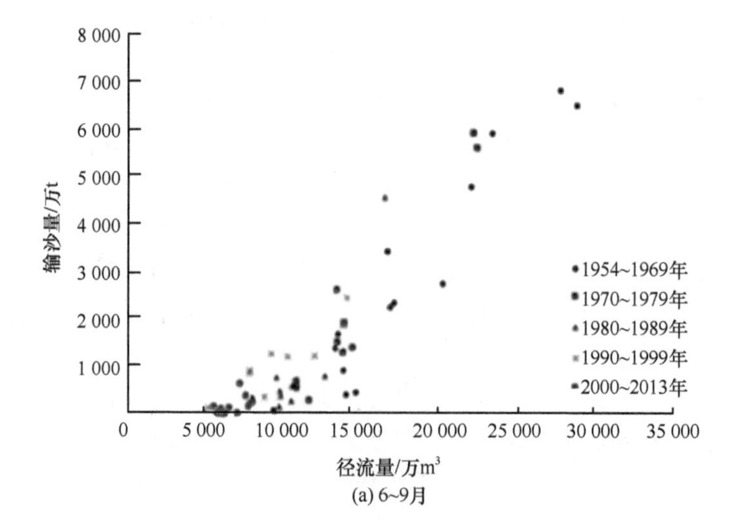

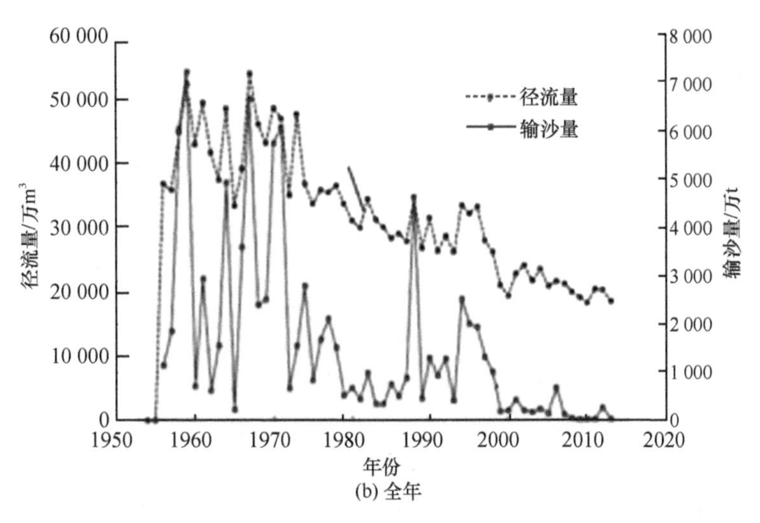

图 1.2-3　秃尾河高家川水文站不同时段实测 6～9 月及全年径流量与输沙量的变化情况

经过坡面汇流输沙后，泥沙进入河道，此时泥沙输移符合河流泥沙动力学理论，由水流挟沙力控制。在一定的水流和泥沙综合条件下，当水流含沙量超过临界含沙量（即挟沙力）时，水流处于超饱和状态，河床将发生淤积；当水流含沙量低于临界含沙量时，水流处于次饱和状态，水流将向河床寻求补给，带动河床"零存"淤积的泥沙，即河床发生冲刷，在河道内发生"零存整取"。从黄河支流最后一级沟道到黄河一级支流入黄口，可以认为是 n 级河道的衔接，河道比降从第 n 级到第 1 级（黄河一级支流末端）逐渐减小，水流挟沙力逐渐减弱。由于黄土高原巨厚层黄土的存在和支流河道比降依次减小的特性，从第 n 级河道开始，水流饱和输沙具有充足的泥沙来源。从这一特性来讲，坡面侵蚀输向河道（沟道）的泥沙仅占入黄泥沙的一小部分。当从第 1 级到第 n 级河道内淤积有较多泥沙或河道（沟道）处于黄土区时，入黄泥沙量与坡面侵蚀量并不会呈紧密相关的关系。

四、黄河多年平均来沙水平分析

（一）水保措施的作用分析

1. 水保"三道防线"

治黄工作者针对黄河流域主要产沙区的泥沙入黄问题，开展了大量的水土保持治理工作，其中最重要的工作构建了黄河流域主要产沙区的林草、梯田和淤地坝等水保"三道防线"。根据《人民治理黄河 70 年水土保持效益分析》（高健翎等，2016），截至 2015 年年底，黄河流域水土保持措施累计保存面积 21.84 万 km^2，其中建设梯田 5.50 万 km^2、造林 10.76 万 km^2、种草 2.14 万 km^2、封禁 3.44 万 km^2；建设淤地坝 5.84 万座，其中骨干坝 5834 座。目前的初步治理面积约占水土流失总面积的 50%。

2. 水保措施的作用分析

入黄泥沙减少的主要缘由是水保措施，且水保措施对入黄泥沙的减控作用将会持续下去。实际上，水保“三道防线”在黄河流域水土保持治理中发挥了巨大的作用，但其作用是有限的。

（1）淤地坝。根据《水土保持综合治理技术规范沟壑治理技术》（GB/T 16453.3—2008），小型淤地坝的单坝集水面积在 1km^2 以下，中型淤地坝为 1～3km^2，大型淤地坝为 3～5km^2。按照骨干坝单坝控制面积为 4km^2、中小型淤地坝单坝控制面积为 1km^2 推算，目前淤地坝总控制面积为 7.56 万 km^2，仅占黄河流域水土流失总面积（46.5 万 km^2）的 16%。实际上，骨干坝的淤积年限一般为 10～20 年，中小型淤地坝一般为 5～10 年，很多淤地坝建设时间较早，部分拦沙库容已经淤满，失去拦沙功能。同时，淤地坝设计防洪标准较低（骨干坝、中型坝、小型坝的设计防洪标准分别为 30～50 年、20～30 年、20 年一遇暴雨洪水），一旦发生超设计标准的暴雨洪水，就可能导致淤地坝垮塌，发生将拦淤的泥沙再次输送入河的情况。

（2）梯田。梯田总面积为 5.50 万 km^2，按照其本身面积的 1.2 倍来计算其控制产沙区的面积，可发挥拦沙作用的总控制面积仅为 6.60 万 km^2，占黄河流域水土流失总面积的 14%。梯田发挥拦沙作用主要依靠梯田的人工田埂对泥沙实现拦截。根据《水土保持综合治理技术规范坡耕地治理技术》（GB/T 16453.1—2008）的要求，梯田边应有蓄水田埂，埂高 0.3～0.5m，顶宽 0.3～0.5m。然而，很多梯田首次规范修建时留下的田埂，在经过几次后续翻地耕种后，已经不复存在，基本失去了泥沙拦截功能（已在黄土高原地区多次考察中得到证实）。

（3）林草。从淤地坝和梯田的控制面积来推算，在假设淤地坝和梯田全部发挥作用且拦沙能力无限的前提下，总控制面积占黄河流域水土流失面积的 30%，剩余的水土流失面积需要依靠林草发挥减沙作用。受资料和技术条件等因素限制，无法真正意义上获得林草的实际减沙作用，但可以通过与 1922～1933 年的植被定性对比来明确现状黄土高原地区植被的减沙作用，1922～1933 年人类活动对植被破坏较少，植被覆盖率应好于现状下垫面，但在 1933 年高强度降雨条件下，陕县水文站出现了 39.1 亿 t 的历史罕见沙量。再如林草植被较好的汾川河，2012 年植被覆盖率在 85%以上，然而当遭遇 2013 年高强度降雨后，汾川河控制站——新市河水文站实测输沙量达到 1600 万 t，为建站以来的最大值。由此可见，林草植被对于中等强度以下降雨的减沙作用明显，对大暴雨尤其是对大雨量、高强度暴雨的减沙作用会明显降低。

（二）来沙水平估算

从上述侵蚀产沙的主要机理及泥沙入黄的主要过程可以看出，“侵蚀产沙”和“河道输沙”并不是相同的概念，水力侵蚀或者重力侵蚀产生的沙量在水动力不足的情况下，在坡面、沟道或者河道堆积，遇水动力条件适合的大水年份则会发生超饱和输沙，导致出现大输沙量。收集黄河中游河龙区间（河口镇—龙门区间）降雨摘录数据，统计不同时期降雨强度（表 1.2-2），可以看出，黄河流域近期降雨强度较小，未发生全流域大输沙量现象。但是，降雨是呈现周期性变化的，未来发生大水大沙年份的可能性在逐渐增大。

表 1.2-2　黄河中游河龙区间不同降雨强度下的年均降雨量

时段	年均降雨量/亿 m^3			
	≥0.3mm/min	≥0.5mm/min	≥0.7mm/min	≥0.9mm/min
1954～1969 年	27.0	10.6	5.1	3.0
1954～1999 年	23.8	9.1	4.2	2.2
1954～2013 年	23.7	8.9	3.9	2.0
2000～2013 年	23.3	8.2	3.1	1.3

在估算黄河来沙水平尤其是在进行工程输沙量设计时，既要丰平枯兼顾，又要考虑产沙和输沙不一致出现的大输沙量风险，亦即在系列中包含大输沙量的年份。按照《水利工程水利计算规范》（SL 104—2015）的规定，设计工程坝（站）址年月（旬日）水位、流量及泥沙资料应不少于 30a 系列。鉴于黄河的特殊性和复杂性，可以考虑按照 50a 系列长度取值，按其估算的沙量将会更大。为更加贴近来沙水平现状，在进行黄河来沙水平估算时，仍采用最短 30a 的系列资料并考虑加入包含大输沙量年份的资料，按如下方式进行估算：①1922～1932 年天然时期枯水年段+1933 年输沙量（考虑近期水保作用，取 85%输沙量水平）；②从 1934 年开始按照 30a 滑动选取 1934～1963 年+1933 年输沙量（考虑近期水保作用，取 70%输沙量水平）、1964～1993 年+1933 年输沙量（考虑近期水保作用，取 85%输沙量水平）两个时段；③选取最近 30a 时段 1986～2015 年+1933 年输沙量+年均采沙量。对于第③种方法，应注意到，由于社会经济发展需要，黄河主要干支流的采沙活动频繁且日益增多，对黄河来沙水平的影响已经达到不可忽视的地步（徐建华等，2016），因此在近期系列中应加以考虑。根据徐建华等（2016）的估算，黄河上中游潼关以上 2000～2012 年平均年采沙量为 1.13 亿～1.73 亿 t，其中 2012 年采沙量为 1.93 亿～2.95 亿 t。综合考虑种种因素，黄河来沙水平估算结果与《黄河流域综合规划（2012—2030 年）》提出的“正常降雨条件下现状、2020 年水平四站（龙门、华县、河津、状头）年均输沙量分别为 11.5 亿～12.5 亿 t、10.5 亿～11.0 亿 t……正常降雨条件下 2030 年水平四站多年平均年输沙量为 9.5 亿～10.0 亿 t”基本相当。

综合而言，黄河流域水保措施对于低强度降雨可以发挥一定作用，但这种作用是有限的。水保措施只是对产、输沙环节进行控制，其拦减的沙量并不等同于减少的入黄泥沙量。另外，受气候变化影响，极端降雨事件频发，必将为流域产、输沙提供条件，增大泥沙入黄的风险。

五、结语

（1）受气候变化和人类活动的影响，黄河径流量和输沙量均呈减少趋势。进入 21 世纪以来，黄河径流量和输沙量明显减少，潼关水文站实测年均径流量和年均输沙量分别由 1919～1959 年的 426.14 亿 m^3、15.9 亿 t 减小至 2000～2015 年的 230.60 亿 m^3、2.5 亿 t，减幅分别为 46%、84%。黄河水沙变化不仅影响黄河冲积性河道的冲淤发展趋势，还关系重大治黄规划的实施、治黄战略的确定及重大水利枢纽工程的布局和建设时机等。

（2）黄河流域主要产沙区的侵蚀产沙方式包括风力侵蚀、水力侵蚀和重力侵蚀，以水力侵蚀和重力侵蚀为主。水力侵蚀范围约占黄土高原总面积的74%，由水力侵蚀产生的输沙量占黄土高原总输沙量的60%～80%。实际产沙过程中，重力侵蚀与水力侵蚀相互叠加耦合，为入黄泥沙提供侵蚀沙源。

（3）产沙与输沙概念并不相同，产沙是持续的、相对永久的，而输沙则需要适当的水流条件，由此引出了在坡面产、输沙方面对“零存整取”概念的新诠释。对于特定的产沙区，存在一定的降雨阈值，当降雨量小于该阈值时，侵蚀产生的沙量不断滞存于坡面或者局部沟道内，入黄沙量很小；当降雨量大于等于该阈值时，产沙可以向输沙转化，将长期累积“零存”的沙量大规模输送入黄。

（4）从淤地坝和梯田的控制面积来推算，它们的总控制面积仅占黄河流域水土流失面积的30%，剩余的水土流失面积需要依靠林草来发挥减沙作用。但是，通过与1922～1933年的植被覆盖情况进行定性对比，发现植被对泥沙的拦减作用是有限的。

（5）本节的黄河来沙水平估算结果与《黄河流域综合规划（2012—2030年）》提出的正常降雨条件下未来水平四站的多年平均年输沙量基本相当。综合考虑人类活动对流域下垫面影响的程度及可持续性问题，结合洪水泥沙特性，从水文水沙系列的选取原则出发，在用于黄河长治久安的工程建设时，为降低工程泥沙设计风险，工程设计来沙量应考虑一定富余度。

黄河的治理开发事关国民经济大局，事关黄淮海平原的长治久安，应充分认识到人类活动对黄河长时期来水来沙影响的复杂性，采取更为审慎客观的态度开展深入研究，以期为重大治黄工程的实施提供决策支持。

参 考 文 献

高健翎, 高云飞, 岳本江, 等. 2016. 人民治理黄河70年水土保持效益分析. 人民黄河, 38(12): 20-23.
胡春宏. 2016. 黄河水沙变化与治理方略研究. 水力发电学报, 35(10): 1-11.
刘晓燕, 党素珍, 张汉. 2016. 未来极端降雨情景下黄河可能来沙量预测. 人民黄河, 38(10): 13-17.
冉大川, 李占斌, 罗全华, 等. 2013. 黄河中游淤地坝工程可持续减沙途径分析. 水土保持研究, 20(3): 1-5.
徐建华, 高亚军, 李晓宇. 2016. 用水泥产量估算黄河中上游河道采砂量. 人民黄河, 38(9): 17-18, 23.
许炯心. 2006. 降水—植被耦合关系及其对黄土高原侵蚀的影响. 地理学报, 61(1): 57-65.
姚文艺, 焦鹏. 2016. 黄河水沙变化及研究展望. 中国水土保持, (9): 55-61.

第三节　黄河2017年第1号洪水雨洪泥沙特性分析[①]

一、研究背景

黄河洪水泥沙灾害严重，历史上曾给中华民族带来深重的灾难（水利部黄河水利委员会，2013）。近年来，在气候变化大背景下，极端气候事件导致暴雨洪水泥沙时有发生。2017年7月25～26日，黄河中游暴雨中心位于无定河支流大理河流域，其中李家坬雨量

① 作者：张金良，刘继祥，万占伟，李超群

站降雨量达 256.8mm，朱家阳湾雨量站降雨量达 234.8mm，接近或达到单站特大暴雨量级。受强降雨影响，无定河支流大理河绥德水文站最大流量为 3160m³/s，为 1959 年建站以来最大洪水；无定河白家川水文站洪峰流量为 4500m³/s，最大含沙量为 980kg/m³，为 1975 年建站以来最大洪水；黄河干支流洪水汇合后演进至龙门水文站，7 月 27 日 1 时 6 分出现洪峰流量为 6010m³/s，形成黄河 2017 年第 1 号洪水，7 月 28 日 7 时潼关水文站洪峰流量为 3230m³/s。

在近期黄河实测水沙量持续减少的背景下，黄河 2017 年第 1 号洪水的发生引发了各方关注。本节主要对该次洪水雨洪泥沙特性进行研究，并与历史洪水资料进行对比分析，提出对未来黄河水沙变化的认识。

二、降雨、洪水、泥沙过程

（一）降雨过程

7 月 25～26 日无定河流域降雨主要过程开始于 25 日 15 时，至 26 日 2 时达到最强，此后降雨开始减弱，至 26 日 8 时，降雨过程基本结束，主要降雨过程总历时集中在 17h 之内，其雨量占场次雨量的 97%。无定河流域面平均降雨量为 67.5mm，其支流大理河流域面平均降雨量为 139.0mm。该次降雨累计降雨量大于 100mm 的有 33 个站，大于 200mm 的有 10 个站，暴雨中心李家坬雨量站降雨量为 256.8mm，无定河流域场次降雨的空间分布见图 1.3-1。

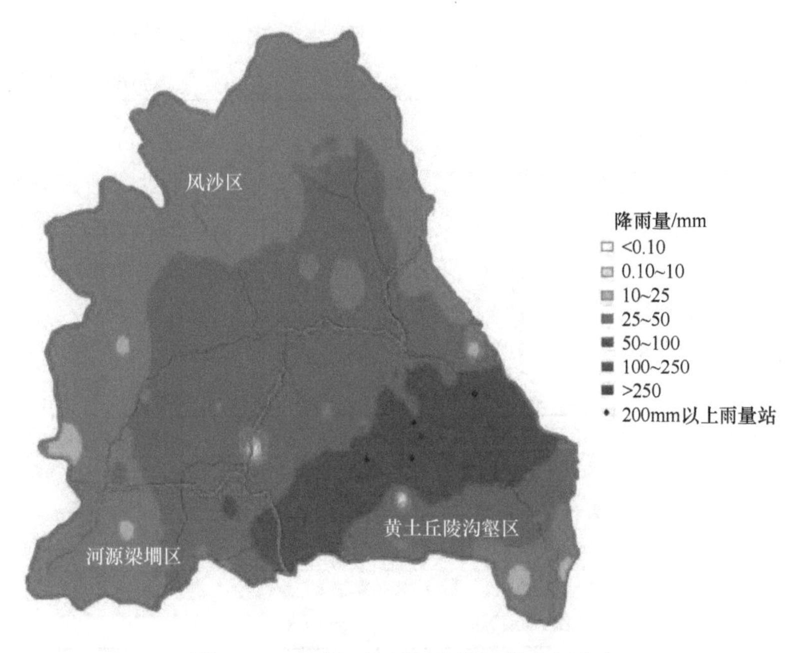

图 1.3-1　无定河流域场次降雨的空间分布

（二）洪水泥沙过程

（1）洪水泥沙概况。受 7 月 25～26 日强降雨影响，黄河中游山陕区间（山西—陕西）中部干支流普遍涨水，黄河中游干支流主要水文站洪水情况见表 1.3-1。根据《无定河流域综合规划》（水利部黄河水利委员会，2015）的设计洪水参数计算，大理河青阳岔水文站洪峰流量为 1840m³/s，相当于 70a 一遇（按照水文比拟法折算至原青阳岔水文站）；绥德水文站洪峰流量为 3160m³/s，近 20a 一遇；无定河干流丁家沟水文站洪峰流量为 1600m³/s，相当于 10a 一遇；白家川水文站洪峰流量为 4500m³/s，相当于 30a 一遇。

表 1.3-1　2017 年 7 月黄河中游干支流主要水文站洪水情况及水沙量统计

水文站	开始时间	结束时间	历时/h	洪峰流量/（m³/s）	洪峰流量出现时间	最大含沙量/（kg/m³）	最大含沙量出现时间	洪量/亿 m³	输沙量/亿 t
府谷	07-24 08:00	07-30 08:00	144	575	07-24 11:48	—	—	1.99	—
申家湾	07-24 20:00	07-30 20:00	144	119	07-26 06:30	260	07-26 08:00	0.07	0.01
杨家坡	07-25 00:00	07-31 00:00	144	393	07-26 03:42	—	—	0.06	0.02
林家坪	07-25 02:00	07-31 02:00	144	640	07-26 05:36	370	07-25 10:30	0.22	0.04
吴堡	07-25 08:00	07-31 08:00	144	3560	07-26 08:12	183	07-26 10:30	3.12	0.20
后大成	07-25 08:00	07-31 08:00	144	1100	07-26 11:30	288	07-26 13:00	0.65	0.06
白家川	07-25 08:00	07-31 08:00	144	4500	07-26 10:12	980	07-26 09:42	2.01	1.02
甘谷驿	07-25 12:00	07-31 12:00	144	136	07-28 11:00	71	07-28 07:00	0.14	0.00
龙门	07-26 08:00	08-01 08:00	144	6010	07-27 01:06	291	07-27 14:00	5.69	0.60
潼关	07-27 12:00	08-02 12:00	144	3230	07-28 07:00	90	07-28 20:00	6.60	0.31

注：—表示缺少实测资料

（2）无定河洪水泥沙来源。无定河流域主要水文站场次洪水洪量、输沙量特征值见表 1.3-2。可以看出，无定河白家川水文站次洪水洪量为 1.53 亿 m³，次洪输沙量为 1.02 亿 t。其中，支流大理河绥德水文站次洪水洪量为 1.08 亿 m³，次洪输沙量为 0.90 亿 t（由白家川水文站和丁家沟水文站输沙量推算），分别占无定河白家川水文站次洪水洪量的 71%、次洪输沙量的 88%。

表 1.3-2　无定河流域主要水文站场次洪水洪量、输沙量

水文站		开始时间	结束时间	历时/h	洪量/亿 m³	输沙量/亿 t
大理河	青阳岔	07-25 20:00	07-27 00:00	28	0.23	—
	李家河	07-25 08:00	07-26 12:00	28	0.22	—
	绥德	07-26 00:00	07-27 04:00	28	1.08	0.90
无定河	丁家沟	07-26 00:00	07-27 04:00	28	0.45	0.12
	白家川	07-26 04:00	07-27 08:00	28	1.53	1.02

注：—表示缺少实测资料

该次无定河高含沙洪水主要由高强度降雨引起，降雨的主要落区在支流大理河，是无定河流域水土流失最为严重的地区，这也是导致该次洪水洪峰流量大、含沙量高的主要原因。受暴雨洪水影响，位于子洲县的清水沟水库 7 月 26 日 5 时发生漫溢险情，7 月 26 日 13 时 50 分，水库决口，至 15 时许，水库蓄水基本泄完。由于清水沟水库决口时，下游的绥德水文站已经处于落水阶段，流量为 500m^3/s 左右，因此清水沟水库决口未对洪峰流量及过程造成明显影响。根据实地调研情况及媒体的报道（马广浩和李明，2017；子洲县委宣传部，2017），初步估算洪水在子洲县、绥德县的泥沙落淤量为 1000 万 m^3（约为 1400 万 t），考虑县城泥沙落淤，无定河洪水总输沙量约为 1.16 亿 t。

（3）黄河中游洪水泥沙来源。洪水期间黄河中游干支流主要水文站洪量、输沙量见表1.3-1。受湫水河、清凉寺沟、佳芦河等支流洪水影响，中游吴堡水文站洪量为 3.12 亿 m^3，输沙量为 0.20 亿 t。吴堡—龙门区间洪水主要来自三川河、无定河、延河 3 条支流，区间支流合计来洪量 2.80 亿 m^3，来沙量 1.08 亿 t，其中无定河洪量占 72%、输沙量占 94%。干流龙门水文站洪量为 5.69 亿 m^3，输沙量为 0.60 亿 t；潼关水文站洪量为 6.60 亿 m^3，输沙量为 0.31 亿 t。

三、河道冲淤

（1）吴堡—龙门河段。该次洪水吴堡水文站输沙量 0.20 亿 t，吴堡—龙门区间支流来沙量 1.08 亿 t，合计输沙量 1.28 亿 t，洪水演进至龙门水文站时，输沙量仅为 0.60 亿 t。按照沙量平衡法计算，北干流吴堡—龙门河段泥沙淤积量为 0.68 亿 t，占来沙总量的 53%。

黄河北干流吴堡—龙门河段为峡谷河段，历史上该河段冲淤变化不大，仅洪水期间会有短暂的“涨冲落淤”调整。不同时期吴堡—龙门区间场次洪水输沙量统计见表 1.3-3，可以看出，2000 年以前，北干流吴堡—龙门区间发生洪水时，吴堡水文站与区间各支流的场次洪水输沙量之和略小于龙门水文站的输沙量，占龙门水文站输沙量的 73%～80%，即部分沙主要是区间未控区来沙，以及洪水期间河道冲淤调整；2000 年以来吴堡水文站与区间各支流的场次洪水输沙量之和均大于龙门水文站的输沙量，说明该河段洪水期间河道冲淤性质发生了变化，发生淤积。

表 1.3-3　吴堡—龙门区间场次洪水输沙量统计　（单位：万 t）

河流	水文站	1977 年 7 月 6～8 日	1988 年 8 月 6～8 日	1994 年 8 月 4～7 日	1996 年 8 月 9～11 日	2002 年 7 月 4～6 日	2012 年 7 月 28～29 日
黄河	吴堡	4 110	17 626	8 550	8 060	135	7 776
汾川河	新市河	232	58	93	50	0	0
清涧河	延川	4 865	1 625	757	781	7 646	10
三川河	后大成	1 514	1 190	2 057	332	8	10
无定河	白家川	2 968	2 087	8 844	1 993	1 585	619
昕水河	大宁	1 518	614	565	46	13	0
延河	甘谷驿	9 645	579	18	82	3 893	58
屈产河	裴沟	2 117	115	710	416	3	0

续表

河流	水文站	1977年 7月6～8日	1988年 8月6～8日	1994年 8月4～7日	1996年 8月9～11日	2002年 7月4～6日	2012年 7月28～29日
州川河	吉县	322	34	0	0.10	2	0
	合计	27 467	24 029	21 597	11 760.1	13 285	8 473
黄河	龙门	35 588	29 964	27 864	16 062	12 131	5 391

（2）龙门—潼关河段。不考虑龙三区间（龙门—三门峡）来水，洪水期间黄河龙门水文站输沙量 0.60 亿 t，潼关水文站输沙量 0.31 亿 t，龙门—潼关区间淤积量约为 0.29 亿 t，占来沙总量的 48%。

四、主要启示

（1）遇中小强度降雨，水保措施具有较好的减水减沙作用，但遇高强度暴雨洪水，其减水减沙作用大幅减弱。

以该次无定河降雨为基础，查找历史上与该次暴雨洪水相似的降雨，分析其产洪产沙情况。经对比分析，1964 年 7 月、1977 年 8 月、1994 年 8 月与 2017 年 7 月洪水降雨 25mm 笼罩面积、场次雨量基本相同，降雨中心均位于黄土丘陵沟壑区，1964 年 7 月、1994 年 8 月与 2017 年 7 月洪水场次降雨的主雨峰降雨历时均为 1d，1977 年 8 月洪水场次降雨的主雨峰降雨历时为 2d（表 1.3-4）。

表 1.3-4　无定河洪水场次降雨产洪产沙情况统计

洪号	场次雨量/mm	降雨 25mm 笼罩面积/km^2	最大 1 日雨量/mm	主雨峰降雨历时/d	洪峰/（m^3/s）	洪量/亿 m^3	输沙量/亿 t
19640706	68	29 662	59	1	3 020	1.62	0.92
19770805	67	27 309	32	2	3 840	2.58	1.66
19940804	50	25 659	50	1	3 220	1.77	0.83
20170726	84	27 685	84	1	4 500	1.80	1.01

从产洪产沙情况（表 1.3-4）看，2017 年 7 月洪水的洪量、输沙量与 1964 年 7 月的相差不大，但前者洪峰偏大；2017 年 7 月洪水的洪峰较 1977 年 8 月的偏大，洪量、输沙量较其偏小，但含沙量相差不大；2017 年 7 月洪水的洪量与 1994 年 8 月的相当，但输沙量明显高于 1994 年 8 月的。可以看出，虽然不同时期流域水土流失治理程度差别较大，但同一来源区的高强度降雨的产洪产沙水平接近。

以无定河白家川水文站为代表，进一步分析场次洪量-场次雨量关系。点绘不同时期白家川水文站实测场次洪量与相应场次雨量的关系，见图 1.3-2 和图 1.3-3。可以看出，对于洪峰流量小于 $1200m^3/s$（相当于 4a 一遇）的洪水，1970 年前后数据点分布明显不同：1970 年以前数据点偏上，径流系数偏大；1970 年以后数据点偏下，径流系数偏小。对于洪峰流量大于等于 $1200m^3/s$ 的洪水，不同时期数据点分布基本一致，说明水保措施对大洪水的雨洪关系影响不大。

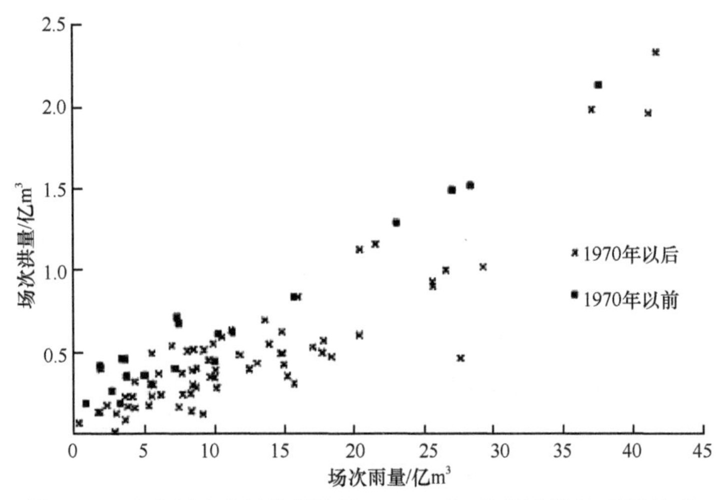

图 1.3-2　白家川水文站洪峰流量＜1200m³/s 的场次洪量-雨量关系

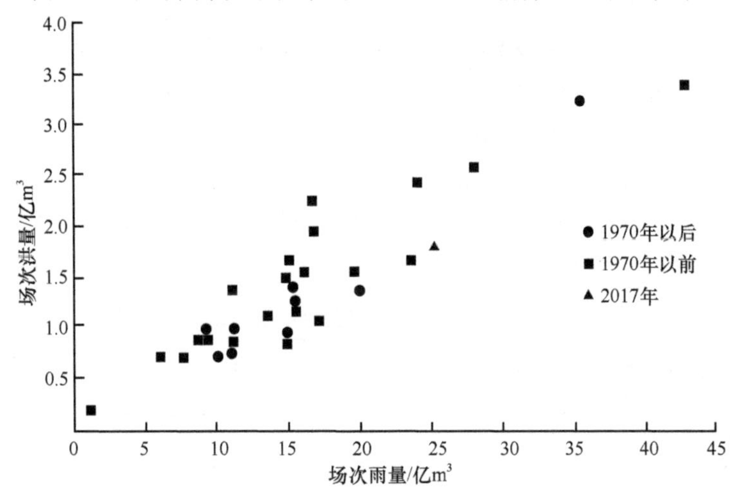

图 1.3-3　白家川水文站洪峰流量≥1200m³/s 的场次洪量-雨量关系

以 1956 年以来发生大洪水的无定河为例，统计不同年代场次洪量-场次输沙量关系，见图 1.3-4。可以看出，各年代场次洪量与场次输沙量关系没有发生明显变化，亦即水保措施对高强度降雨条件下的场次洪量-场次输沙量关系影响不大。通过以上分析可知，遇中小降雨，水保措施具有一定的减水减沙作用，但遇大暴雨或强暴雨，其减水减沙作用有限，因此中游产生高含沙洪水的可能性依然存在。

（2）河道采沙对黄河沙量的影响不容忽视。该次洪水北干流吴堡—龙门河段泥沙淤积量为 0.68 亿 t，与历史上该河段洪水期间略有冲刷的基本特性相反。通过调查及资料分析，洪水期间吴堡—龙门河道淤积可能与北干流河段 2000 年以来采沙情况比较严重有关。近 10 多年来，黄河中游地区城镇化提速，在基建和房地产开发拉动下，黄河干流吴堡—龙门区间河道分布有大量采沙场。根据徐建华等（2016）的估算，黄河上中游潼关以上 2012 年河道内采沙量为 1.93 亿～2.95 亿 t。当高含沙洪水经过该河段时，大量泥沙会落淤填补采沙坑，影响泥沙的输移，因此采沙对黄河河道输沙的影响不可忽视（徐建华等，2016；张金良，2017）。

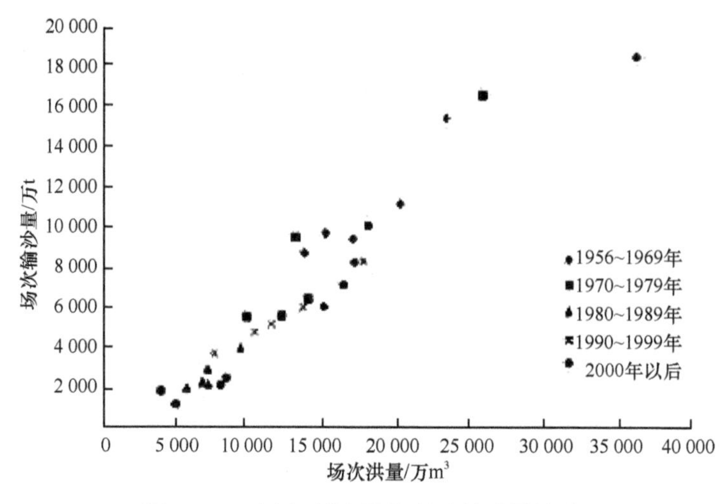

图 1.3-4 无定河场次洪量-场次输沙量关系

（3）未来黄河仍会出现大沙年份。该次以无定河流域为中心的强降雨，历时 17h，降雨 100mm 以上笼罩面积为0.76 万 km^2，无定河流域产洪量为1.80 亿 m^3，输沙量为 1.02 亿 t，洪水最大含沙量为980kg/m^3，平均含沙量为 640kg/m^3。考虑吴堡及吴堡—龙门区间三川河、无定河、延河 3 条支流来沙，该次强降雨合计入黄泥沙为 1.26 亿 t。本节统计了黄河中游主要产沙区历史上发生过的大范围高强度降雨过程及产洪产沙量，典型降雨场次降雨指标见表 1.3-5，场次洪水洪量、输沙量见表 1.3-6。

表 1.3-5 河口镇—潼关区间典型降雨情况统计

洪号	降雨历时/d	场次雨量/mm	最大 1 日雨量/mm	降雨 50mm 以上笼罩面积/万 km^2	降雨 50mm 以上降雨总量/亿 m^3	降雨 100mm 以上笼罩面积/万 km^2	降雨 100mm 以上降雨总量/亿 m^3
19330806	5	—	—	—	—	11.00	—
19640717	12	66.8	23.7	15.87	162.54	6.06	90.42
19710726	4	24.4	8.9	5.35	51.64	1.57	24.23
19770707	8	66.0	32.6	17.49	163.96	5.82	79.07
19770807	4	29.8	13.8	6.50	59.73	1.96	27.74
19790812	6	28.7	9.2	5.24	47.69	1.82	24.02
20170726	1	18.8	18.8	3.67	28.86	0.76	8.29

表 1.3-6 典型洪水潼关水文站洪量、输沙量统计

洪号	洪水历时/d	洪峰流量/（m^3/s）	场次洪量/亿 m^3	场次输沙量/亿 t	平均含沙量/（kg/m^3）	估算现状输沙量/亿 t
19330806	12	22 000	91.8	22.00	—	21.0
19640717	13	8 800	18.60	4.57	246	5.0
19710726	6	10 200	10.99	3.08	280	2.5
19770707	8	13 600	27.03	7.69	285	7.6
19770807	4	15 400	15.79	7.37	466	4.0
19790812	6	9 330	9.04	2.08	230	2.5
20170726	4	3 230	5.25	0.29	56	1.3

注：洪号 19640717、19790812 扣除了头道拐以上水沙

可见，该次无定河强降雨，无论是从笼罩面积、降雨总量，还是产洪产沙量，都比历史典型降雨小，若现状下垫面重现1964年7月、1971年7月、1977年7月、1977年8月、1979年8月及1933年8月典型降雨，根据降雨100mm以上笼罩面积、降雨总量、场次洪量类比，则可以估算，现状下垫面次洪输沙量与历史上典型场次洪水实际输沙量基本相当。

从现场调查情况看，该次暴雨降雨历时短，垮塌的水库（清水沟）并未造成淤积物冲刷，如果此次降雨历时延长、笼罩面积增加，淤地坝及沟道内堆积的大量泥沙将会顺流而下，输沙量会大幅度增加。可以推断，未来只要黄河发生类似历史上的大范围、高强度、长历时降雨，黄河就会出现大水大沙年份。

五、结语

（1）该次无定河超历史洪水主要由高强度降雨引起，从暴雨中心的落区看，主要发生在支流大理河，是无定河流域水土流失最为严重的地区，这也是导致该次洪峰流量大、含沙量高的主要原因，清水沟水库决口未对洪水泥沙过程造成明显影响。

（2）洪水期间北干流吴堡—龙门河段淤积泥沙量0.68亿t，历史上该河段洪水期间河道略有冲刷的基本特性发生了变化，可能与近年来北干流河段采沙情况比较严重、大量泥沙落淤填补采沙坑有关，因此采沙对黄河河道输沙的影响不可忽视。

（3）遭遇中小强度降雨，水保措施具有较好的减水减沙作用，但遇高强度暴雨洪水，其减水减沙作用大幅减弱。该次暴雨与历史上相似降雨的产洪产沙水平基本接近；不同时期白家川水文站实测场次洪量与场次雨量的关系没有发生明显变化，亦即水保措施对高强度降雨条件下的雨量-洪量-输沙量关系影响不大。

（4）该次无定河强降雨，无论是笼罩面积、降雨总量，还是产洪产沙量，都比历史典型降雨小，若现状下垫面重现1964年7月、1971年7月、1977年7月、1977年8月、1979年8月及1933年8月等大范围、高强度降雨，则现状下垫面次洪输沙量与历史上典型场次洪水实际输沙量基本相当。未来只要黄河发生类似历史上的大范围、高强度、长历时降雨，黄河就会出现大水大沙年份。

参考文献

马广浩，李明. 2017. 子洲绥德特大洪灾致26万人受灾12人死亡152人受伤.（2017-08-01）[2017-09-20] http://www/.cnwest.com/data/html/content/15225935.html.

水利部黄河水利委员会. 2013. 黄河流域综合规划（2012—2030年）. 郑州：黄河水利出版社：19.

水利部黄河水利委员会. 2015. 无定河流域综合规划. 郑州：黄河水利出版社：166.

徐建华，高亚军，李晓宇. 2016. 用水泥产量估算黄河中上游河道采砂量. 人民黄河，38(9)：17-18，23.

张金良. 2017. 黄河泥沙入黄的机理及过程探讨. 人民黄河，39(9)：8-12.

郑似苹. 1981. 黄河中游1933年8月特大暴雨等雨深线图的绘制. 人民黄河，3(5)：28-32.

子洲县委宣传部. 2017. 子洲县城清淤工作重点转向地下区域和难点区域.（2017-08-09）[2017-09-20]. http://xian.qq.com/a/20170809/018889.htm.

第四节　泾河流域产沙量变化归因分析及趋势预测[①]

一、引言

泾河流域年均径流量为15.88亿m^3，年均输沙量为2.12亿t，平均含沙量高达133kg/m^3。泾河泥沙是渭河和黄河泥沙的主要来源，其年均输沙量占渭河的71%，占黄河的23%，是世界著名的多泥沙河流。大量泥沙进入渭河下游河道，导致河槽持续淤积萎缩，防洪形势严峻。为减轻渭河下游河道防洪压力，自20世纪50年代，泾河流域开始实施水土保持治理。60多年来，随着泾河流域水土保持工作的不断深入，经历了由单一治理措施发展为建设坝地和梯田、造林、种草、封禁等多种措施相结合的综合治理措施，由分散治理发展为集中连片、规模治理，由单一效益发展为生态、社会和经济效益相结合的历程。特别是2000年以来泾河年均输沙量减少为0.97亿t，较1956～1999年长系列年均输沙量（2.50亿t）减少了1.53亿t，减少幅度达61.2%。本节分析了近年来泾河流域产沙量变化的原因并对泾河流域泥沙未来变化趋势进行了预测。

影响河流输沙的因素很多。Liu等（2011）通过分析1950～2008年黄河入海径流量和泥沙荷载的变化，认为径流量和泥沙荷载变化具有不同的时间尺度，在20世纪70年代至21世纪初，由于人类的强烈干扰，径流量和泥沙荷载的周期性变化不明显。Zhang等（2012）研究了60年来（1950～2009年）黄河主要支流年输沙量的变化，与20世纪五六十年代相比，7条主要支流年输沙量由13.5亿t减至最近10年的3.4亿t，减幅达75%；黄河中游输沙量的急剧减少是降水减少，特别是黄土高原地区水土保持措施的实施（梯田、林地、草地、淤地坝等），以及退耕还林后植被覆盖率大幅度提高等共同作用的结果；黄河中游主要支流输沙量的急剧减少是黄河入海泥沙通量锐减的决定性因素，而20世纪80年代以来，黄河下游引水、耗水的急剧增加，以及水库调蓄（淤积）加剧了黄河入海泥沙通量的快速减少。冉大川等（2012）分析了东川河水沙变化及高强度人类活动的影响，截至2013年，东川河流域水土保持措施减水量1210万m^3，减沙量743万t，拦沙减蚀量1606万t，减水减沙作用分别为10.1%和21.8%。俞方圆（2011）分析了1958～2008年松花江流域降水量、气温的整体变化趋势，以及松花江流域江桥、大赉、扶余、哈尔滨和佳木斯5个主要水文站51年径流和泥沙的变化过程；采用双累积曲线和线性回归法评估了气候变化与人类活动对松花江流域径流及泥沙的影响，结果表明，人类活动对整个松花江流域的影响程度更大，其对径流量和输沙量的影响分别为52.8%和81.8%，而气候变化对径流量和输沙量的影响分别为47.2%和18.2%。随着时间的推移，人类活动对松花江流域输沙量的影响程度有所减轻，而气候变化对输沙量的影响程度却逐渐加强。20世纪90年代起，气候变化对松花江流域径流量减少的影响程度已逐渐略高于人类活动的影响程度。Yang等（2017）研究了人类活动对无定河流域不同地貌区水沙变化的影响，流域内风沙区、黄土丘陵沟壑区年输沙量分别减少了43.90%和40.20%。刘红英（2012）采用

---

① 作者：张金良

Mann-Kendall 秩次相关趋势分析方法和 Mann-Kendall 非参数变异点分析方法，研究了降雨和人类活动对北洛河水沙量的影响，2000 年以来，降雨对流域径流量的影响占 69.7%～72.9%，人类活动对输沙量的影响占 80.5%～92.1%，人类活动对输沙量的影响大于降雨。叶晨等（2017）运用累积滤波器、Mann-Kendall 非参数检验法、*R/S*、降水-径流双累积曲线等多种统计模型和方法，分析了韩江上游一级支流五华河近 30 年的径流、泥沙和降雨的数据及其变化特征，发现降雨对径流量变化的贡献率为 73%，人类活动对径流量变化的贡献率为 27%，输沙量快速减少的变化中，气候变化的贡献率为 21%，人类活动的贡献率为 79%，即降雨是五华河流域径流量变化最重要的影响因素，而人类活动则是输沙量变化最重要的影响因素。Liu 等（2015）选取赣江 6 个水文站近 60 年的实测径流量和悬移质泥沙资料，采用水文学和数理统计相结合的方法，分析了赣江水沙年际变化特征及可能的影响因素，认为赣江上游水土保持建设是上游 4 个水文站输沙量减小的主要原因；1993 年之后，万安水库拦沙则是吉安、外洲两站输沙量显著减少的主要原因，水土保持、河道采沙也是引起吉安、外洲两站输沙量减少的直接因素。Zhang 等（2014）对辽河流域主要控制站多年实测径流量和输沙量的变化、流域降雨及人类活动影响等进行了分析，结果表明，辽河流域径流量和输沙量均呈现丰枯相间、总体减小的变化趋势，尤以输沙量的减小趋势更为突出，流域降雨对水沙变化具有重要影响，而人类活动的影响大小依次为水利工程拦沙、水土保持措施、区间滞沙、引水引沙等。Zhao 等（2012）采用线性回归、Mann-Kendall 非参数检验、双累积曲线及小波变换等方法系统分析了黄河中游干支流的 6 个主要水文站 1950～2009 年的水沙资料，并深入探讨了流域水沙变化的特征及其驱动力，研究表明，黄河中游径流量和输沙量呈现急剧减少的趋势，尤其在 20 世纪 70 年代之后，减少趋势更加显著，其中，汾河的水沙减少幅度最为显著，2000～2009 年的年均径流量与输沙量仅相当于 1950～1959 年的 20%左右；干流龙门水文站径流量和输沙量的小波变换在 20 世纪 80 年代前表现出 0.5～1.0 年显著周期，且达到 95%的置信度，之后周期特征减弱甚至消失；气候变化、降雨、水土保持措施（如退耕还林、草，梯田建设，水库淤地坝等工程建设）等人类活动是水沙变化的主要影响因素，其中，干流头道拐和花园口两站的水沙变化受干流水库影响较为显著。Zhao 等（2013）采用线性趋势法、Mann-Kendall 非参数检验、累积距平法及径流历时曲线法分析了皇甫川流域 1955～2010 年的水沙变化特征，通过水文分析法定量评价了降雨和人类活动对水沙变化的贡献率，结果表明，皇甫川流域径流量和输沙量均呈急剧减少趋势，尤其在 20 世纪 80 年代之后，减少趋势更加显著，近 10 年（2000～2010 年）的平均径流量与输沙量约为 1950～1959 年的 1/5；皇甫水文站的径流量和输沙量均在 1979 年发生突变；在变化期（1980～2010 年），人类活动对皇甫川流域水沙变化的贡献占主导地位，贡献率约为 70%，而降雨所占比例约为 30%；自 20 世纪 80 年代始，大规模的水土保持措施是流域水沙锐减的主要影响因素。刘娜等（2014）采用 Mann-Kendall 非参数检验、小波分析、双累积曲线等方法，分析了鄞水 1960～2007 年水沙变化的特征及原因，年径流量呈现波动变化，无明显升降趋势；年输沙量总体呈现波动下降趋势，人类活动特别是大型水库及水土保持工程建设是主要影响因素。Jia（2017）采用沂河流域临沂水文站 50 年实测径流量及输沙量资料，通过滑动平均法、Mann-Kendall 非参数检验法研究了流域水沙变化趋势，结果表明，近年来水土保持（含水利工程建设）是水沙衰减的主要原因，降雨对输沙量减少也有一定作用。Li 等（2016）分析了 1966～2012 年窟野河流域降雨量、径流量、输沙量变化特征，发现时段内降雨变化趋势不明显，而径流量和输沙量在同一时期显著下降，径流量和输沙量对降雨量变化不敏感，即人类活动才是径流量、输沙量减少的主要因素。可见，影响河流输沙量减少的主要因素可以归纳为降雨和人类活动，其中，人类活动主要包括水土保持治理、水库工程建设、引水工程引沙等。

实施水土保持工程可有效地控制水土流失，进而减少河流输沙量。Zhao 等（2019）采用黄河流域 848 个侵蚀点、累计 2494 年的汇编数据进行综合分析，结果表明，一般情况下，采用水土保持措施，水土流失可以减少约 70%。Meshesha 等（2012）的研究指出，恢复退化土地（通过围地和种植植被）和安装侵蚀控制结构（石头外滩）的农田土壤流失总量分别减少 12.6%和 63.8%。Zhang 和 Sun（2011）研究了 1997～2006 年黄河中游粗颗粒产沙区三川河流域的相关资料，发现水土保持综合治理可减少约 83.6%的泥沙，与过去相比，洪水期减沙率逐年提高。实施水土保持工程治理，可以进行综合治理，也可以采用单项措施，不同措施效果也不一样。Adeogun 等（2018）研究了尼日利亚 Jebba 湖上游流域不同泥沙管理方法的减沙效果，发现采用流域重新造林在一些关键区域可减少 65.6%的产沙量。1982～1997 年，美国农业部通过开展持续的水土保持项目和减少侵蚀土壤严重的作物种植，使农田水土流失下降了 42%，年均减沙量约 10 亿 t。Deng 等（2012）认为影响土壤侵蚀的因素很多，人类造林活动是影响径流量及输沙量的主要因素，但其他的影响因素还包括气温和降雨量。Zhou 等（2014）分析了中国两个典型县的耕地面积和土壤侵蚀的变化，耕地面积从 1990 年到 1999 年减少了 15.48%，重庆市忠县土壤侵蚀模量从 1999 年到 2006 年下降了 33.3%，2002～2007 年，安塞县的这一比例下降了 77.0%，退耕还林对两个地区的影响存在差异。Jiang 等（2015）定量分析了北洛河上游降水量、径流量和输沙量三个水文要素的变化趋势及其发生突变的年份，利用双累积曲线法定量分析了降水和以退耕还林（草）为主的人类活动对径流量与输沙量的影响，2003～2010 年降水和人类活动对径流量的影响程度分别为 70.8%和 29.2%，对输沙量的影响程度分别为 34.0%和 66.0%；植被的减沙作用明显大于减水作用，以退耕还林（草）为主的人类活动是北洛河上游流域泥沙减少的主要驱动力。张莉（2014）采用延河流域 1970～2010 年的流域遥感影像，提取流域下垫面信息，分析植被变化与径流泥沙的关系，基于“水保法”估算人工植被与自然植被的水沙效益，结果表明，2003～2005 年与 20 世纪 80 年代相比，人工林草植被减少径流量 0.228 亿 m^3，减少输沙量 543.478 万 t，而自然恢复植被减少径流量 0.121 亿 m^3，减少输沙量 152.97 万 t；结合双累积曲线法结果，就人类干扰对水沙的影响而言，人工植被对径流量、输沙量变化的贡献率分别为 46.94%和 30.64%，而自然恢复植被对径流量、输沙量变化的贡献率分别为 24.97%和 8.62%，剩余为其他水利水保措施的作用。Yan 等（2014a）对砚瓦川流域 1981～2012 年的资料进行了统计分析，利用 Origin 8.0 拟合了参考期内的泥沙数据，建立模型并对变化阶段的泥沙进行了定量分析，结果表明，人类活动对泥沙荷载的影响是显著的，实际沙量比理论值减少了 25.17 万 t。

在河流上修建水库工程，会抬高出口水位，改变河流的输沙流态，在库区壅水河段必然造成泥沙的沿程淤积。通过修建水库，拦截河流泥沙，对河流输沙量减少作用明显，且见效快。Tao 等（2013）研究了瀑布沟水电站水库蓄水运行前后下游河道的输沙量变化，建库前年均输沙量为 3865 万 t（1972～2009 年），建库后 2010 年和 2011 年输沙量分别减少为 1220 万 t 和 618 万 t，较建库前有较大幅度的下降。Wang 等（2014）分析了长江干支流水库修建及河道输沙量的变化情况，宜昌水文站上游自 1960 年开始修建水库，至 2000 年累计库容达到 155.3 亿 m^3，至 2009 年累计库容达到 720.6 亿 m^3，20 世纪 90 年代宜昌水文站年均输沙量为 4.17 亿 t，2000 年减少为 0.96 亿 t，2003～2012 年进一步减少为 0.48 亿 t。Hou 等（2015）研究了刘家峡水库运行前后下游河道水沙的变化，水库运行前（1920～1968 年）下游小川水文站年均输沙量为 0.820 亿 t，水库运行后（1969～1986 年）下游小川水文站年均输沙量减少为 0.157 亿 t，水库减沙作用明显。Hu（2016）研究了韩江上中游水沙变化及原因，潮安水文站自 1960 年以来，受上游水土流失影响，输沙量有所增加，而 2006 年以后，输沙量明显减少，年均减少沙量 459 万 t，其主要原因是上游干流东山水利枢纽工程的修建。Liu 和 He（2012）分析了澜沧江 1986～2007 年水沙的变化情况，修建水库对流域水沙量变化影响明显，且流域输沙量减少幅度大于径流量。Han 等（2015）运用相关分析法和 Mann-Kendall 非参数检验法，对比分析了长江流域宜昌水文站和大通水文站的径流量与输沙量特性及其在时间和空间上的变化规律，由于三峡大坝的蓄水，两站年际径流量存在波动，但未出现明显的趋势性变化，而输沙量从 20 世纪 80 年代就开始减少，在 2003 年三峡大坝建成之后减少趋势更为明显，三峡大坝对下游水文站的水沙影响程度随着与三峡大坝距离的增大而降低，上游宜昌水文站的水沙变化较下游大通水文站更为显著。Gan 等（2018）以西江干流红水河为研究对象，采用双累积曲线法分析了 1960～2014 年该流域的水沙资料，1998～2006 年、2007～2014 年两个时段的年均输沙量分别较 1960～1969 年减少 29.7%和 97.8%；对照水利工程和生态保护工程建设情况，认为两个时段泥沙显著减少的主要原因是大型水利工程建设，其次生态保护工程建设也对泥沙减少起到了积极作用。Zhang 和 Liu（2018）以湘江控制站 1982～2011 年水文气象数据为基础，分析了湘江流域年径流量、输沙量、植被覆盖率和气候［降雨量（R）、降雨强度（Ri）、最大日降雨量（$Rx1$）、最大 5d 降雨量（$Rx5$）］、干旱情势等的变化规律，结果表明，研究时段内湘江流域降雨量总体呈下降趋势，但降雨强度、干旱情势和植被覆盖率上升，流域径流量与气候因子（降雨量等）波动步调基本一致，但输沙量呈持续下降趋势，径流量和输沙量与气候及植被因子有良好的相关性，气候变化是径流量变化的主要原因；对于输沙量而言，1995～2002 年减少的主要原因是水利工程建设，而 2003～2011 年减少则主要是因为退耕还林等生态保护措施的综合效应。Zhang 等（2011a）通过统计分析河流泥沙要素的不同特征，研究了黄河干流 6 个主要水文断面长期演变过程中不同河流泥沙指标的发展规律和突变特征，结果表明，水库运行对汛期输沙量有一定影响，主要是输沙量的减少，减幅最大可达 60%。

对于含沙量相对较高的河流，通过引水工程引水，也会带走一定的沙量，进而导致河道输沙量的减少。Luo 等（2011）根据黄河宁蒙河段 1970～2005 年的实测资料进行了统计，年均引水导致的引沙量达 0.47 亿 t，约占来沙总量的 51%。Zhang 等（2011b）分析了黄河宁蒙灌区引水资料，1997～2006 年宁蒙灌区每净引水 1 亿 m^3，导致头道拐断面输沙量减少约 61 万 t。刘丽丽等（2014）研究了簸箕李灌区引水引沙过程的整体变化趋势，1985～2006 年平均引水量为 4.66 亿 m^3，平均引沙量为 406.73 万 t，平均引水含沙量为 8.73kg/m^3。Wang 等（2011）结合黄河下游引黄和灌区灌溉形式的运行工况，以渠道水流含沙量垂线分布和输沙能力为基础，深入分析了渠道引水分沙的特性及其对渠道冲淤的影响，认为在没有特殊防沙条件下，引黄含沙量一般小于黄河含沙量，约为黄河含沙量的 86%。Lin 等（2014）分析了黄河中游干流天桥水库引水口含沙量的分布情况，发现现有引水口处平均含沙量与干流断面平均含沙量基本接近，即引水基本把挟带的泥沙全部引走，随着引水量增大，引沙量相应增加。马朝彬等（2011）分析了 1972～2009 年潘庄引黄灌区的泥沙处理情况，截至 2009 年，共引水 357.8 亿 m^3、引沙 27 228 万 m^3，年均引沙量为 717 万 m^3。Wang 等（2011）分析了黄河下游河道位山灌区 1970～2004 年的引水引沙过程，灌区自 1970 年复灌至 2004 年共引水 414 亿 m^3、引沙 32 794 万 m^3，年均引水量为 11.8 亿 m^3、年均引沙量为 937 万 m^3。李立等（2017）分析了卜尔色太沟的引洪引沙情况，以 2003 年典型洪水为例，总洪量为 1009 万 m^3，总输沙量为 668.2 万 m^3，引洪量可达 198 万 m^3，占 19.6%，引沙量可达 150.3 万 m^3，占 22.5%。

流域降雨变化是河流输沙量减少的重要影响因素。Lu 等（2013）对中国八大河流的泥沙负荷变化（从 1990 年以前的 150 亿 t/a 到 1991～2007 年的 60 亿 t/a）进行了定量估算，在过去的几十年里，降雨变化和气温上升在影响输沙动力方面发挥了重要作用，虽然人类活动，如水库建设、引水、采沙和土地覆盖率变化，也会产生影响，但降雨仍然是主要的影响因素，每 1%的降雨变化导致 1.3%的水量变化和 2%的泥沙负荷变化；另外，降雨引起的流量每变化 1%，泥沙荷载就会发生 1.6%的变化，而人类活动引起的流量变化相同的百分比，泥沙荷载只会发生 0.9%的变化。Du 等（2015）的研究认为，中国是水土流失严重的国家之一，土壤流失、土壤侵蚀的总土地面积约为 3.56×10^6km^2，其中大约 46%是由降雨引起的，由雨水或径流引起的土壤侵蚀包括土壤颗粒的分离、夹带及搬运（和沉积）。不同降雨类型对输沙量的影响程度也不同。Yan 等（2014b）对黄土区桥子东沟流域的 143 场次洪水事件的水文泥沙数据进行了统计分析，并利用 K 均值分类法划分了降雨类型，比较了不同降雨类型条件下的流域水土流失特征，探讨了水土保持治理对不同降雨类型下流域产流输沙的影响，结果表明，次降雨量和最大 30min 降雨强度是影响流域产流输沙的主要降雨特征。降雨事件划分为 4 种类型：Ⅰ型（小雨量、小雨强）、Ⅱ型（大雨量、大雨强）、Ⅲ型（大雨量、小雨强）和Ⅳ型（小雨量、大雨强）。4 种降雨类型下次洪水事件的产流能力和洪峰流量由大到小依次为Ⅱ型、Ⅳ型、Ⅲ型和Ⅰ型；频次最少的Ⅱ型降雨次洪水事件的输沙量最多，Ⅰ型、Ⅲ型和Ⅳ型降雨次洪水事件的输沙量均较少，且差异不显著。水土保持综合治理显著减少了流域径流量和输沙量，其中Ⅱ型降雨次洪水事件减水量和减沙量最多，Ⅰ型最少。Han 等（2017）的研究认为，降雨强度大、降雨量小、持续时间短的降雨是黄土丘陵沟壑区坡面上土壤流失的主要降雨模式，尤其是造成极端土壤流失事件的降雨模式。Al-Wadaey 和 Ziadat（2014）的研究发现，气候变化情景预测增加的某些地区强降雨事件，将增加径流和土壤侵蚀，并降低农业生产率。Wang 等（2017）为掌握降雨强度和土地利用方式对丹江口水库水源区水土流失的影响，采用室内人工模拟降雨试验，采集豫西南山区 5 种常见土地利用方式的表层土壤，研究了其在 6 种降雨强度下的水土流失规律，结果表明，降雨强度对不同土地利用方式的产流产沙影响显著，5 种土地利用方式土壤中的产流产沙量随降雨强度均呈幂函数增加，说明降雨强度越大，相应的产流产沙量也越大；6 种降雨强度的平均产流量、产沙量均为坡耕地＞梯田＞荒草地＞乔木林＞灌草地，这是因为乔木林和灌草地土壤具有良好的保水保土效果，其产流产沙量都小于其他土地方式，因此在豫西南山区有必要开展坡改梯和退耕还林还草工程，以减少用地中的水土流失。孙维婷（2015）分析了 1970～2010 年延河流域 10 个气象站 12 个极端降水指标的时空变化规律，认为大雨日数年际变化呈增加趋势，暴雨日数呈减少趋势，采用 Pettitt 变点检测方法分析得出，延河径流量和输沙量发生趋势性变化的年份为 1996 年，1970～1996 年延河流域极端暴雨量与径流量、输沙量表现出显著的线性相关性，即极端暴雨量对径流量和输沙量有直接的影响；1997～2010 年极端暴雨量与径流量、输沙量无明显的线性相关关系，人类活动特别是退耕还林还草对径流量和输沙量的减少有重要作用。李洋洋等（2017）采用灞河马渡王水文站 1960～2012 年的实测资料，分析了降雨因素与流域径流输沙量的关系，发现当气温和蒸发量不变时，降雨量每减少 1mm，年输沙量减少 0.668 万 t。

综上，水利工程、水土保持工程和降雨变化是输沙量变化的重要影响因素，本节以 2000～2015 年（16 年）代表近期，与 1956～1999 年（44 年）长系列进行对比，重点从水利工程、水土保持工程和降雨变化这三个方面深入分析泾河近期输沙量减少的原因。

二、研究方法与数据

（一）研究方法

1. 泥沙减少原因分析方法

1）水库工程减沙量计算方法

水库工程的减沙量分析采用统计法。水库工程减沙作用是通过蓄水拦沙实现的，通过统计时段内泾河流域各类型水库累计淤积量，再将其除以年数，得到水库的年均减沙量。计算公式为

$$\mathrm{WS_r} = \sum\nolimits_{i=1}^{n} D_i / N$$

式中，D_i 为某一座水库时段内累计淤积量（亿 t）；N 为时段年数；$\mathrm{WS_r}$ 为流域所有水库时段内年均减沙量（亿 t）。

可根据不同时段流域内水库年均淤积量的变化，计算分析近期水库工程减沙量的变化。

2）引水工程减沙量计算方法

引水工程减沙作用分析也采用统计法。即从河流引水的同时引走部分泥沙，最终使泥沙在农田灌溉区域淤积，从而减少原河道的沙量。可统计不同时段内泾河流域年均引水量，再将引水量乘以引水期水流年均含沙量来求取引水工程的年均减沙量。计算公式为

$$\mathrm{WS_d} = \sum\nolimits_{i=1}^{n} W_{\mathrm{d}i} / N \times \overline{S} / 1000$$

式中，$W_{\mathrm{d}i}$ 为某一引水工程时段内累计引水量（亿 m^3）；N 为时段年数；$\overline{S}$ 为引水期水流年均含沙量（$\mathrm{kg/m^3}$）；$\mathrm{WS_d}$ 为流域引水工程时段内年均减沙量（亿 t）。

可根据不同时段流域内年均引水量变化，计算分析近期引水工程减沙量的变化。

3）水土保持工程减沙量计算方法

水土保持工程减沙量分析采用“水保法”。将梯田、造林、种草、封禁、坝地等各项水土保持治理面积，分别乘以各项治理措施单位面积减沙量指标，再求和。该方法是计算水土保持工程减沙量的常用方法。计算公式为

$$\mathrm{WS_{sc}} = \sum_{i=1}^{n} F_i \times S_i / 10^8$$

式中，S_i 为各单项水土保持措施减沙指标（$\mathrm{t/hm^2}$），由流域水土保持监测机构根据长期观察数据综合分析提出；F_i 为各单项水土保持措施面积（$\mathrm{hm^2}$）；$\mathrm{WS_{sc}}$ 为各项水土保持措施综合减沙量（亿 t）。

可根据不同时段流域内各项水土保持措施治理面积的变化，计算分析近期水土保持工程减沙量的变化。

4）降雨产沙量变化分析方法

降雨产沙量变化分析采用“扣除法”。根据分析认为近期泥沙减少的主要影响因素为水库工程、引水工程、水土保持工程和降雨变化。分别计算近期水库工程、引水工程、水土保持工程变化导致的减沙量变化值，采用近期实测沙量减少值减去上述减沙量变化值。计算公式为

$$\Delta \mathrm{WS_p} = \Delta \mathrm{WS_t} - \Delta \mathrm{WS_r} - \Delta \mathrm{WS_d} - \Delta \mathrm{WS_{sc}}$$

式中，$\Delta \mathrm{WS_t}$ 为近期实测沙量减少值（亿 t）；$\Delta \mathrm{WS_r}$ 为近期水库工程拦沙作用变化导致的减沙量变化值（亿 t）；$\Delta \mathrm{WS_d}$ 为近期引水量变化导致的减沙量变化值（亿 t）；$\Delta \mathrm{WS_{sc}}$ 为近期水土保持工程治理面积变化导致的减沙量变化值（亿 t）；$\Delta \mathrm{WS_p}$ 为近期降雨量变化导致的降雨产沙量变化值。

2. 泥沙预测方法

泥沙预测计算过程见图 1.4-1。具体计算过程为：①首先开展天然径流量的还原计算；②以人类活动影响较少且下垫面近似天然状态时期的相应水沙实测资料为基础，建立天然状态下的水沙关系；③采用天然径流量成果和天然水沙关系计算天然输沙量；④考虑各项输沙量减少因素在未来某个时段的变化及其影响，预测未来流域可持续的减沙量；⑤采用天然输沙量减去未来流域可持续的减沙量，可预测未来流域输沙量。

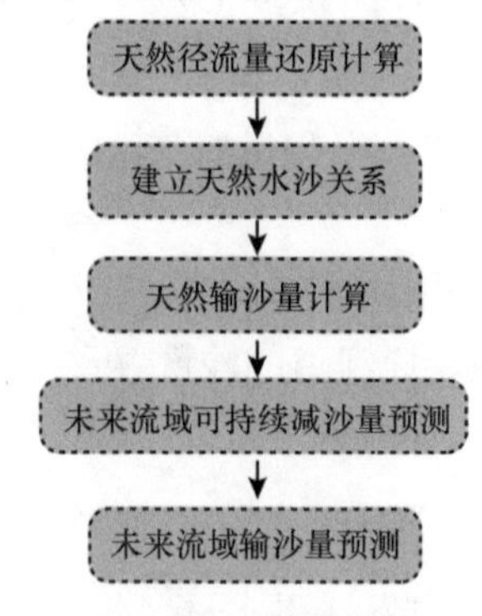

图 1.4-1　泥沙预测计算过程图

1）天然径流量还原计算

流域天然径流量为流域出口代表站实测径流量与流域工农业耗水量、库坝拦蓄水量、流域蒸发渗漏损失水量及水土保持工程减水量之和。计算公式为

$$W_0 = W_m + W_{cuw} + W_s + W_e + W_{sc}$$

式中，W_0为天然径流量；W_m为实测径流量；W_{cuw}为流域工农业耗水量；W_s为库坝拦蓄水量；W_e为流域蒸发渗漏损失水量；W_{sc}为水土保持工程减水量。各项单位均为亿 m^3。

2）建立天然水沙关系及天然输沙量计算

天然输沙量主要利用径流量与输沙量的关系进行计算。根据流域多年观测资料，流域径流量与输沙量存在密切关系。考虑到中国实际国情及经济发展情况，一般 1960 年以前，由于流域内人类活动对径流量、输沙量的影响较小，接近天然状态，因此采用张家山水文站 1932～1960 年实测径流量、输沙量资料替代，建立天然径流量与输沙量的相互关系，$WS_0 = f(W_0)$，并结合还原计算的天然径流量，计算出流域天然输沙量。

3）未来流域可持续减沙量预测

根据流域输沙量减少的主要影响因素，未来流域可持续的减沙量为水库工程减沙量、引水工程减沙量、水土保持工程减沙量之和。降雨变化导致的减沙量只局限于某个时段，例如，近期流域内强降雨减少，导致降雨产沙量减少，从而减少了流域输沙量。但根据气候变化政府间专门委员会（Intergovernmental Panel on Climate Change，IPCC）的预测，未来极端气候、强降雨等现象可能增加，近期降雨变化导致的减沙量，未来并不可能长期持续，因此，预测未来减沙量不考虑降雨的影响。计算公式为

$$WS_y = WS_r + WS_d + WS_{sc}$$

式中，WS_r为未来水库工程减沙量，即未来一段时间内已建水库剩余库容拦沙潜力和规划新建水库拦沙能力之和；WS_d为未来引水工程减沙量，可由根据社会经济发展预测的未来流域引水规模乘以引水期平均含沙量求取；WS_{sc}为未来水土保持工程减沙量，根据流域现状及未来规划的各项水保工程治理面积和相应减沙指标求取；WS_y为未来流域可持续减沙量预测值。各项单位为亿 t。

4）未来流域输沙量预测

未来流域输沙量等于天然沙量与未来减沙量的差值。计算公式为

$$WS_f = WS_0 - WS_y$$

式中，WS_0为流域天然输沙量；WS_y为未来流域可持续减沙量预测值；WS_f为未来流域输沙量预测值。各项单位均为亿 t。

（二）数据来源

1. 水文资料

泾河流域干支流共布置有水文站 28 个，雨量站 190 个，对流域降雨、径流、泥沙等形成有效监控，并可获取大量实测资料数据。张家山站为泾河流域出口水文站，集水面积 43 216 万 km^2，占流域总面积的 95%。考虑到 1956 年以前，泾河流域水文站、雨量站布置数量较少，资料也不完善，本研究资料主要采用张家山站 1956～2015 年系列。其中，张家山站又分别于干流河道、泾惠渠（引水渠道）布设有水文测验断面，分别进

行流量、输沙率、含沙量等水文要素测验。各测站相关资料均由黄河水利委员会水文局进行系统复核与整编，各项资料翔实、可靠。

2. 工程资料

流域内水库工程减沙量，水土保持工程（梯田、造林、种草、封禁、坝地等）各项治理面积资料部分采用 2011 年全国水利普查成果，其余采用经黄河上中游管理局整编的官方资料，资料数据翔实、可靠。

三、结果与分析

（一）泾河泥沙含量变化分析

张家山站不同时段年均径流量、年均输沙量变化见图 1.4-2。从不同时期的年均径流量变化来看，20 世纪 50 年代以前年均径流量为 20.62 亿 m^3，50 年代、70 年代、80 年代年均径流量基本相当，60 年代年均径流量最大，90 年代年均径流量明显减小，2000 年以来减小趋势尤为显著。从不同时期的年均输沙量变化来看，20 世纪 50 年代以前，年均输沙量最大，50 年代、60 年代和 70 年代年均输沙量基本相当，80 年代比上述时段偏小，90 年代比 80 年代又偏大，2000 年以来在来水量大幅度减小的同时，输沙量也大幅度减小。从不同时期的年均含沙量（图 1.4-3）看，20 世纪 60 年代、80 年代和 2000 年以来年均含沙量相对较小，其他时期年均含沙量基本相当，含沙量波动变化，并未出现明显的变化趋势。

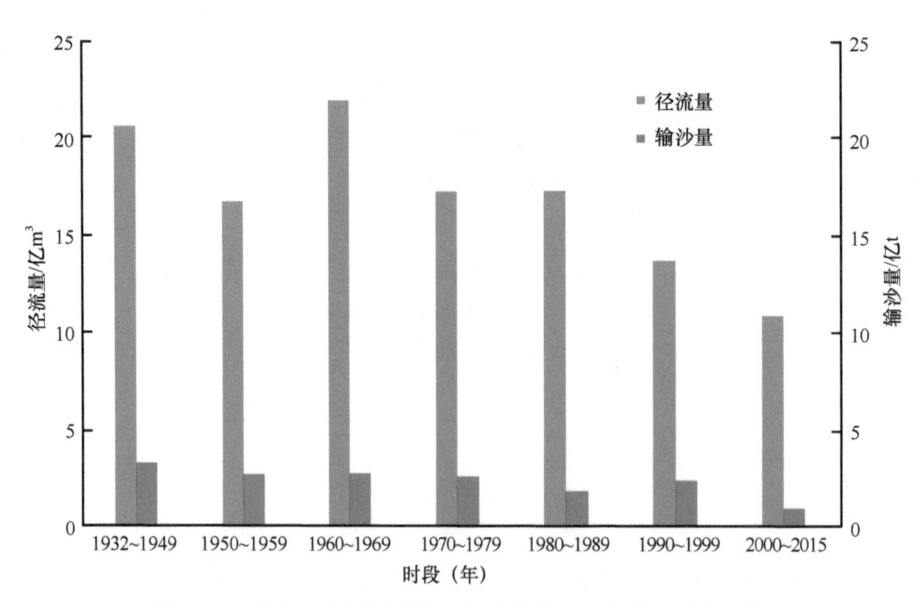

图 1.4-2　张家山站不同时段年均径流量、年均输沙量变化图

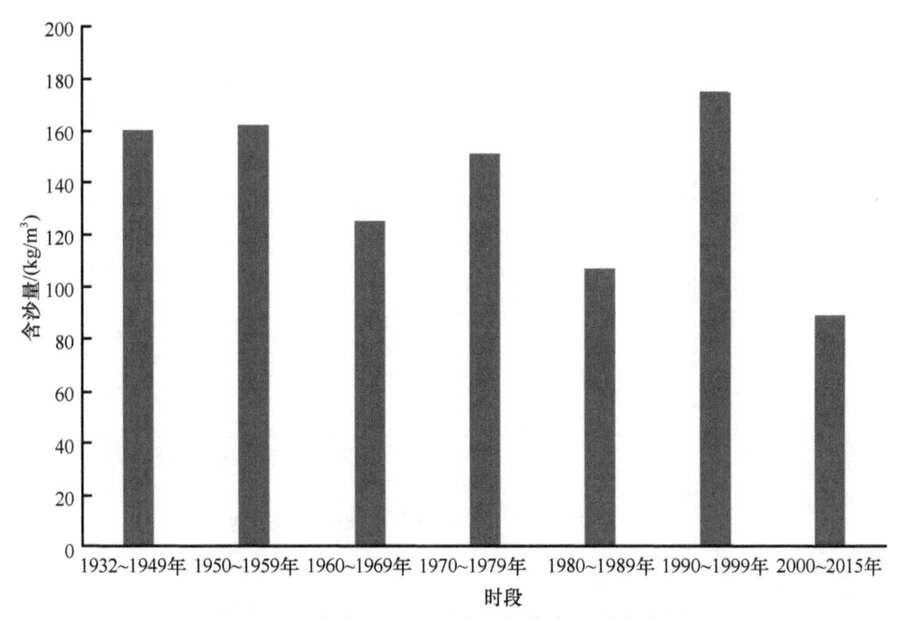

图 1.4-3　张家山站不同时段年均含沙量变化图

本节绘制了张家山站径流量、输沙量累积距平曲线，见图 1.4-4。2000 年以来，径流量、输沙量累积距平值明显下降，表示泾河流域近期径流量、输沙量均明显偏枯。另外，本节点绘了输沙量累积曲线，见图 1.4-5，2000 年以来输沙量累积值上升趋势明显减缓，同样显示了近期输沙量明显偏枯的趋势。

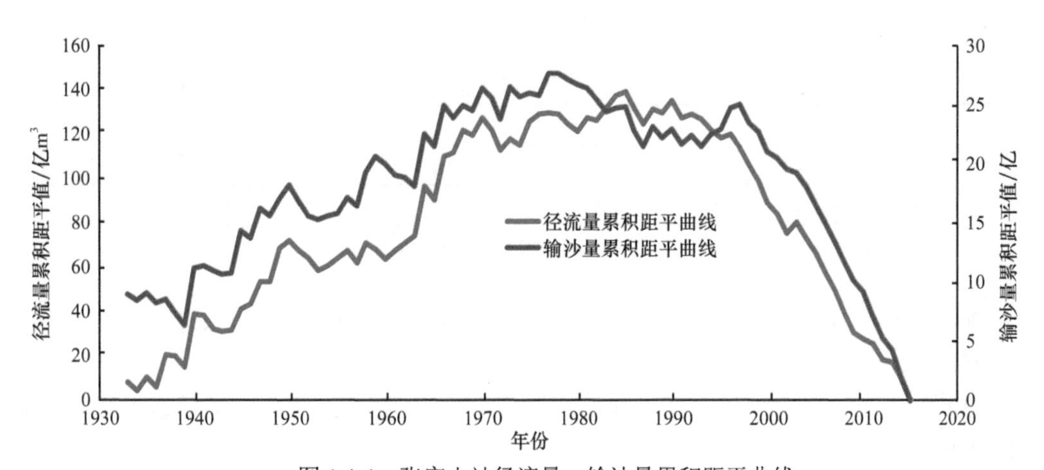

图 1.4-4　张家山站径流量、输沙量累积距平曲线

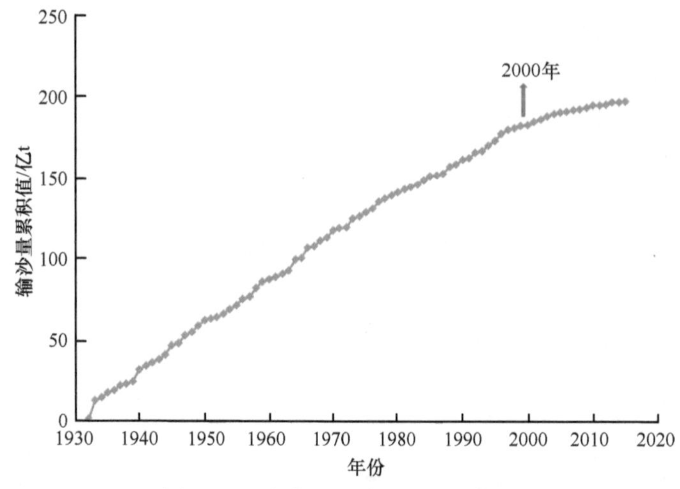

图 1.4-5　张家山站输沙量累积曲线

（二）减沙量计算结果分析

1. 水利工程减沙量计算

水利工程减沙作用主要包括水库工程拦沙和引水工程引沙两部分。

截至 2015 年，泾河流域已建各类水库总库容约 9.0 亿 m^3，其中，有效调节库容 2.3 亿 m^3，拦沙库容 6.7 亿 m^3。根据水库淤积资料，1956～1999 年泾河流域水库工程年均拦沙量为 0.134 亿 t，随着水库持续淤积，部分水库库容损失较大，将失去拦沙能力，2000～2015 年水库工程年均拦沙量减少为 0.105 亿 t，减少 0.029 亿 t，见表 1.4-1。

表 1.4-1　泾河流域水库工程不同时段拦沙量变化统计表　　（单位：亿 t）

水库工程年均拦沙量		水库工程年均拦沙量减少值
1956～1999 年（长系列）	2000～2015 年（近期）	
0.134	0.105	0.029

注：表中数据来自 2011 年全国水利普查成果和黄河上中游管理局官方整编资料

2000～2015 年张家山站（集水面积占流域面积的 95%）以上年均引水量为 2.53 亿 m^3，较 1956～1999 年长系列年均引水量（1.56 亿 m^3）增加 0.97 亿 m^3。另外，根据流域引水引沙资料统计，近期引水平均含沙量约为 50kg/m^3，近期引水量增加导致年均输沙量减少 0.049 亿 t，见表 1.4-2。

表 1.4-2　引水量增加导致的年均减沙量计算表

1956～1999 年（长系列）		2000～2015 年（近期）		近期年均引水量增加值/亿 m^3	由引水量增加导致的年均减沙量/亿 t
年均引水量/亿 m^3	年均引沙量/亿 t	年均引水量/亿 m^3	年均引沙量/亿 t		
1.56	0.078	2.53	0.127	0.97	0.049

由上述计算成果可知，2000～2015 年与长系列相比，泾河流域水库工程年均拦沙量减少 0.029 亿 t，年均引沙量增加 0.049 亿 t，二者合计，年均输沙量减少 0.02 亿 t。

2. 水土保持工程减沙作用分析

20 世纪 70 年代以来，甘肃、陕西两省在泾河流域积极开展了大规模的退耕还林（草）、封山禁牧等水土保持治理工作，坝地、梯田、造林、种草、封禁等治理面积不断增加。各项治理面积与减沙量关系见图 1.4-6～图 1.4-10。随着各项治理面积的增加，减沙量也明显增大。1970 年泾河流域不同年份水土保持治理面积（各项之和）为 16.6 万 hm^2，2015 年增加至 192.2 万 hm^2，增长了 10.6 倍，其中 2000～2015 年增长较快，治理面积增加 83.0 万 hm^2，年均约增加 5.5 万 hm^2。各项治理措施中，梯田、造林面积较大，分别占总治理面积的 37.7%～44.6%和 44.6%～48.2%。经计算，1956～1999 年长系列水土保持措施年均减沙量 0.19 亿 t，2000～2015 年年均减沙量 0.96 亿 t，近期由于水土保持工程建设较长系列年均多减沙 0.77 亿 t。

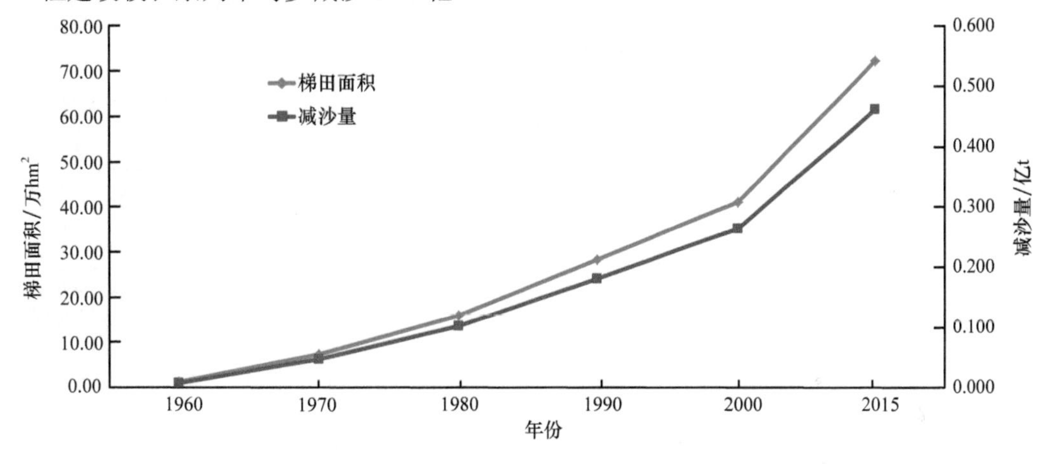

图 1.4-6 梯田面积与减沙量的关系图

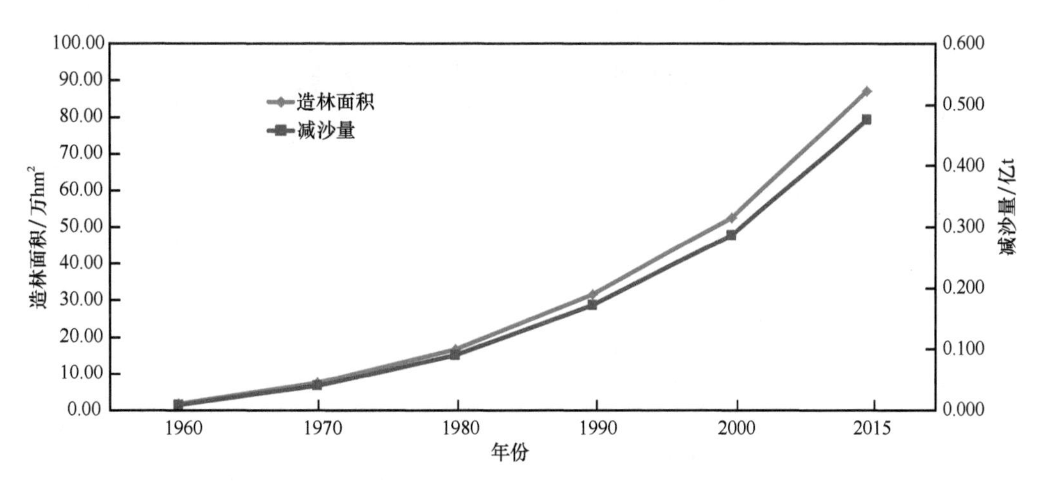

图 1.4-7 造林面积与减沙量的关系图

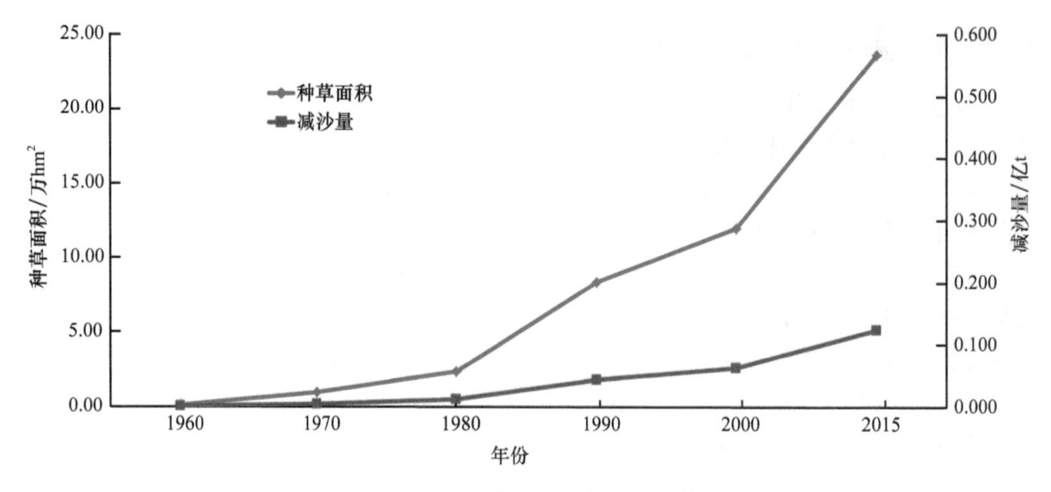

图 1.4-8　种草面积与减沙量的关系图

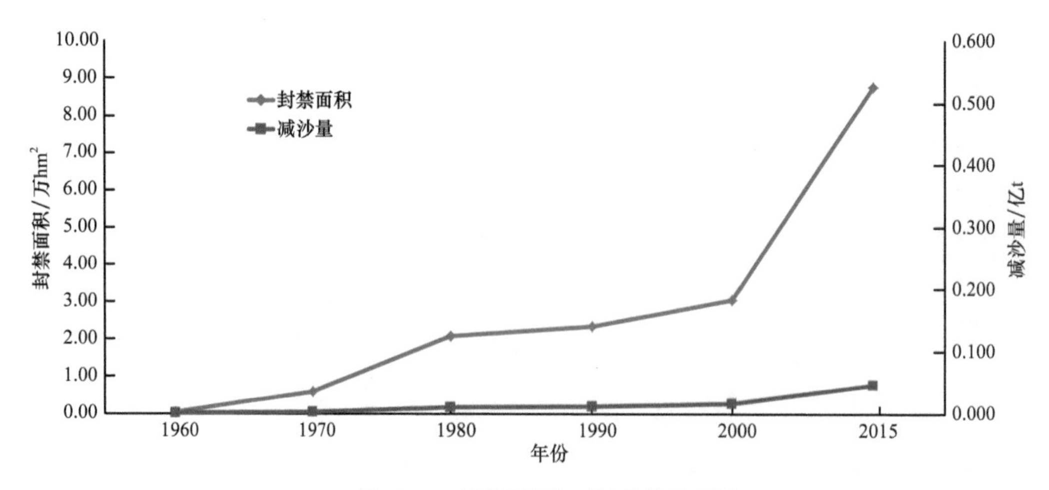

图 1.4-9　封禁面积与减沙量的关系图

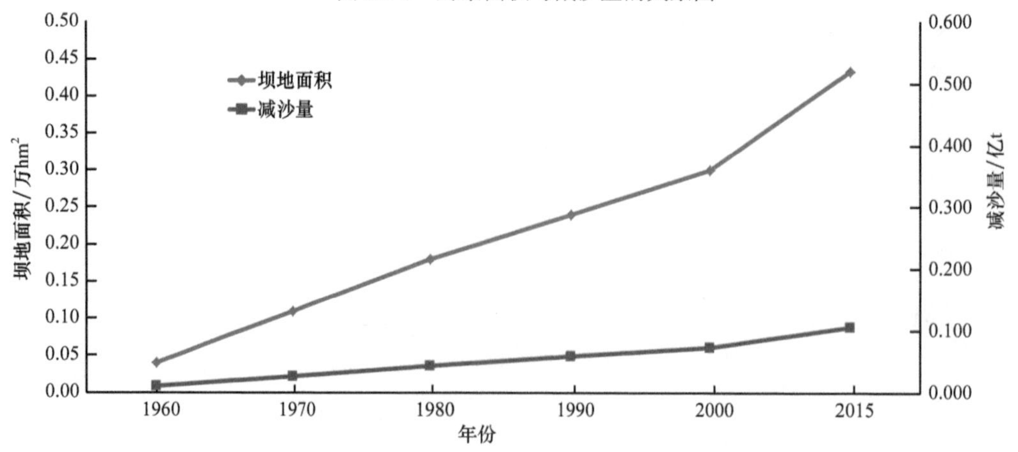

图 1.4-10　坝地面积与减沙量的关系图

3. 年均降雨量和输沙量变化的关联关系分析

泾河流域不同时期年均降雨量和年均输沙量统计见表 1.4-3。1956～2015 年的年均降雨量为 506.1mm，其中，1956～1969 年为 534.6mm，较 1956～2015 年均值偏大 5.6%；1970～1979 年与 1980～1989 年基本相同，分别为 490.2mm 和 491.4mm，较多年均值偏小 3%左右；1990～1999 年的年均降雨量最小，仅为 474.2mm，较多年均值偏小 6.3%；2000～2015 年的年均降雨量为 522.2mm，较多年均值偏大 3.2%。泾河流域 1990～1999 年和 1980～1989 年相比，年均降雨量减少 3.5%，而年均输沙量却增加了 28.0%。这说明以年均降雨量来反映对产沙的影响并不合理。

表 1.4-3　泾河流域不同时期年均降雨量和年均输沙量统计表

	1956～1969 年	1970～1979 年	1980～1989 年	1990～1999 年	2000～2015 年	1956～1999 年	1956～2015 年
年均降雨量/mm	534.6	490.2	491.4	474.2	522.2	501.0	506.1
年均输沙量/亿 t	2.99	2.60	1.86	2.38	1.05	2.50	2.15

注：年均降雨量采用同期流域各雨量站实测资料按泰森多边形法计算求得，年均输沙量为同期张家山站实测均值

4. 短历时降雨产沙分析

泾河流域 1956～1999 年长系列年均输沙量 2.50 亿 t，2000～2015 年的年均输沙量减少为 1.05 亿 t，近期来沙量较长系列减少 1.45 亿 t。水利工程导致年均输沙量减少 0.02 亿 t，水土保持工程导致年均多减沙 0.77 亿 t，扣除水利工程和水土保持工程减沙增量后，剩余量为降雨变化导致的年均泥沙减少量，为 0.66 亿 t。实际上，泾河流域主要产沙区属于黄土高原沟壑区和黄土丘陵沟壑区，产沙主要为强降雨所致。为分析降雨因素对产沙的影响，本研究进一步对短历时（1h）降雨变化情况进行了剖析。

选取输沙量较大的马莲河流域段新庄、洪德、杨渠、雨落坪 4 个雨量站作为代表站，以及蒲河流域石坪、庙后岘、兰庙、毛家河 4 个雨量站作为代表站，统计分析各站 1h 降雨量资料。对比 2000～2015 年和 1984～1999 年两个序列的 1h 降雨资料，对各站 1h 降雨量从大到小排序，绘制 1h 降雨量排序曲线，见图 1.4-11～图 1.4-18。可以看出，2000～2015 年与 1984～1999 年相比，主要产沙区 8 个雨量站中，除毛家河、庙后岘和杨渠雨量站（位于蒲河下游）外，其余 7 个雨量站均表现为量级较大、排序靠前的 1h 降雨量明显减小。可见，2000 年以来泾河流域主要产沙区降雨结构有所变化，虽然年降雨量有所增加，但对产沙作用较大的强降雨总体上明显减少。

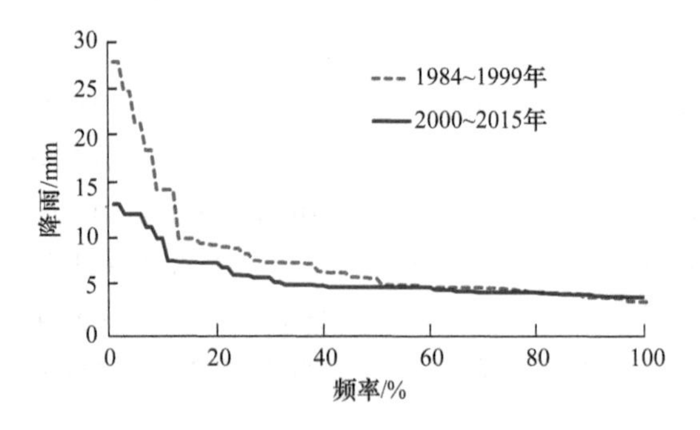

图 1.4-11 段新庄雨量站 1h 降雨排序图

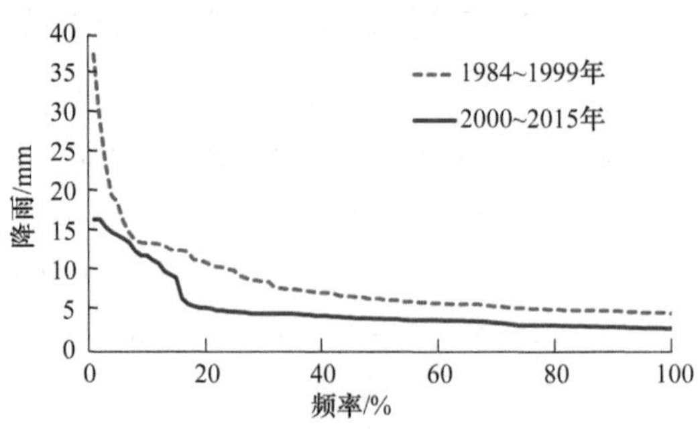

图 1.4-12 石坪雨量站 1h 降雨排序图

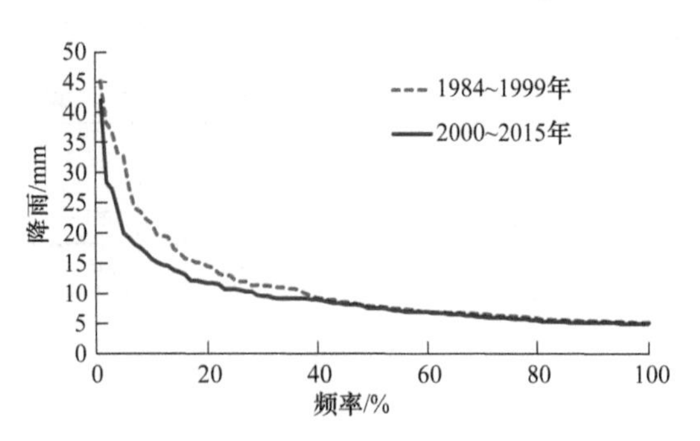

图 1.4-13 洪德雨量站 1h 降雨排序图

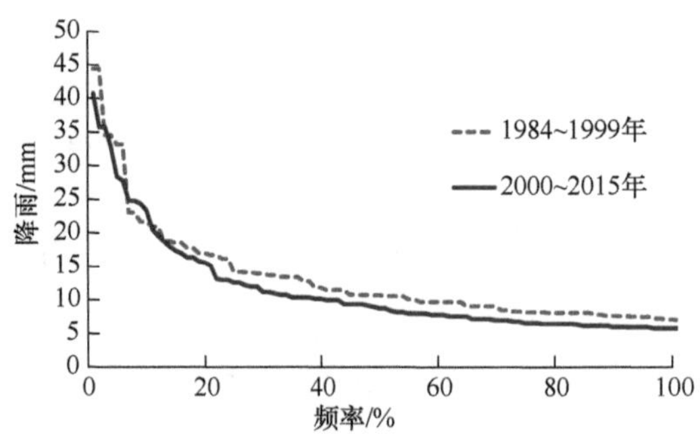

图 1.4-14 庙后岘雨量站 1h 降雨排序图

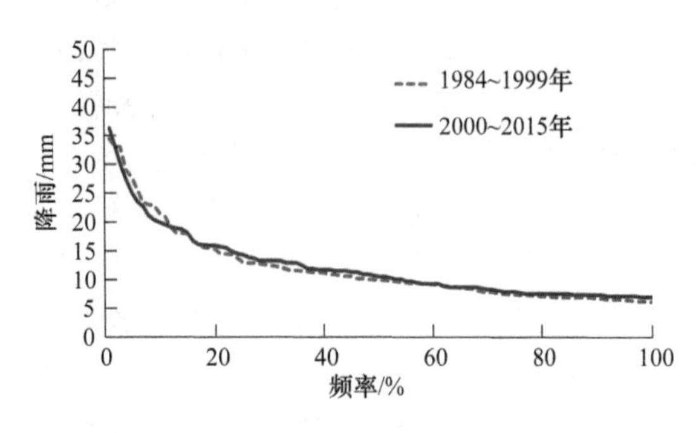

图 1.4-15 杨渠雨量站 1h 降雨排序图

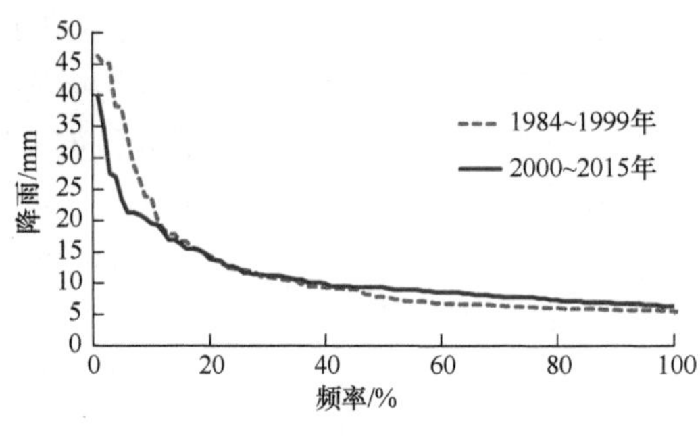

图 1.4-16 兰庙雨量站 1h 降雨排序图

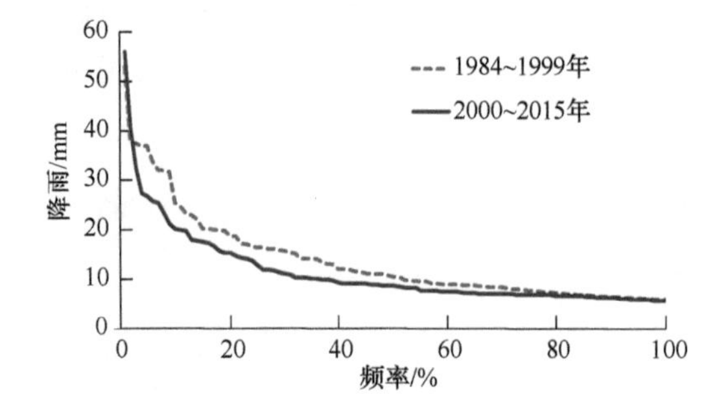

图 1.4-17 雨落坪雨量站 1h 降雨排序图

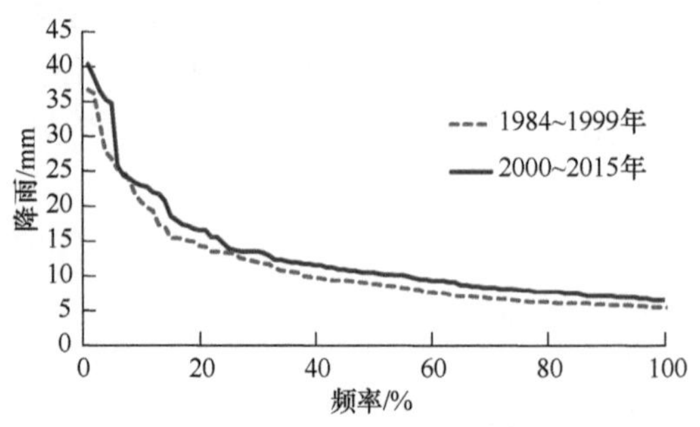

图 1.4-18 毛家河雨量站 1h 降雨排序图

（三）泾河流域泥沙预测分析

经过还原计算，泾河流域天然年均输沙量为2.7亿t；流域已建各型水库大多淤满，未来拦沙能力有限，考虑到东庄水库、马莲河水库尚处于论证设计阶段，本研究暂不考虑其未来拦沙的影响。若认为水土保持工程（扣除坝地）减沙量具有持续性，按2015年治理面积计算，年均减沙量为0.959亿t，年均引沙量仍按0.127亿t考虑，则预测未来年均减沙量为1.61亿t。不过，当前泾河流域植被覆盖率已达到55%，今后水土保持工程减沙效果增幅将会趋缓；此外，未来水库淤满后，坝地将失去拦沙作用，若泾河流域未来发生强降雨，泾河仍有发生较大输沙量的可能性。

我国针对泾河流域水沙变化进行了持续深入研究。表1.4-4给出了泾河流域未来年输沙量变化趋势预测研究成果。各成果对未来泾河的输沙量预测结果差异明显，输沙量为0.85亿～2.17亿t。

表1.4-4　泾河流域年输沙量预测　（单位：亿t）

依据成果	研究时段	泾河流域可持续的减沙量	设计入库沙量
“十一五”国家科技支撑计划成果	1997～2006年	0.535	2.166
“十二五”国家科技支撑计划成果	2007～2014年	1.632～1.849	0.851～1.068
“黄河水沙变化研究”白皮书成果	2000～2012年	0.852	1.848
《黄河流域综合规划（2012—2030年）》	2030年	0.6	2.1

考虑到影响流域泥沙变化的因素较多，特别是未来极端天气频发，水土保持治理不宜过于乐观，作者认为未来泾河流域年均输沙量为1.6亿～2.1亿t，仍将对渭河、黄河河道淤积产生重要影响，可能危及河道行洪安全。本研究认为泾河流域有必要建设新的大型拦沙工程。

四、讨论

泾河流域地形西北高、东南低，流域东部有子午岭（主峰海拔1687m），南部有关山，西部有六盘山，北部有羊圈山，中部为广大的黄土塬区，整个流域呈盆状地形。按地貌特征可分为黄土丘陵沟壑区（占40%）、黄土高原沟壑区（占45.8%）、土石山林区（占14.2%）。流域地形破碎，植被稀少，水土流失严重，特别是马莲河、蒲河等多沙支流多年平均侵蚀模数为7000～9000t/(km^2·a)。泾河流域属黄河中游地区暴雨多发区之一，降雨时空分布不均、年际变化大，年内高度集中；由于流域降雨产流类型为超渗产流，“短历时、强降雨”极易形成大洪水，并在产汇流过程中对流域的坡面及沟道进行冲刷，带走大量泥沙；可见，区域暴雨，特别是“短历时、强降雨”，是流域水土流失的主要动力，也是输沙量大小的决定性因素，历年径流量、输沙量的大小往往由汛期几场大洪水决定。经多年观测，流域内以坡面、沟道侵蚀为主的土壤侵蚀模式未发生变化，“短历时、强降雨”是造成流域水土流失的主要因素，其对流域产沙量影响非常明显。

根据IPCC《气候变化2014综合报告决策者摘要》，人类对气候系统的影响是明显的，而近年来人为温室气体排放达到了历史最高值，近期的气候变化已对人类系统和自然系统产生了广泛影响，这说明自然系统和人类系统对气候的变化非常敏感。自 1950 年前后以来已观测到了许多极端天气和气候事件的变化，这些变化中，有些变化与人类影响有关，包括低温极端事件的减少、高温极端事件的增多、极高海平面的增多及很多区域强降水事件的增多。所有经过评估的排放情景都预估地球表面温度在 21 世纪呈上升趋势，很可能的是，热浪发生的频率更高、时间更长，很多地区的极端降水的强度和频率将会增加。

泾河流域属黄河中游地区暴雨多发区之一，受全球气候变化的影响，未来流域内发生“短历时、强降雨”的强度和频率将可能增加，进而导致流域输沙量的增大。因此，近期泾河流域输沙量的减少可能只是短期现象，并不能完全代表未来流域输沙量的变化趋势，在工程设计中应谨慎对待。

五、结语

泾河是渭河的最大支流，是黄河的二级支流，1956～2015 年的年均输沙量占黄河的 23%，是黄河泥沙的主要来源区，是世界著名的多泥沙河流。自 20 世纪 50 年代开始，黄河水利委员会逐步组织开展泾河流域的水土保持治理工作，通过改造梯田、植树种草、修建坝库、退耕还林、封山禁牧等一系列措施，水土保持治理初现成效，一定程度上减少了泾河输沙量。2000 年以来，泾河年均输沙量减少为 1.05 亿 t，较 1956～2000 年减少了 1.45 亿 t，减少幅度达 58%，部分专家据此认定泾河流域水土保持工程建设成效显著，泾河未来输沙量大幅减少是可持续的，建设以“防洪减淤”为主的东庄水库并不紧迫，更有甚者认为不必要。为全面剖析近期泾河流域输沙量大幅度减少的原因，本节对比分析了泾河流域不同时期水库拦沙量、流域引水引沙量、水土保持各项治理措施面积、降雨量、降雨强度等系列变化情况。研究表明，水利工程、水土保持工程和降雨变化，是输沙量变化的重要影响因素，2000 年以来泾河流域主要产沙区降雨结构变化，尤其是对产沙作用较大的强降雨总体上明显减少，是泾河输沙量减少的主要因素之一。本节通过对大量实测资料的分析，采用水土保持法、降雨分析法等分析计算，认为水土保持工程导致泥沙减少 0.77 亿 t，占总减少量的 77%；降雨变化导致泥沙减少 0.66 亿 t，占总减少量的 45.5%；水库拦沙和引水引沙导致泥沙减少 0.02 亿 t，占总减少量的 1.4%。根据世界气象组织预测，受全球气候变暖的影响，未来极端气候现象或将频发，泾河流域未来强降雨极可能大幅度增加，输沙量也会相应增大，因此，东庄水库作为黄河水沙调控体系的重要组成，工程上马仍是十分必要的。泾河流域天然年均输沙量为 2.7 亿 t，考虑泾河流域地形地貌特点，以沟道侵蚀为主的侵蚀模式在现在及未来都很难发生变化，当前泾河流域植被覆盖率已经达到 55%，今后水土保持工程建设难度加大，坝地淤满后减沙作用将会减弱，水利水保工程未来可持续的年均减沙量为 0.60 亿～1.09 亿 t，预测泾河未来年均输沙量为 1.6 亿～2.1 亿 t。本研究为泾河、渭河乃至黄河的治理开发与管理、现有水利工程调度运行及拟建重大水利枢纽工程决策上马提供了重要技术支持，同时也为当前水沙变化问题研究提供了参考思路和借鉴方法，意义重大。

参 考 文 献

黄河勘测规划设计有限公司. 2010. 东庄水库2020年水平入库水沙条件设计. 郑州: 黄河勘测规划设计有限公司.

黄河勘测规划设计有限公司. 2016. 陕西省泾河东庄水利枢纽工程可行性研究报告: 第二卷. 郑州: 黄河勘测规划设计有限公司.

黄河勘测规划设计有限公司. 2017. 陕西省泾河东庄水利枢纽工程可行性研究补充报告. 郑州: 黄河勘测规划设计有限公司.

黄河勘测规划设计有限公司. 2018. 陕西省泾河东庄水利枢纽工程初步设计报告. 郑州: 黄河勘测规划设计有限公司.

黄河水利委员会. 2015. 黄河中游来沙锐减主要驱动力及人为调控效应研究. 郑州: 黄河水利委员会.

黄河水利委员会. 2016. 黄河水沙变化研究. 郑州: 黄河水利委员会.

黄河水土保持生态环境监测中心. 2013. 黄河上中游水土保持措施调查与效益评价技术报告. 西安: 黄河水土保持生态环境监测中心.

李立, 任莉丽, 王鹏, 等. 2017. 卜尔色太沟引洪滞沙工程布置方案及减沙效果. 人民黄河, 39(3): 11-14.

李洋洋, 白洁芳, 周维博, 等. 2017. 灞河流域气候因子对水沙变化的影响. 水资源保护, 33(5): 98-122.

刘红英. 2012. 降水变化和人类活动对北洛河上游水沙特性的影响研究. 西北农林科技大学硕士学位论文.

刘丽丽, 刘春晶, 鲁婧, 等. 2014. 簸箕李灌区引水引沙条件的变化及其二干渠泥沙淤积特征. 水利科技与经济, 20(8): 5-6.

刘娜, 谢永宏, 张称意, 等. 2014. 澧水水沙变化特征及成因分析. 水文, 34(2): 87-92.

刘晓燕, 等. 2016. 黄河近年水沙锐减成因. 北京: 科学出版社.

马朝彬, 张书彦, 孙宝忠. 2011. 潘庄引黄灌区泥沙处理调研. 山东水利, (3): 49-50.

冉大川, 左仲国, 吴永红, 等. 2012. 黄河中游近期水沙变化对人类活动的响应. 北京: 科学出版社.

孙维婷. 2015. 延河流域极端降水时空变化及其对水沙变化的影响. 西北农林科技大学硕士学位论文.

汪岗, 范昭. 2002. 黄河水沙变化研究: 第一卷, 第二卷. 郑州: 黄河水利出版社.

姚文艺, 徐建华, 冉大川. 2011. 黄河流域水沙变化情势分析与评价. 郑州: 黄河水利出版社.

叶晨, 张正栋, 张杰, 等. 2017. 华南湿热区小流域水沙变化及影响因子分析——以五华河为例. 长江流域资源与环境, 26(7): 131-139.

俞方圆. 2011. 近 50 年东北地区气候变化及其对河川径流和泥沙的影响研究. 西北农林科技大学硕士学位论文.

张莉. 2014. 延河流域近 50 年植被与水沙变化关系分析. 中国科学院大学硕士学位论文.

Adeogun A G, Sule B F, Salami A W. 2018. Cost effectiveness of sediment management strategies for mitigation of sedimentation at Jebba Hydropower reservoir, Nigeria. Journal of King Saud University-Engineering Sciences, 30(2): 141-149.

Al-Wadaey A, Ziadat F. 2014. A participatory GIS approach to identify critical land degradation areas and prioritize soil conservation for mountainous olive groves (case study). Journal of Mountain Science, 11(3): 782-791.

Bernard J M, Iivari T A. 2000. Sediment damages and recent trends in the United States. International Journal of Sediment Research, 15(2): 135-148.

Deng L, Shangguan Z P, Li R. 2012. Effects of the grain-for-green program on soil erosion in China. International Journal of Sediment Research, 27(1): 120-127.

Du H, Xue X, Wang T. 2015. Mapping the risk of water erosion in the watershed of the Ningxia-Inner Mongolia Reach of the Yellow River. Journal of Mountain Science, 12(1): 70-84.

Gan C Y, Shi S, Zhu Y J, et al. 2018. Impacts of hydropower engineering projects on the sediment yields in Hongshui River. Pearl River, 39(8): 1-8.

Han B W, Li N, Zeng C F, et al. 2015. Analysis of influence of large-scale water conservancy project on variation characteristics of water and sediment in middle and lower reaches of Yangtze River. Journal of Water Resources & Water Engineering, 26(2): 139-144.

Han Y, Zheng F, Xu X. 2017. Effects of rainfall regime and its character indices on soil loss at loessial hillslope with ephemeral gully. Journal of Mountain Science, 14(3): 527-538.

Hou S Z, Hou K, Wang P, et al. 2015. Analysis on impact of Liujiaxia Reservoir on variation of water and sediment. Water Resources and Hydropower Engineering, 46(10): 31-42.

Hu W W. 2016. The influence of human activities on the runoff and sediment load changes of Hanjiang River. Research of Soil and Water Conservation, 23(2): 157-165.

Jia Y G. 2017. Analysis of variation trends and cause of runoff and sediment in Yihe River Basin. Research of Soil and Water Conservation, 24(2): 142-145.

Jiang G T, Gao P, Mu X M, et al. 2015. Effect of conversion of farmland to forestland or grassland on the change in runoff and sediment in the upper reaches of Beiluo River. Research of Soil and Water Conservation, 22(6)： 1-6.

Ju Y J, Wan Z W. 2003. Prediction of sediment reducing benefit under different rainfall conditions and control degrees on the loess plateau. Chinese Geographical Science, 13(2)： 149-156.

Li Y X, Dang S Z, Dong G T, et al. 2016. Response of runoff and sediment discharge to precipitation variation in the Kuye River Basin. International Conference on Environment, Climate Change and Sustainable Development: 358-364.

Lin X Z, Shen G Q, Guo Y. 2014. Analysis on taking water and diverting sediment conditions of the Yellow River Diversion project in Central Shanxi Province. Yellow River, 36(3): 67-69.

Liu F, Chen S L, Peng J, et al. 2011. Temporal variability of water discharge and sediment load of the Yellow River into the sea during 1950-2008. Journal of Geographical Sciences, 21(6): 1047-1061.

Liu X G, Li C Y, Wu D Y. 2015. Changing characteristic and its impact factor analysis of streamflow and sediment of Ganjiang River Basin during past 60 years. Resources and Environment in theYangtze Basin, 24(11): 1020-1028.

Liu X Y, He D M. 2012. A new assessment method for comprehensive impact of hydropower development on runoff and sediment changes. Journal of Geographical Sciences, 22(6): 1034-1044.

Lu X X, Ran L S, Liu S, et al. 2013. Sediment loads response to climate change: A preliminary study of eight large Chinese rivers. International Journal of Sediment Research, 28(1): 1-14.

Luo Q S, Zhang H J, Zhou L Y, et al. 2011. Effect of water diversion on scour and fill in Ning-Meng reach of Yellow River. Yellow River, 33(9): 22-24.

Meshesha D T, Tsunekawa A, Tsubo M, et al. 2012. Dynamics and hotspots of soil erosion and management scenarios of the Central Rift Valley of Ethiopia. International Journal of Sediment Research, 27(1): 84-99.

Tao G Y, Gao Z L, Hang H B. 2013. The effect on downstream reservoir runoff and sediment after running of Pubugou Hydropower Station. Hydropower and New Energy, 5: 52-55.

Wang G Z, Li Z Y，Tian Y C，et al. 2017. Effects of rainfall intensity and land use on flow volume and sediment yield in Southwest Coteau of Henan Province. Engineering Journal of Wuhan University，50(2): 182-186.

Wang Y G，Shi H L，Liu X. 2014. Influence of sediment trapping in reservoirs on runoff and sediment discharge variations in Yangtze River. International Research and Training Center on Erosion and Sedimentation，4: 467-476.

Wang Y G，Shi H L，Qi L，et al. 2011. Plan and evaluation on water and sediment resources allocation of typical irrigation area in the Lower Yellow River. Yellow River, 33(3): 60-63.

Wang Y G, Shi H L. 2011. Water and sediment diversion characteristics of various irrigation types and their influence on canal erosion and deposition in irrigation systems of Lower Yellow River. Journal of Sediment Research, (3): 37-43.

Yan M D, Song X Y, Xia L, et al. 2014a. Impact of LUCC and climate change on sediment load in the Yanwachuan watershed on the Losses Plateau. Proceedings of the International Conference on Management and Engineering: 1297-1304.

Yan Q H, Yuan C P, Lei T W, et al. 2014b. Effect of rainstorm patterns and soil erosion control practices on soil and water loss in small watershed on Loess Plateau. Transactions of the Chinese Society for Agricultural Machinery, 45(2): 169-175.

Yang Y Y, Li Z B, Ren Z P, et al. 2017. The influence of human activities on the changes of water and sediment in different landforms. Journal of Sediment Research, 42(5): 50-56.

Zhang H B, Shi J J, Xin C, et al. 2011a. Variation trends analysis and its ecological impact of sediment discharge in the mainstream of the Yellow River. IEEE: 1124-1127.

Zhang H M, Hu Y W, Hou A Z, et al. 2011b. Numerical simulation of water and sediment change in Ningxia-Inner Mongolia reach and the impact of water diversion on water and sediment change in river course. Journal of Water Resources and Water Engineering, 22(5): 41-45.

Zhang J, Wang H J, Zhang Y, et al. 2012. Variation of sediment load at the major tributaries in the middle reaches of Yellow River and its impacts on the sediment flux to the sea. Marine Geology & Quaternary Geology, 32(3): 21-30.

Zhang P, Sun W Y. 2011. Effect of comprehensive harnessing on water and soil conservation in SanChuanhe River Basin. Proceedings of the International Symposium on Water Resource and Environmental Protcction (ISWREP 2011): 2475-2477.

Zhang X Y, Liu M X. 2018. Effects of climate change and human activities on water and sediment discharge in Xiangjiang Basin. Research of Soil and Water Conservation, 25(1): 30-37.

Zhang Y J, Hu C H, Wang Y G. 2014. Analysis on variation characteristics and influential factors of runoff and sediment of Liaohe River Basin. Yangtze River, 45(1): 32-35.

Zhao G J, Mu X M, Tian P, et al. 2012. The variation trend of streamflow and sediment flux in the middle reaches of Yellow River over the past 60 years and the influencing factors. Resources Science, 34(6): 1070-1078.

Zhao G J, Mu X M, Wen Z M，et al. 2013. Impacts of precipitation and human activities on streamflow and sediment load in the Huangfuchuan Watershed. Science of Soil and Water Conservation，11(4): 1-8.

Zhao J L，Yang Z Q，Govers G. 2019. Soil and water conservation measures reduce soil and water losses in China but not down to background levels: Evidence from erosion plot data. Geoderma，10: 729-741.

Zhou P, Wen A B, Yan D C, et al. 2014. Changes in land use and agricultural production structure before and after the implementation of grain for green program in Western China—taking two typical counties as examples. Journal of Mountain Science, 11(2): 526-534.

第五节　关于建立黄河泥沙频率曲线问题的探讨①

一、问题的提出

黄河不同于其他江河的显著特点是水少沙多、水沙异源、水沙不平衡。由于大量泥沙的存在，黄河下游成为举世闻名的地上悬河，因此各项治黄方略的研究也都是围绕泥沙而展开的。在日常治黄业务中，很多问题常常因泥沙问题而复杂化，例如，在预测下游河道淤积抬升速度时，常常使用某一系列水沙过程通过数模计算得到。但当使用某一

① 作者：张金良，郜国明

系列水沙过程（实测）时，其实包含了以下意义：认为该系列中泥沙（沙峰、沙量）频率分布服从洪水频率分布；认为泥沙重现期等同于洪水重现期。而实际情况往往不是这样的，如同量级洪水的泥沙量、峰排序会相去甚远。

（一）同量级洪水的沙峰相差较大

通过统计1954～1998年潼关水文站6000m³/s流量以上洪水洪峰、沙峰排序及出现时间，可以发现，6000m³/s流量级的洪峰同频率时，沙峰却相差很大。例如，1955年9月13日洪水和1960年8月4日洪水的洪峰流量同为6080m³/s，其沙峰分别为68.5kg/m³和316.0kg/m³，相差247.5kg/m³。另外，沙峰与洪峰跟随性有较大差异，有的年份沙峰和洪峰基本相应，如1967年、1977年，有的年份沙峰在前、洪峰在后，如1961年、1964年、1976年。因此，洪水频率并不能完全代表泥沙的频率。

（二）年最大沙峰含沙量和洪峰流量相差较大

1952～1998年潼关水文站流量超过6000m³/s的年最大洪峰和最大沙峰统计结果见表1.5-1。

表1.5-1　1952～1998年潼关水文站流量超过6000m³/s的年最大洪峰和最大沙峰统计

年份	洪峰			沙峰		
	出现日期	流量/（m³/s）	流量排序	出现日期	含沙量/（kg/m³）	含沙量排序
1952	08-18	6 400	28	08-01	107	27
1953	08-26	12 000	4	08-20	716	3
1954	09-03	13 400	2	09-04	676	4
1955	09-17	6 900	22	07-30	220	24
1956	08-20	7 330	18	—	—	—
1957	07-18	6 400	27	—	—	—
1958	08-03	9 540	8	—	—	—
1959	08-21	11 900	5	07-17	316	19
1960	08-04	6 080	31	07-07	592	6
1961	08-01	7 920	14	07-03	357	17
1963	08-30	6 120	30	08-30	272	22
1964	08-14	12 400	3	07-07	465	9
1966	07-30	7 830	15	07-21	522	7
1967	08-11	9 530	9	08-12	274	21
1968	09-14	6 750	23	08-25	322	18
1970	08-03	8 420	12	08-04	631	5
1971	07-26	10 200	7	08-20	746	2
1972	07-21	8 600	11	07-03	302	20
1974	08-01	7 040	21	08-01	421	13
1976	08-30	9 220	10	08-05	120	26
1977	08-06	15 400	1	08-06	911	1
1978	08-09	7 300	19	07-13	421	12

续表

年份	洪峰			沙峰		
	出现日期	流量/（m^3/s）	流量排序	出现日期	含沙量/（kg/m^3）	含沙量排序
1979	08-12	11 100	6	07-31	399	14
1981	09-08	6 540	24	08-17	373	16
1983	08-01	6 200	29	07-31	80	28
1984	08-05	6 430	26	08-05	218	25
1988	08-07	8 260	13	06-30	373	15
1989	07-23	7 280	20	07-19	434	10
1994	08-06	7 360	17	07-10	425	11
1996	08-11	7 400	16	07-29	468	8
1998	07-14	6 500	25	07-14	227	23

注：1998 年 5 月 23 日含沙量 296kg/m^3，不是发生在汛期，未统计在内

由表 1.5-1 可以看出，泥沙的频率分布与洪水的频率分布有一定的相关性，如最大洪峰（15 400m^3/s）和最大沙峰（911kg/m^3）均出现在 1977 年，但泥沙的频率分布又不完全服从于洪水的频率分布，如沙峰含沙量的排序和洪峰流量的排序并不一致。因此，单独建立泥沙频率曲线是十分必要的。

二、建立泥沙频率曲线的可行性

众所周知，在洪水频率分析中，各种方法都要求洪水系列中各项洪水相互独立，且服从同一分布。即一般认为，按年最大值选择所得的洪水系列中各项洪水是相互独立的，系列中各项洪水都是在基本相同的物理条件下形成的。

在建立泥沙频率曲线时，可以沿用洪水频率分析的两项假定，即假定所选定泥沙系列中各项泥沙资料是相互独立的，且系列中各项泥沙资料都是在相同的物理条件下形成的，即服从同分布。

（一）泥沙系列选定

我国《水利水电工程设计洪水计算规范》（SL 44—2006）（以下简称《规范》）规定，应采用年最大值原则选取洪水系列，即从资料中逐年选取一个最大流量和固定时段的最大洪水总量，组成洪峰流量和洪量系列。据此，在建立泥沙系列时，也可采用年最大值原则，从实测资料中逐年选取一个最大含沙量和固定时段的最大沙量组成含沙量（沙峰）系列和沙量系列。

（二）泥沙经验频率公式

根据统计学中的次序统计量理论来讨论、建立泥沙经验频率公式。设已有一个包含几项泥沙的系列，并把它们按量级从大到小排序，即 $x_1, x_2, \cdots$、$x_m, \cdots, x_n$。则 x_m 是一个随机变量，其概率密度函数为

$$h_m(x_m) = \frac{n!}{(n-m)!(m-1)!} p(x_m)[1-p(x_m)]^{n-m} f(x_m)$$

式中，$f(x_m)$为泥沙总概率密度函数；$p(x_m)^{m-1}$为超过概率，即频率，$p(x_m)^{m-1}=\int_{x_m}^{+\infty}x(t)\,\mathrm{d}t$。由此，泥沙次序统计量$p_1=p(x)$，$p_2=p(x_2)$，…，$p_m=p(x_m)$，…，$p_n=p(x_n)$。比照《规范》规定，$p_m$的数学期望值作为$x_m$的经验频率公式，即

$$\widehat{p_m}=E(p_m)=\frac{m}{n+1}\quad (m=1,\ 2,\ \cdots,n)$$

（三）泥沙频率曲线形式

泥沙过程受多种复杂因素的影响，因而其频率曲线形式（分布）也是未知的，比照洪水频率设计，可采用P-Ⅲ型曲线。

三、建立泥沙频率曲线的意义

众所周知，建立洪水频率曲线，是为了正确确定设计洪水，为水利水电工程规划、设计、施工确定“标准”。对于黄河而言，建立泥沙频率曲线具有重要意义：①可以合理解释丰水丰沙、丰水枯沙、枯水丰沙、枯水枯沙年份出现的数学含义，即上述自然现象的出现，是洪水频率和泥沙频率的不同组合所形成的；②可以通过泥沙频率与洪水频率的组合，确定河道时段内可能的最大与最小淤积量、抬升速度及堤防的加高规划指标等，也可用来分析水库淤积库容使用寿命等；③可通过泥沙频率和洪水频率组合来预估场次洪水调度中可能出现的极端情况，如某一频率洪水（预报量值）相应的泥沙淤积量、冲刷量极值，为洪水实时调度划分出一个区间，从而预估可能出现的冲淤量、水位及洪水演进时间等量值范围，对多泥沙河流的防汛工作具有重要参考价值。

四、结语

一般认为，泥沙与洪水是一对孪生姐妹。这说明泥沙频率与洪水频率有较强的相关性，但二者关联程度的确定，是一件很困难的事情。因此，在建立泥沙频率曲线后，必须从内在的产汇沙机理入手，分析泥沙产生、输移与洪峰、洪量之间的关系，建立泥沙频率与洪水频率的相关关系，分析相同频率洪水条件下的泥沙频率范围或相同频率泥沙条件下的洪水频率范围，从而才能将泥沙频率曲线用于实际工作中去。例如，单纯的10a一遇的洪水和单纯的10a一遇泥沙相遇概率为100a一遇，这显然不符合客观实际情况。

本节仅是就建立泥沙频率曲线提出一点想法，实际建立过程中，还需要进行大量的统计分析和关联研究工作，有待今后继续研究。

第六节　河流系统水沙变量的联合分布模型研究[①]

黄河源区是指黄河从源区到唐乃亥水文站之间的地区，流域面积为12.19万km^2，是黄河流域主要的产流区之一。同时，唐乃亥水文站位于黄河天然径流河段和人工调节河段的

① 作者：丁志宏，张金良，冯平

分界处，既是黄河上游高寒草甸产流区出口处的重要控制站，又是龙羊峡水库的入库把口站，其水沙变化特性对下游黄河干流河段的水电资源开发和排沙减淤工作具有重要影响。

为更深入地从系统论和概率论的角度研究黄河源区水沙过程的宏观变化规律，笔者基于河川径流量与输沙量之间具有的紧密相关性和复杂随机性，以唐乃亥水文站 1956～2009 年实测年径流量和年输沙量序列为基础，在应用 P-Ⅲ型曲线求得二者的边缘分布函数后，运用 Copula 函数方法构建了黄河源区水沙联合分布模型，并对其应用进行了深入探讨。

一、基本理论

（一）Copula 函数的基本理论

Copula 函数方法的理论基石是 Sklar 定理（Nelson，1999），其二维表达形式为：设 X、Y 为连续的随机变量，其边缘分布函数分别为 $FX(x)$和 $FY(y)$，联合分布函数为 $F(x, y)$，若 $FX(x)$和 $FY(y)$连续，则存在唯一的 Copula 函数 $C_\theta(u, v)$，使得

$$F(x, y)=C_\theta(FX(x), FY(y)) \quad \forall x, y \tag{1.6-1}$$

水文相关研究中目前常用的是 3 种 Archimedean 型 Copula 函数，具体形式见表 1.6-1，其中，τ 是可以描述变量之间非线性相关关系的 Kendall 相关系数，由下式计算：

$$\tau=\frac{1}{C_n^2}\sum_{i<j}\operatorname{sgn}\left[\left(x_i-x_j\right)\left(y_i-y_j\right)\right] \tag{1.6-2}$$

在常见的椭圆型、Archimedean 型和二次型 Copula 函数类中，水文领域相关研究中目前常用的是 3 种 Archimedean 型 Copula 函数，具体形式如表 1.7-1 所示。其中，τ 是可以描述变量之间非线性相关关系的 Kendall 相关系数，由下式计算：

$$\tau=\frac{1}{C_n^2}\sum_{i<j}\operatorname{sgn}\left[\left(x_i-x_j\right)\left(y_i-y_j\right)\right] \tag{1.6-3}$$

式中，C_n^2 为从长度为 n 的水文变量序列中任取 2 个变量的组合数；$\operatorname{sgn}[(x_i-x_j)(y_i-y_j)]$ 的取值为

$$\operatorname{sgn}\left[\left(x_i-x_j\right)\left(y_i-y_j\right)\right]=\begin{cases}1, & (x_i-x_j)(y_i-y_j)>0\\0, & (x_i-x_j)(y_i-y_j)=0\\-1, & (x_i-x_j)(y_i-y_j)<0\end{cases}$$

表 1.6-1　水文研究中常用的 3 种 Copula 函数

名称	$C_\theta(u, v)$的形式	参数取值	τ 与 θ 的关系
Clayton	$(u^{-\theta}+v^{-\theta}-1)^{-1/\theta}$	$\theta>0$	$\tau=\frac{\theta}{\theta+2}$
Frank	-	$\theta\in\mathbf{R}$	$\tau=1-\frac{4}{\theta}\left(-\frac{1}{\theta}\times\int_\theta^0\frac{t}{e^t-1}dt-1\right)$
Gumbel-Hougaard	$\exp\left\{-\left[(-\ln u)^\theta+(-\ln v)^\theta\right]^{1/\theta}\right\}$	$\theta\geqslant1$	$\tau=1-\frac{1}{\theta}$

（二）EMD的基本理论

经验模态分解（empirical mode decomposition，EMD）是基于信号局部特征时间尺度对信号进行平稳化处理，进而从原始信号中提取本征模态函数（intrinsic mode function，IMF）的一种多时间尺度分析方法。具体算法参见文献（谢国权和丁志宏，2008）。

二、实际应用

（一）基本数据

采用的基本数据为唐乃亥水文站 1956～2009 年的实测年径流量和年输沙量系列，共计 54 个样本数据对，见图 1.6-1。

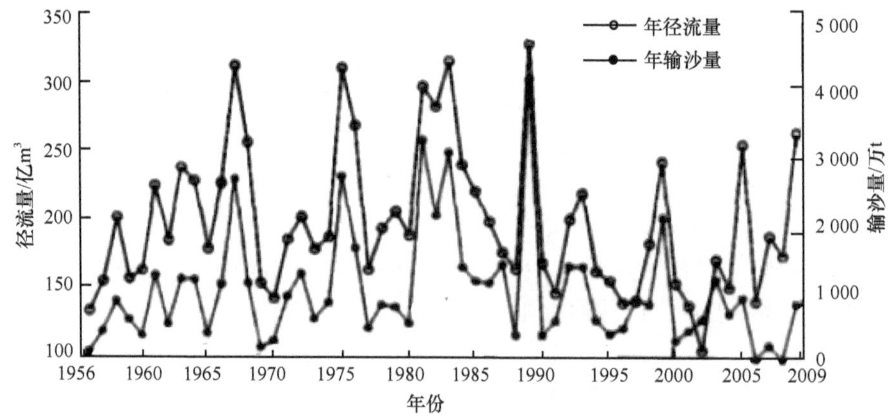

图 1.6-1　唐乃亥水文站年径流量和年输沙量系列

（二）水沙频率分布的确定

采用优化适线法来求取径流量和输沙量服从 P–III型分布时的频率分布曲线的统计参数，其统计参数平均值 x、变差系数 Cv 和偏态系数 Cs 的值分别为 199.4 亿 m^3、0.27、0.97 和 1203.9 万 t、0.71 和 1.67。

（三）Copula 函数选择及模型构建

1. 拟合检验和拟合优度评价指标

对 Copula 函数的拟合检验与拟合优度评价分别采用 Kolmogorov-Smirnov（K-S）检验和离差平方和（OLS）最小准则，其中 K-S 检验统计量 D 和离差平方和 OLS 的定义见式（1.6-4）和式（1.6-5）：

$$D = \max_{1 \leqslant k \leqslant n} \left\{ \left| C_k - \frac{m_k}{n} \right|, \left| C_k - \frac{m_k - 1}{n} \right| \right\} \tag{1.6-4}$$

式中，C_k 为联合观测值样本（x_k, y_k）的 Copula 值；m_k 为联合观测值样本中满足条件 $x \leqslant x_k$ 且 $y \leqslant y_k$ 的联合观测值的个数。

$$\text{OLS} = \sqrt{\frac{1}{n} \sum_{i=1}^{n} (P_{ei} - P_i)^2} \tag{1.6-5}$$

式中，P_{ei} 和 P_i 分别为联合分布的经验频率和计算频率，其中 P_{ei} 由下式计算：

$$P_{ei}(x_i, y_i)=P(X\leqslant x_i, Y\leqslant y_j)=\frac{\sum_{m=1}^{i}\sum_{k=1}^{j}n_{m,k}}{N+1} \tag{1.6-6}$$

式中，$n_{m,k}$ 表示联合观测值小于等于（x_i，y_j）的个数；N 为联合观测值的总数。

2. 计算、检验和评价结果

按照式（1.6-2）～式（1.6-6）及表 1.6-1，计算图 1.6-1 所示的水沙系列之间的 τ 值及各个 Copula 函数中的参数值。K-S 检验的显著性水平取 $\alpha=0.05$，$n=54$ 时对应的分位点为 0.1851，当 D 值小于 0.1851 时通过 K-S 检验。Copula 函数的计算、检验和评价结果见表 1.6-2。

表 1.6-2　Copula 函数的计算、检验和评价结果

Kendall 相关系数	参数与指标	Copula 函数类型		
		Clayton	Frank	Gumbel-Hougaard
0.5969	θ	2.9618	7.8480	2.4809
	D	0.1172	0.0981	0.0852
	OLS	0.0497	0.0173	0.0241

由表 1.6-2 可知，Clayton、Frank 和 Gumbel-Hougaard 这 3 种 Copula 函数均能通过 K-S 检验，选取 OLS 值最小的 Frank Copula 函数作为联结函数。

设年径流量和年输沙量的累计分布分别为 $F(x)$ 和 $F(y)$，则黄河源区水沙二维联合分布模型可表示为

$$F(x, y)=-\frac{1}{7.81}\ln\left[1+\frac{(e^{-7.848x}-1)(e^{-7.848y}-1)}{e^{-7.848}-1}\right] \tag{1.6-7}$$

图 1.6-2 给出了由式（1.6-7）得出的计算分布与经验分布的拟合情况，可以看出，数据点均落在 45°线附近，相关系数在 0.98 以上。这说明由 Frank Copula 函数得出的计算分布均能很好地与经验分布拟合，可见选用 Frank Copula 作为联结函数是合理的，可以将其作为描述黄河源区水沙联合分布的概率模型。

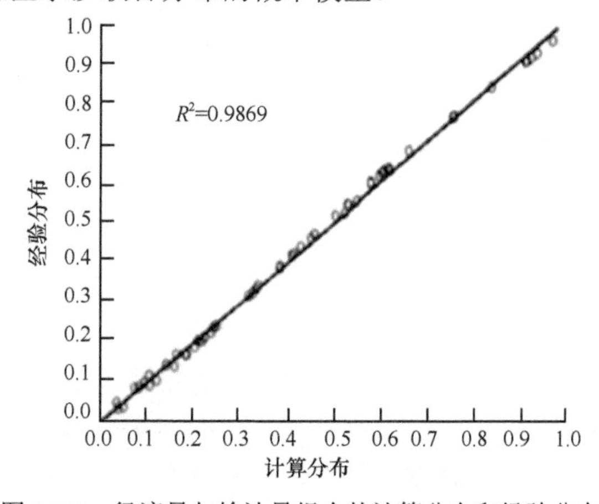

图 1.6-2　径流量与输沙量组合的计算分布和经验分布

（四）应用分析

1. 水沙丰枯组合的频率分析

根据式（1.6-6）所描述的水沙联合分布模型对黄河源区径流量和输沙量在年际的丰枯组合情况进行研究。采取常用的频率法进行径流量和输沙量的丰枯划分，二者之间的丰枯遭遇情形可以分为以下 9 种：①丰丰型，$p_1=P$（$X \geqslant x_{pf}$，$Y \geqslant y_{pf}$）；②丰平型，$p_2=P$（$X \geqslant x_{pf}$，$y_{pk}<Y<y_{pf}$）；③丰枯型，$p_3=P$（$X \geqslant x_{pf}$，$Y \leqslant y_{pk}$）；④平丰型，$p_4=P$（$x_{pk}<X<x_{pf}$，$Y \geqslant y_{pf}$）；⑤平平型，$p_5=P$（$x_{pk}<X<x_{pf}$，$y_{pk}<Y<y_{pf}$）；⑥平枯型，$p_6=P$（$x_{pk}<X<x_{pf}$，$Y \leqslant y_{pk}$）；⑦枯丰型，$p_7=P$（$X \leqslant x_{pk}$，$Y \geqslant y_{pf}$）；⑧枯平型，$p_8=P$（$X \leqslant x_{pk}$，$y_{pk}<Y<y_{pf}$）；⑨枯枯型，$p_9=P$（$X \leqslant x_{pk}$，$Y \leqslant y_{pk}$）。其中，p_f=37.5%、p_k=62.5%分别为划分水沙丰、枯的频率标准（对应的径流量、输沙量分别为 215.9 亿 m^3、1361.3 万 t 和 175.3 亿 m^3、690.4 万 t）。这 9 种丰枯遭遇情形又可分为丰枯同步和丰枯异步两种类型，见表 1.6-3。

表 1.6-3 水沙丰枯遭遇频率 （单位：%）

丰枯同步频率				丰枯异步频率						
水沙同丰	水沙同平	水沙同枯	合计	水丰沙平	水丰沙枯	水平沙枯	水平沙丰	水枯沙丰	水枯沙平	合计
29.05	11.14	29.05	69.24	6.93	1.52	6.93	6.93	1.52	6.93	30.76

由表 1.6-3 可知：①径流量和输沙量的丰枯同步频率中，同丰频率与同枯频率相等，同平频率最小，分别为 29.05%、29.05%和 11.14%；②径流量和输沙量的丰枯异步频率中，水丰（枯）沙枯（丰）组合的频率最小，仅为 1.52%，水丰（平）沙平（丰）、水平（枯）沙枯（平）组合的频率都为 6.93%；③径流量和输沙量丰枯同步的频率大于丰枯异步的频率，分别为 69.24%、30.76%。

2. 水沙遭遇组合的风险分析

设径流量和输沙量的年际边缘累计分布分别为 $F(x)$和 $F(y)$，联合累计分布为 $F(x, y)$，采用重现期 T 来表征径流量与输沙量遭遇组合的风险特征。考虑到风险是非期望事件的发生概率，主要考虑以下两种重现期：

$$\begin{cases} T_{x,y}=\dfrac{1}{1-F(x,y)} \\ T^*_{x,y}=\dfrac{1}{1-F(x)-F(y)+F(x,y)} \end{cases} \tag{1.6-8}$$

式中，$T_{x,y}$为联合重现期，表示的是 x、y 这 2 个变量中任一变量的设计值被超越时的重现期；$T^*_{x,y}$为同现重现期，表示的是 x、y 这 2 个变量中的 2 个设计值同时被超越时的重现期。

根据式（1.6-7）和式（1.6-8）计算水沙遭遇组合的重现期，结果见图 1.6-3、图 1.6-4，从图中可知，所构建的模型可以给出黄河源区不同量级年径流量和年输沙量遭遇组合的重现期。在此基础上，选取径流量和输沙量的典型年份，采用同频率放大法，即可给出相应的由若干组具有相同重现期的不同设计径流量过程线和设计输沙量过程线相搭配的水沙配比体系，从而为下游河段梯级枢纽的规划调度及河道的数值模拟与水工模型试验提供不同水沙条件选取与概化时的参考。

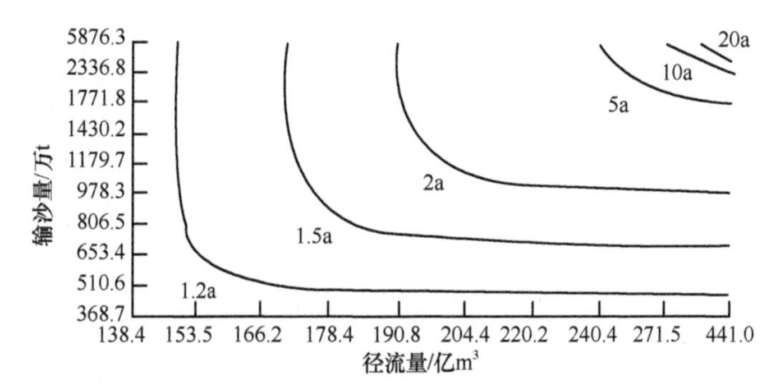

图 1.6-3　不同联合重现期 $T_{x,y}$ 的年水沙过程等值线

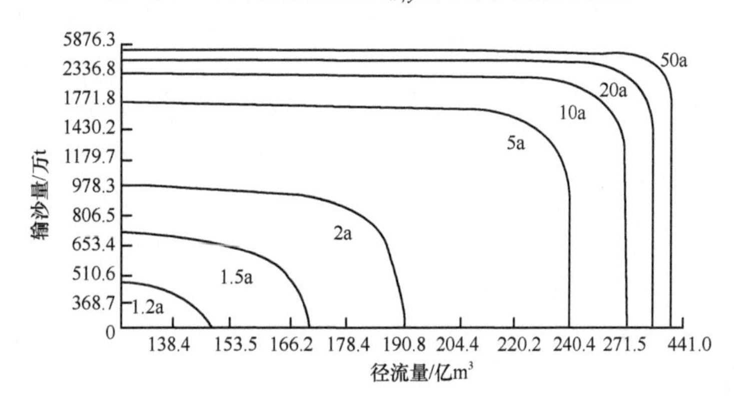

图 1.6-4　不同同现重现期 $T^{*}_{x,y}$ 的年水沙过程等值线

3. 水沙过程概率演化的多时间尺度分析

根据图 1.6-1 和式（1.6-7），可求得黄河源区水文水资源系统水沙联合概率分布过程，见图 1.6-5。运用 EMD 方法对此概率值系列进行多时间尺度分解，限制标准差 SD 的值取 0.25，采用边界延拓法来处理分解时的边界问题，结果见图 1.6-6～图 1.6-9，其中分别包含有 3 个振荡项 IMF 分量（图 1.6-6～图 1.6-8）和 1 个趋势项 Res 分量（图 1.6-9），从中可得出如下结论。

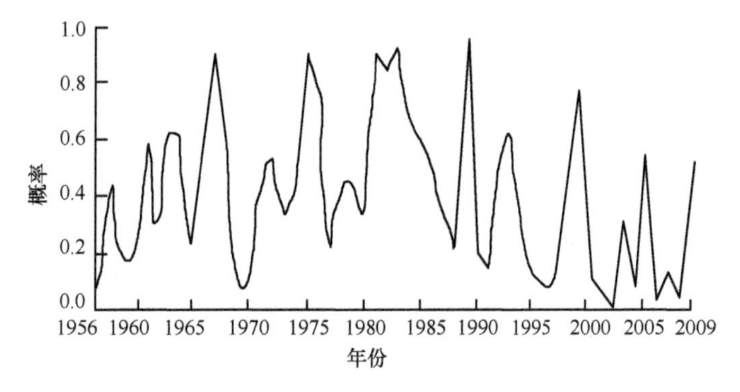

图 1.6-5　水沙联合概率分布过程

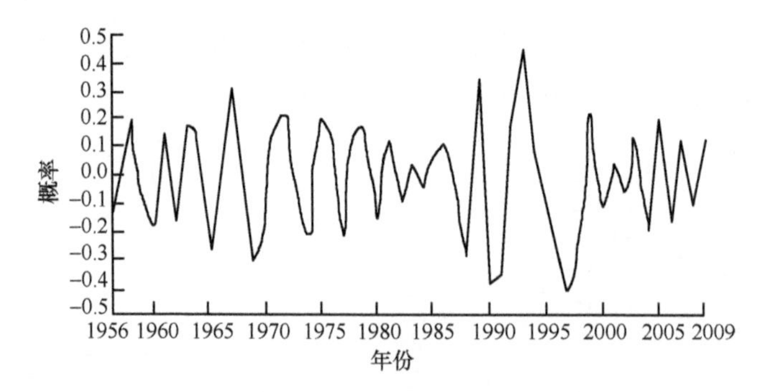

图 1.6-6 水沙联合概率分布过程的 IMF1 分量

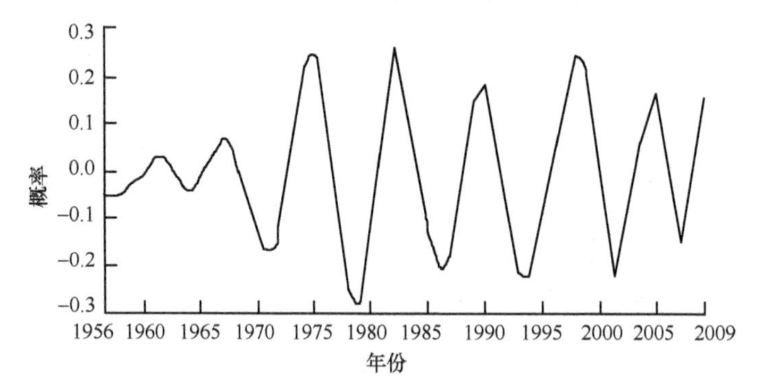

图 1.6-7 水沙联合概率分布过程的 IMF2 分量

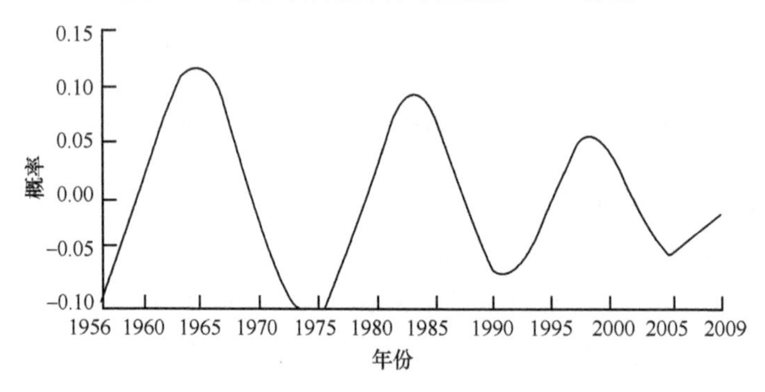

图 1.6-8 水沙联合概率分布过程的 IMF3 分量

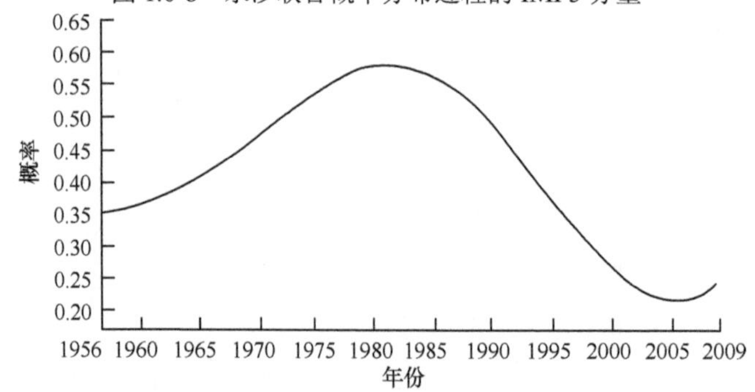

图 1.6-9 水沙联合概率分布过程的 Res 分量

（1）水沙联合概率分布过程可以分解为 3 个具有不同波动周期的振荡分量和 1 个

趋势分量，反映了黄河源区产汇流输沙系统的运动具有复杂的随机性。

（2）IMF1 分量具有准 2～6a 的波动周期，其波动幅度在 20 世纪 90 年代较大。

（3）IMF2 分量具有准 6～8a 的波动周期，其波动幅度自 20 世纪 50 年代中期至 80 年代中期呈增大趋势，之后至今基本保持稳定。

（4）IMF3 分量波动周期在 20 世纪 50 年代中期至 90 年代中期为准 20a，90 年代至今为准 15a，随着波动周期的缩短，波动的幅度也大幅衰减。

（5）Res 分量显示的是水沙联合概率分布过程的整体变化趋势，自 20 世纪 50 年代中期至 80 年代初期呈增加趋势，1983 年达到峰值 0.5836，之后至 21 世纪初期呈减小趋势，2005 年达到谷值 0.2302，2005～2009 年又呈增加趋势。

三、结语

以黄河源区唐乃亥水文站 1956～2009 年实测年径流量和输沙量系列为基础，在运用 P–III型曲线推求得到二者的频率分布曲线后，应用 Copula 函数方法构建了黄河源区水沙联合分布模型。以此为基础，首先分析了水沙丰枯遭遇频率，给出了年径流量与年输沙量丰枯等级组合情形的遭遇频率，阐述了水沙丰枯遭遇这一水文现象的数学含义；接着探讨了水沙组合遭遇的风险，给出了不同量级年径流量和年输沙量遭遇组合的重现期，从而为相关规划调度、数值模拟及模型试验提供了水沙系列选择的基本依据；最后，运用 EMD 方法对水沙变量在其概率空间中运动时所展现的多时间尺度特征进行了研究，揭示了黄河源区水文水资源系统运动的复杂随机性。以多时间尺度分析的结果为依据，预计今后 10～15a 黄河源区的径流量或输沙量将有相当大的概率处于一个相对较丰的状态。这与申红艳等（2010）从气候水文确定性模型的角度得出的结论相似。

参 考 文 献

申红艳, 李林, 陈晓光, 等. 2010. 气候变化与波动对龙羊峡流量的影响及未来趋势的预估. 资源科学, 32(8): 1513-1519.

谢国权, 丁志宏. 2008. 渭河年径流量多时间尺度分析的 EMD 方法. 人民黄河, 30(8): 36-37.

Nelson R B. 1999. An Introduction to Copulas. New York: Springer.

第七节　黄河中游汛期水沙联合分布模型及其应用[①]

一、引言

黄河多沙是其突出的河流特征，其中的泥沙又主要来自于汛期。在黄河这样典型的高含沙河流中进行汛期水沙联合调度，洪峰流量（洪峰）和最大含沙量（沙峰）是影响防洪排沙预案及实时调度方案制定与实施的 2 个平行的主要影响因素（张金良，2004），二者之间的相互关系值得进行深入研究。现有的关于黄河次洪过程中水沙关系方面的研究主要集中于泥沙频率曲线的建立（张金良和郜国明，2003）、水沙频率之间关系及其

① 作者：丁志宏，张金良，冯平

组合的经验性量化（金鑫等，2006）、沙峰滞后于洪峰特性的剖析（江恩惠等，2006）等。

在次洪过程中，洪峰和沙峰是具有一定相关关系的非独立的二维随机变量。传统的单变量分析方法只能揭示有限的流域水文特性，若要对黄河高含沙洪水这一复杂水文事件有更加深入和全面的了解，就必须深入探究构成这一水文事件的具有一定相关性的水沙二维随机变量的联合概率分布特性，从而对水沙这两个变量予以综合考虑，达到水沙并举。

近年来，基于变量之间的非线性相关关系建立起来的 Copula 函数法突破了正态分布模型（Yue，1999）、对数正态分布模型（Yue，2000a）、混合 Gumbel 模型（Yue，2000b）和 Gumbel 逻辑模型（周道成和段忠东，2003）等现有的常用二维联合分布模型均要求两变量具有相同类型的边缘分布这一应用限制，在水文水资源领域得到比较广泛的应用。目前，Copula 函数法的应用主要集中在暴雨、洪水、干旱过程的峰值、总量与历时之间的联合分布模拟（Shiau et al.，2006；Zhang and Singh，2007；闫宝伟，2007a；侯芸芸等，2010），以及区域之间降雨、径流等的丰枯遭遇分析方面（闫宝伟，2007b；牛军宜等，2009）。

潼关水文站位于黄河中游渭河、北洛河与黄河交汇处下游的陕西省潼关县秦东镇，距河口 1138km，控制流域面积 68 万 km^2，其中头道拐至龙门区间是黄河粗泥沙的集中来源区，而延河、汾河、渭河、泾河、北洛河等支流是黄河细泥沙的主要来源区，头道拐至潼关区间来沙量合计占全河沙量的 89%。因此，该站不仅是黄河中游“上大型”洪水的控制站，也是黄河下游泥沙的控制站。

鉴于目前黄河次洪过程研究中存在的水沙未能从理论上紧密联系起来的不足之处，以及潼关水文站对黄河水沙过程的控制性作用，为更深入地从宏观上探讨黄河水沙运动变化的统计规律，笔者将以黄河潼关水文站实测洪峰沙峰系列数据为基础，在应用 P-III曲线法求得洪峰和沙峰的边缘分布函数后，运用 Copula 函数法构建黄河中游汛期水沙联合分布模型，并将其应用于水沙丰枯遭遇组合分析与水沙丰枯遭遇组合风险分析等，以期为黄河中下游防洪减灾体系的改进和完善提供基础参考。

二、Copula 函数的基本理论

二维 Copula 函数 C：$[0，1]^2 \to [0，1]$，满足以下性质：

（1）$\forall u$、$v \in [0，1]$，

$$C(u, 0)=0, \quad C(0, v)=0 \tag{1.7-1}$$

$$C(u, 1)=u, \quad C(1, v)=v \tag{1.7-2}$$

（2）$\forall u_1$、u_2、v_1、$v_2 \in [0，1]$，且 $u_1 \leqslant u_2$、$v_1 \leqslant v_2$，

$$C(u_2, v_2)-C(u_2, v_1)-C(u_1, v_2)+C(u_1, v_1) \geqslant 0 \tag{1.7-3}$$

（3）$\forall (u, v) \in [0，1]^2$，

$$\mathrm{Max}(u+v-1, 0) \leqslant C(u, v) \leqslant \min(u, v) \tag{1.7-4}$$

Copula 函数法的理论基础是 Sklar 定理。以二维为例，具体表述如下：设 X、Y 为连续的随机变量，其边缘分布函数分别为 $Fx(x)$ 和 $Fy(y)$，联合分布函数为 $F(x, y)$；若 $Fx(x)$ 和 $Fy(y)$ 连续，则存在唯一的 Copula 函数 $C_\theta(u, v)$ 使得

$$F(x,\ y)=C_\theta(Fx(x),\ Fy(y))\ \forall x\ ,\ y \tag{1.7-5}$$

三、实际应用

（一）基本数据

以洪峰流量为主导因素，采用潼关水文站1952～1998年洪峰流量超过6000m^3/s的次洪过程中的洪峰流量和相应次洪过程中的最大含沙量系列进行分析，共计44组样本数据，如图1.7-1所示。

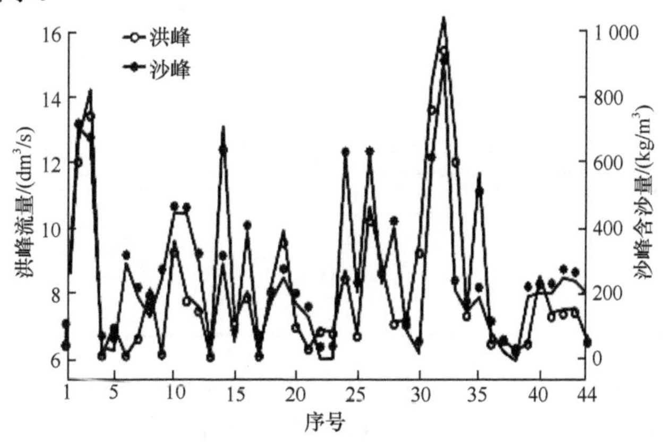

图1.7-1　潼关水文站洪峰沙峰系列

（二）水沙频率分布的确定

我国水文分析中一般假定水文变量服从P-Ⅲ型分布，笔者采用优化适线法来求取洪峰流量和沙峰含沙量频率分布曲线的统计参数。洪峰流量系列的平均值x、变差系数Cv和偏态系数Cs的值分别为8151m^3/s、0.31、2.25；沙峰含沙量系列的x、Cv和Cs的值分别为269kg/m^3、0.8和1.67。

（三）Copula函数选择及模型构建

1. 拟合检验和拟合优度评价指标

采用Kolmogorov-Smirnov（K-S）检验对Copula函数进行拟合检验，采用离差平方和（OLS）最小准则对Copula函数进行拟合优度评价，其中K-S检验统计量D和离差平方和OLS的定义如式（1.7-6）和式（1.7-7）所示：

$$D=\max_{1\leqslant k\leqslant n}\left\{\left|C_k-\frac{m_k}{n}\right|,\ \left|C_k-\frac{m_k-1}{n}\right|\right\} \tag{1.7-6}$$

式中，C_k为联合观测值样本(x_k, y_k)的Copula值；m_k为联合观测值样本中满足条件$x\leqslant x_k$且$y\leqslant y_k$的联合观测值的个数。

$$\mathrm{OLS}=\sqrt{\frac{1}{n}\sum_{i=1}^{n}(P_{\mathrm{e}i}-P_i)^2} \tag{1.7-7}$$

式中，P_{ei}和P_i分别为联合分布的经验频率和计算频率，其中P_{ei}由下式计算：

$$P_{ei}(x_i, y_i) = P(X \leqslant x_i, Y \leqslant y_j) = \frac{\sum_{m=1}^{i}\sum_{k=1}^{j} n_{m,k}}{N+1} \tag{1.7-8}$$

式中，$n_{m,k}$表示联合观测值小于等于（x_i，y_j）的个数；N为联合观测值的总数。

2. 计算、检验和评价结果

按照式前文公式及表 1.7-1，计算图 1.7-1 所示的水沙数据系列之间的 τ 值及各个 Copula 函数中的参数值。K-S 检验的显著性水平取 $\alpha = 0.05$，$n = 44$ 时对应的分位点为 0.200 56，当 D 值小于 0.200 56 时，通过 K-S 检验。具体计算、检验和评价结果如表 1.7-2 所示。

表 1.7-2 Copula 函数计算、检验和评价结果

Kendall 相关系数	参数与指标	Clayton	Frank	Gumbel-Hougaard
0.4648	θ	1.7369	5.1305	1.8684
	D	0.1148	0.0962	0.0986
	OLS	0.0450	0.0365	0.0339

由表 1.7-2 可知，Clayton、Frank 和 Gumbel-Hougaard（G-H）这 3 种 Copula 函数均能通过 K-S 检验，选取 OLS 值最小的 G-H Copula 函数作为联结函数。

设洪峰流量和沙峰含沙量的累计分布分别为 F（x）和 F（y），则黄河中游洪峰流量与沙峰含沙量的二维联合分布模型可表示为

$$F(x, y) = \exp\left\{-[(-\ln(F_x))^{1.8684} + (-\ln(F(y))^{1.8684}]^{1/1.8684}\right\} \tag{1.7-9}$$

图 1.7-2 给出了由式（1.7-9）得出的二维计算分布与二维经验分布的拟合情况。可以看出，数据点均落在 45°对角线附近，相关系数达 0.97 以上；这说明由 G-H Copula 函数得出的计算分布能较好地与经验分布拟合。可见，选用 G-H Copula 函数作为联结函数是合理的，可以将其作为描述黄河中游水沙二维联合分布的概率分布模型。

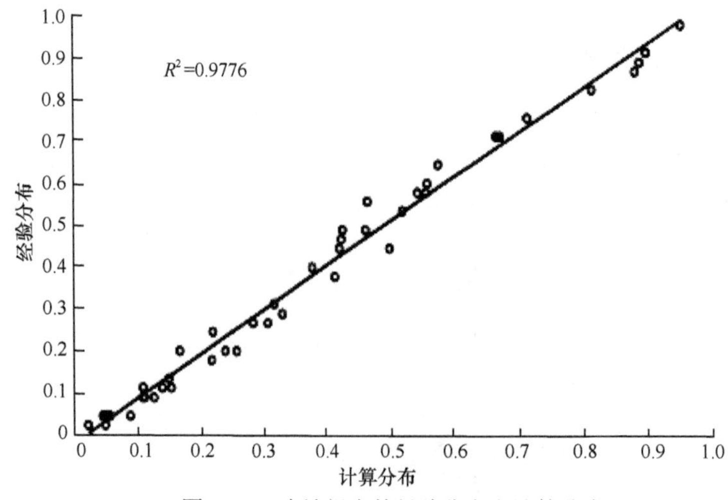

图 1.7-2 水沙组合的经验分布和计算分布

（四）模型应用

1. 水沙丰枯组合的频率分析

根据式（1.7-9）所述的水沙联合分布模型，对黄河中游次洪过程中的洪峰流量和沙峰含沙量的丰枯组合情况进行研究。采用频率法进行洪峰流量和沙峰含沙量的丰枯划分，则二者之间的丰枯遭遇情形可以分为以下 9 种：丰丰型，$p_1=P$（$X\geqslant x_{pf}$，$Y\geqslant y_{pf}$）；丰平型，$p_2=P$（$X\geqslant x_{pf}$，$y_{pk}<Y<y_{pf}$）；丰枯型，$p_3=P$（$X\geqslant x_{pf}$，$Y\leqslant y_{pk}$）；平丰型，$p_4=P$（$x_{pk}<X<x_{pf}$，$Y\geqslant y_{pf}$）；平平型，$p_5=P$（$x_{pk}<X<x_{pf}$，$y_{pk}<Y<y_{pf}$）；平枯型，$p_6=P$（$x_{pk}<X<x_{pf}$，$Y\leqslant y_{pk}$）；枯丰型，$p_7=P$（$X\leqslant x_{pk}$，$Y\geqslant y_{pf}$）；枯平型，$p_8=P$（$X\leqslant x_{pk}$，$y_{pk}<Y<y_{pf}$）；枯枯型，$p_9=P$（$X\leqslant x_{pk}$，$Y\leqslant y_{pk}$）。其中，p_f=37.5%、p_k=62.5%分别为水沙丰枯划分的频率，具体的丰枯划分数值分别为洪峰流量 7996.1m^3/s 和 6790.7m^3/s、沙峰含沙量 277.4kg/m^3 和 159.0kg/m^3。这 9 种丰枯遭遇情形又可分为丰枯同步和丰枯异步 2 种类型，具体的水沙丰枯遭遇分析结果如表 1.7-3 所示。

表 1.7-3　水沙丰枯遭遇频率　（单位：%）

丰枯同步频率				丰枯异步频率						
水沙同丰	水沙同平	水沙同枯	合计	水丰沙平	水丰沙枯	水平沙枯	水平沙丰	水枯沙丰	水枯沙平	合计
25.61	8.61	24.14	58.36	7.46	4.43	8.93	7.46	4.43	8.93	41.64

由表 1.7-3 可见，洪峰与沙峰的丰枯同步频率中，同丰的频率略大于同枯的频率，同平的频率最小；洪峰与沙峰的丰枯异步频率中，水丰（枯）沙枯（丰）这种极端组合的频率是 6 种丰枯异步频率中最小的，水沙丰枯级别相差一个层级时的遭遇频率大小相近；水沙丰枯同步的频率大于水沙丰枯异步的频率。

2. 水沙遭遇组合的风险分析

设洪峰流量和沙峰含沙量的边缘累计分布分别为 $F(x)$ 和 $F(y)$，联合累计分布为 $F(x,y)$，采用重现期 T 来表征洪峰与沙峰遭遇组合的风险。考虑到风险是非期望事件的发生概率，在此主要考虑洪峰 X 和沙峰 Y 的重现期

$$\begin{cases} T_{x,y}=\dfrac{1}{1-F(x,y)} \\ T_{x,y}^{*}=\dfrac{1}{1-F(x)-F(y)+F(x,y)} \end{cases} \tag{1.7-10}$$

式中，$T_{x,y}$ 为联合重现期；$T^{*}_{x,y}$ 为同现重现期。在防洪减灾工程的规划和调度工作中，选取 $T_{x,y}$ 还是 $T^{*}_{x,y}$ 作为设计重现期，应根据有关工程设施及其防护对象的具体指标加以选取。

根据式（1.7-9）和式（1.7-10）具体计算水沙遭遇组合的重现期，结果如图 1.7-3 所示。从中可知，所构建的水沙联合分布模型可以给出不同程度洪峰流量和沙峰含沙量遭遇组合的重现期。还可以看出，同一重现期可以对应不同的水沙组合事件，从而可以

计算这些组合事件发生超过给定安全指标的风险，进而给出某一重现期对应的某一安全指标下的风险区间。例如，以图 1.7-3 为基础依据，选取适宜的典型洪水过程线和含沙量过程线，采用同频率放大法，即可给出相应的若干组具有相同重现期的不同设计洪水过程线和设计含沙量过程线相搭配的水沙配比体系，从而为模型试验和规划调度中水沙条件的选取与概化提供基础的方向性指导；基于大断面地形数据、泥沙级配与挟沙能力等其他必要资料与数据，结合水沙预报系统和方法，通过洪水重现期与泥沙重现期的适当组合，可以确定河道内可能的时段最大与最小冲淤量、水位及洪水演进时间，分析水库淤积库容可能的使用寿命，预估场次洪水调度中可能出现的极端情况，如某一重现期洪水（预报量值）相应的泥沙冲淤量极值，为防洪排沙预案的制定和实时洪水调度方案的实施划分出一个区间。

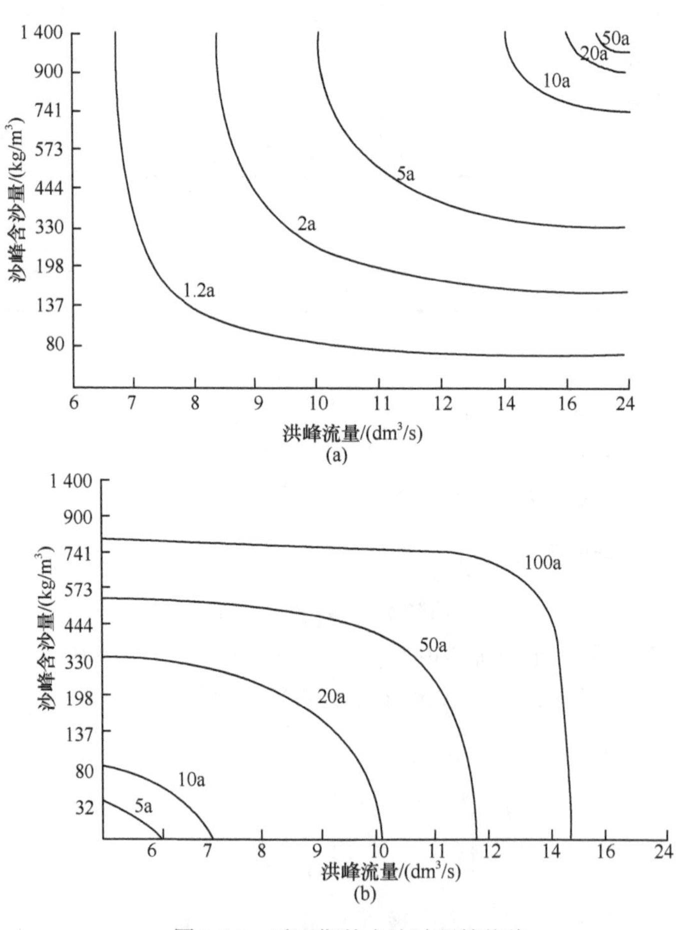

图 1.7-3 重现期的水沙过程等值线

四、结语

（1）运用 Copula 函数法构建了黄河中游汛期水沙联合分布模型，并对其在水沙丰枯遭遇频率分析和水沙组合遭遇风险分析方面的实际应用进行了探讨。无论是联合重现期还是同现重现期，同一个重现期值都有不同的水沙变量值组合与其相对应。

（2）给出了洪峰与沙峰遭遇频率的具体数值，解释了“丰水丰沙”、“丰水枯沙”、“枯水丰沙”及“枯水枯沙”等水文现象出现的数学含义。

（3）绘制了水沙同现期图，为河工模型试验和水库规划调度中水沙条件的选取与概化提供了指导依据，也为黄河中游水库群的防洪调度工作和黄河下游堤防的防洪减灾标准等提供了综合考虑水沙耦合变异情况下新的描述基准，将其描述范畴由 X 年一遇的洪水过程拓展到 X 年一遇的水沙过程。

参 考 文 献

侯芸芸, 宋松柏, 赵丽娜, 等. 2010. 基于 Copula 函数的 3 变量洪水频率研究. 西北农林科技大学学报（自然科学版), 38(2): 219-228.

江恩惠, 董其华, 张清, 等. 2006. 黄河下游洪水期沙峰滞后特性研究. 人民黄河, 28(3): 19-20, 39.

金鑫, 郝振纯, 张金良. 2006. 黄河中游水沙频率关系研究. 泥沙研究, (3): 6-13.

牛军宜, 冯平, 丁志宏. 2009. 基于多元 Copula 函数的引滦水库径流丰枯补偿特性研究. 吉林大学学报(地球科学版), 39(6): 1095-1100.

闫宝伟, 郭生练, 肖义, 等. 2007a. 基于两变量联合分布的干旱特征分析. 干旱区研究, 24(4): 537-542.

闫宝伟, 郭生练, 肖义. 2007b. 南水北调中线水源区与受水区降水丰枯遭遇研究. 水利学报, 38(10): 1178-1185.

张金良. 2004. 黄河水库水沙联合调度问题研究. 天津大学博士学位论文.

张金良, 郜国明. 2003. 关于建立黄河泥沙频率曲线问题的探讨. 人民黄河, 25(12): 17-18.

周道成, 段忠东. 2003. 耿贝尔逻辑模型在极值风速和有效波高联合概率分布中的应用. 海洋工程, 21(2): 45-51.

Shiau J T, Wang H Y, Tsai C T. 2006. Bivariate frequency analysis of floods using Copulas. Journal of the American Water Resources Association, 42(6): 1549-1564.

Yue S. 1999. Applying bivariate normal distribution to flood frequency analysis. Water International, 24(3): 248-252.

Yue S. 2000a. The bivariate lognormal distribution to model a multivariate flood episode. Hydrological Processes, 14: 2575-2588.

Yue S. 2000b. The Gumbel mixed model applied to storm frequency analysis. Water Resources Management, 14(5): 377-389.

Zhang L, Singh V P. 2007. Gumbel-Hougaard Copula for trivariate rainfall frequency analysis. Journal of Hydrologic Engineering, 12(4): 409-419.

第二章　水库异重流研究

第一节　水库异重流研究综述[①]

两种或两种以上的流体互相接触，在密度有一定的差异时，如果一种流体沿着交界面的方向运动，则不同流体在交界面及其他特殊的局部处可能发生一定程度的掺混现象，但在运动过程中不同流体不会出现全局性的掺混现象，这种运动形式就称为异重流。

按造成异重流密度差异的原因，将异重流分为泥沙异重流（因水流挟沙造成清浑水密度差异而形成的异重流）、盐度异重流（因水体盐度差异造成的密度差异而形成的异重流）和温度异重流（因水体温度差异造成的密度差异而形成的异重流）。当然，这些原因可单独或同时作用造成密度的差异，进而形成异重流。

异重流的研究始于 19 世纪末期的欧洲（钱宁和万兆惠，1983）。1935 年美国米德湖发生异重流，然而由于观测资料不系统、项目不全，难以进行系统分析。我国官厅水库 1953 年发生异重流后，于 1955 年正式设置水库泥沙观测实验站，进行项目齐全的异重流观测工作。之后，红山水库、三门峡水库、刘家峡水库、巴家嘴水库、冯家山水库、碧口水库、恒山水库、汾河水库等均发生了异重流，也都进行了观测。

1956 年北京水利水电科学研究院在室内进行了水槽试验研究，首次得到了异重流潜入点和阻力的计算公式；西北水利科学研究所（简称西北水科所）、黄河水利科学研究院（简称黄科院）在 1980 年之后相继进行了高含沙异重流试验，对高含沙异重流有了新的认识（焦恩泽，1986）；黄河水利委员会在小浪底水库调水调沙期间多次成功地塑造了人工异重流。这些均给今后研究异重流打下了良好的基础，但由于研究手段、方法、对象及侧重点等不同，因此对异重流的机理、浑水水库及数学模拟等还缺乏统一认识。为了摸清异重流运动规律并加以有效利用，需要对前人的研究成果进行认真的归纳和总结，并在此基础上对今后的研究进行展望，为更加深入地研究和利用异重流提供依据。

一、异重流的理论研究

（一）异重流潜入条件

潜入现象是异重流开始形成的标志，研究异重流的潜入条件就是要找出潜入点处水力因素之间的关系，以便对异重流的形成进行及时观测和研究。

潜入现象发生后，异重流的水面线出现一个拐点（图 2.1-1），近似认为在该拐点处的交界面比降 $\mathrm{d}h/\mathrm{d}s\to\infty$，这相当于明流中缓流转入急流的临界状态。因此，在该点应满足 $V_k / \sqrt{\dfrac{\Delta\gamma}{\gamma_\mathrm{m}} g h_k} =1$。由于潜入点在拐点以上，其水深 h_0 大于 h_k，故在潜入点处的

① 作者：解河海，张金良，郝振纯，杨卫红

$V_0/\sqrt{\frac{\Delta\gamma}{\gamma_m}gh_0}<1$。根据范家华（1959）进行的室内水槽试验资料，该点满足

$$Fr=V_0/\sqrt{\frac{\Delta\gamma}{\gamma_m}gh_0}=0.78 \tag{2.1-1}$$

式中，h_0为异重流潜入点处水深，V_0为潜入点处平均流速；γ_m为浑水容重，且γ_m=1000+0.622S，S为含沙量；$\Delta\gamma=\gamma_m-\gamma$，为清浑水容重差，$\gamma$为清水容重。

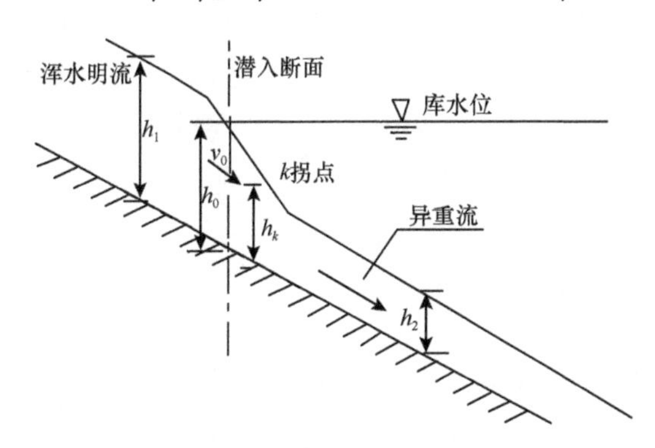

图 2.1-1　水库异重流潜入时的情况

韩其为（2003）认为，当含沙量较低且γ_m=2700kg/m^{3}时，可将$\frac{\Delta\gamma}{\gamma_m}$简化为0.000 63$S$，得到$h_0=6.46q^{2/3}S^{-1/3}$。芦田和男（1987）对异重流潜入点处的水流进行了简化，在坡度等于0的条件下，求得异重流潜入点处水深的计算公式为

$$H_p=\frac{1}{2}(\sqrt{8Fr^2+1}-1)h' \tag{2.1-2}$$

式中，H_p为异重流潜入点处的水深；Fr为浑水弗劳德数；h'为异重流厚度。

焦恩泽（2004）考虑了一定的坡度之后，将式（2.1-2）改写为

$$H_p=0.365q^{2/3}(\frac{\Delta\gamma}{\gamma_m}gJ)^{-1/3} \tag{2.1-3}$$

式中，q为单宽流量；J为潜入点附近的能坡。

朱鹏程（1981）根据异重流受力情况分析，得出异重流潜入点临界水深的计算公式为

$$H_p=q^{2/3}(\frac{\Delta\gamma}{\gamma_m}g)^{-1/3} \tag{2.1-4}$$

国外关于异重流的公式多数与范家华（1959）的公式相似，无非是临界值不同而已（表2.1-1）。

表 2.1-1　异重流潜入点的临界修正弗劳德数

参考对象	修正弗劳德数
Ford and Johnson，1980	0.1～0.7
Itakura and Kishi，1980	0.54～0.69
Singh and Shah，1971	0.30～0.80

续表

参考对象	修正弗劳德数
Kan and Tamai，1981	0.45～0.92
Fukuoka and Fukushima，1980	0.40～0.72
Farel and Stefan，1946	0.66～0.70
Akiyama et al.，1987	0.56～0.89

黄科院李书霞等（2006）根据 2001～2003 年小浪底水库异重流的实测资料，分析得出小浪底水库异重流产生的水沙条件为：入库流量一般应不小于 300m³/s。流量大于 800m³/s 时，相应的入库含沙量约为 10kg/m³；入库流量约为 300m³/s 时，要求水流含沙量约为 50kg/m³；当流量为 300～800m³/s 时，水流含沙量可随流量的增大而减小，两者之间的关系可表达为$S_{入} \geqslant 74-0.08Q_{入}$。

（二）异重流持续条件

异重流持续条件是指异重流形成以后能够持续保持运动并到达坝前的必要条件，包括：①需要有一定的持续入库浑水流量；②洪峰持续时间必须大于异重流运动至坝址的历时，否则异重流就不能排出；③需要一定的含沙量，且细颗粒含量要占一定比例；④库区地形变化不大，支流较少，沿程异重流损失较少；⑤需要有一定的库底比降。

黄科院杜殿勋和刘海凌（2003）根据三门峡水库实测资料分析，归纳得出三门峡水库异重流洪峰持续到达坝前的水沙条件为：①流量上涨至 1000～1500m³/s，并有持续上涨趋势；②进库含沙量大于 30kg/m³；③异重流所能挟带的细泥沙占总沙量的 30%以上。

黄科院李书霞等（2006）根据 2001～2003 年小浪底水库异重流实测资料分析，得出小浪底水库异重流持续运行至坝前的水沙条件为：入库洪水过程在满足一定历时、悬移质泥沙中值粒径小于 0.025mm 的泥沙含量为 50%、入库流量为 500～2000m³/s 时，相应入库含沙量满足$S_{入} \geqslant 280-0.12Q_{入}$；入库流量大于 2000m³/s 时，入库含沙量满足$S_{入}>40\text{kg/m}^3$。

（三）水库异重流头部运动

Keulegan（1958）提出异重流前锋的运动速度为

$$v_n \geqslant 0.75\sqrt{g'h_n} \tag{2.1-5}$$

式中，h_n为异重流锋头的厚度；g'为修正的加速度。

式（2.1-5）的缺点是没有考虑河道比降的影响，为此 Altinakar 等（1996）提出了以下公式：

$$U_f \geqslant (gq)^{1/2} f(s_0) \tag{2.1-6}$$

式中，q为单宽流量；s_0为底坡。

韩其为（2003）也提出了异重流头部运动公式：

$$v = C^{-1}(qS_iJ)^{1/3} \tag{2.1-7}$$

式中，S_i为潜入断面含沙量；J为库底比降；C为谢才系数。

李义天（1995）在理论分析的基础上，也建立了异重流头部运动及稳定厚度的计算公式，通过数值求解证明了异重流稳定厚度约为环境水深的50%，并对提出的公式进行了验证。

（四）异重流阻力

在层流范围内，雷诺采用天然泥沙在清水中进行了试验，得到阻力系数的下列表达式：

$$\lambda_0 = \frac{225}{Re} \tag{2.1-8}$$

式中，λ_0为阻力系数；Re为雷诺数。

Bata 和 Knezevich（1953）发现界面上的阻力不仅与雷诺数和清浑水密度、黏滞系数乘积比值的平方根有关，还受制于异重流的厚度与距离的比值。钱宁和万兆惠（1983）通过对二维异重流进行力学分析推导后，得到了层流异重流的阻力作用定律，并经过了试验验证，试验数据点落在理论曲线的两侧。

范家华（1959）从异重流不恒定流运动方程出发，假定在近似恒定情况下，推导出异重流接触面平均阻力系数的计算公式：

$$\lambda_m = 8\frac{R'}{h'}\frac{\frac{\Delta\gamma}{\gamma_m}gh'}{v^2}\left[J_0 - \frac{\mathrm{d}h'}{\mathrm{d}s}\left(1 - \frac{v^2}{\frac{\Delta\gamma}{\gamma_m}gh'}\right)\right] \tag{2.1-9}$$

式中，λ_m为平均阻力系数；J_0为河底比降；$\frac{\mathrm{d}h'}{\mathrm{d}s}$为异重流厚度沿程变化；$R'$为异重流水力半径；$v$为异重流流速；$h'$为异重流厚度；$\Delta\gamma$为清浑水容重差；$\gamma_m$为浑水容重。

（五）异重流输沙与排沙

水库的泥沙异重流是挟沙水流的一种特殊形式，泥沙的存在造成清浑水的密度差异，从而产生异重流并引起紊动，紊动的形式又反过来维持了泥沙的悬浮，由此促使水体和泥沙一起运动，相互依存。从异重流挟带的泥沙极限粒径来研究异重流是一个思路，范家华（1959）通过试验研究验证了这个思路。金德春（1981）通过描述异重流恒定均匀变量流运动的一元能量方程、动量方程和输沙平衡方程，解决了计算异重流淤积量的问题。

水库异重流排沙效果与库区的长短、库底比降、来水来沙量的大小及坝前泄流设施高程和调度情况有关。据统计，不同的水库平均排沙比大不相同；同一个水库在不同的入库水沙条件和调度方式下，其排沙比也相差很大。一般来说，当泄流设施恰当开启时，若库底比降大、壅水长度短、水库为河道型或峡谷型水库、入库流量大、含沙量高、洪峰持续时间长，则排沙效率高。实际上，水库异重流排沙是个非常复杂的问题，受多种因素影响。同一水库，在适当开启泄流设施的情况下，入库水沙条件不同，异重流的形成、运行条件就大不相同，因此其排沙比也不同；相同的入库水沙条件下，运用水位和水库回水长度不同，异重流的潜入点和运行到坝前的距离也就有差别，其排沙比也会不同。

（六）浑水水库

水库在蓄水期库水位较高，挟带大量泥沙的水流进入水库后，较粗泥沙首先淤积，较细泥沙随水流继续前进。在运行过程中，这种浑水水流可能以异重流的形式向前运动。如果洪量较大且能够持续一定的时间，库底又有足够的坡降，异重流则可能运行到坝前。此时如果及时打开水库的底孔闸门，异重流就可以排出库外；如果异重流运行至坝前时水库没有开闸泄流，或者即使泄流但其泄量小于异重流流量，则后来的超过泄量的异重流受大坝的阻挡将形成涌波反射，速度较低时形成长波，速度更低时长波消失，异重流的动能转换为势能，浑水厚度不断加大，在坝前段即形成浑水水库。随时间的推移，清浑水交界面不断升高，且逐渐向上游延伸。因此，浑水水库是相应于水库异重流的一种特殊现象。

20 世纪 70 年代以来，陈景梁等（1988）对浑水水库的特性、排沙规律、计算方法等进行了比较系统的研究。山西省水利科学研究所提出了浑水水库排沙的经验公式。赵克玉（1994a，1994b）对浑水水库排沙数学模型进行了进一步的研究，根据浑水水库内清浑水位的变化，建立了浑水水库排沙的基本方程，特别对计算参数等进行了比较深入的研究。李涛等（2006）对小浪底水库浑液面沉降进行了初步研究。

二、异重流数学模拟

随着流体力学、计算流体力学的发展，利用 Navier-Stokes 方程来描述流体的运动情况成为辅助研究的一种新手段，不少学者将其应用于水库异重流的研究，并且不断加以改进。Parker（1987）、Parker 等（1987）考虑了基于 k-ε 紊流模型的水流-河床交换模型。Le 和 Yu（1997）进行了模拟异重流的水槽试验，结果显示数学模型计算结果与实测结果基本相符。Bournet 等（1999）运用 k-ε 模型考虑扩散和清浑水交换，对异重流进行了数值模拟。De Cesare 等（2001）使用三维 Navier-Stokes 模型模拟了 Luzzone 水库的异重流。包为民等（2005a，2005b）分析了异重流的特点，对异重流的运动作了一些假设和简化，推导出了以总流为控制体的异重流微分模型，并运用差分方法，利用锦屏水库的异重流资料进行了模拟检验，模拟结果较接近观测值。王光谦和方红卫（1996）、王光谦等（2000）从一般流体力学基本方程出发，建立了异重流运动的基础理论，而后进行了水槽试验，验证了数学模型的适用性。张俊华等（1999）通过引入水流挟沙力统一公式、泥沙级配计算公式、泥沙运动修正方程等，建立了多沙水库准二维泥沙数学模型，该模型已成功应用于三门峡、小浪底等多座水库。赖锡军等（2006）针对异重流的运动特征，建立了具有各向异性浮力紊动特征的三维异重流数学模型，并模拟了异重流在 15°斜坡底面上的潜行。

由于水库异重流边界条件的复杂性，再加上数学模型的计算模拟过程中必需的相关研究还不够深入，因此数学模型研究依赖于水库异重流的基本物理特性的研究成果。在其他条件不变的情况下，探索新的研究方式和提高观测水平是努力的方向。

三、结语与展望

（1）清浑水交界面的确定。以往的研究中，有的在流速最大点附近确定交界面，有的将垂线流速等于 0.6 倍最大流速的点定为清浑水交界面，有的把含沙量突变处附近作为清浑水交界面，虽然用起来方便，但是没有理论根据。

（2）异重流流速、含沙量垂线分布数学表达方法的研究。虽然在水槽试验成果中给出过一些数学表达式，但是存在不够合理的现象，因此没有得到推广。对异重流流速、含沙量垂线分布公式还有待深入研究。

（3）异重流排沙。异重流排沙是一个复杂的问题。影响异重流持续运行的因素包括入库流量、含沙量、持续时间、水库蓄水位及水库河道边界条件等，这些都是制约异重流排沙计算的因素。

（4）浑水水库和异重流联合排沙。因为浑水水库排沙比单独异重流排沙节约用水，所以研究异重流和浑水水库的联合排沙意义重大，特别是对水量比较缺乏的河流。

参考文献

包为民, 张叔铭, 黄贤庆, 等. 2005a. 异重流总流运动微分方程: Ⅱ-差分模型求解与验证. 水动力学研究与进展, (4): 501-506.
包为民, 张叔铭, 瞿思敏, 等. 2005b. 异重流总流运动微分方程: Ⅰ-理论推导. 水动力学研究与进展, (4): 497-500.
陈景梁, 付国岩, 赵克玉. 1988. 浑水水库排沙的数学模型及物理模型试验研究. 泥沙研究, (1): 77-85.
杜殿勋, 刘海凌. 2003. 三门峡水库异重流运动和排沙规律分析. 郑州: 黄河水利科学研究院.
范家华. 1959. 异重流的研究和应用. 北京: 水利电力出版社.
韩其为. 2003. 水库淤积. 北京: 科学出版社.
焦恩泽. 1986. 水库异重流问题研究与应用. 郑州: 黄河水利出版社.
焦恩泽. 2004. 黄河水库泥沙. 郑州: 黄河水利出版社.
金德春. 1981. 浑水异重流的运动和淤积. 水利学报, (3): 39-48.
赖锡军, 汪德爟, 姜加虎, 等. 2006. 斜坡上异重流的三维数值模拟. 水科学进展, (3): 342-347.
李书霞, 张俊华, 陈书奎, 等. 2006. 小浪底水库塑造异重流技术及调度方案. 水利学报, 37(5): 567-572.
李涛, 张俊华, 王艳平. 2006. 小浪底水库浑液面沉降初步研究//水利部黄河水利委员会, 黄河研究会. 异重流问题学术研讨会论文集. 郑州: 黄河水利出版社: 339-343.
李义天. 1995. 明渠异重流头部运动速度的理论分析. 水动力学研究与进展, 10(2): 197-203.
钱宁, 万兆惠. 1983. 泥沙运动力学. 北京: 科学出版社.
王光谦, 方红卫. 1996. 异重流运动基本方程. 科学通报, (18): 1715-1720.
王光谦, 周建军, 杨本均. 2000. 二维泥沙异重流运动的数学模拟. 应用基础与工程科学学报, (1): 52-60.
张俊华, 张红武, 王严平, 等. 1999. 多沙水库准二维泥沙数学模型. 水动力学研究与进展, (1): 45-50.
赵克玉. 1994a. 浑水水库排沙数学模型的研究. 西北水资源与水工程, (4): 59-63.
赵克玉. 1994b. 水库动水沉降规律的研究. 水道港口, (2): 16-20.
朱鹏程. 1981. 异重流的形成与衰减. 水利学报, (5): 52-59.
芦田和男. 1987. 贮水池密度流の潜入点水深の推定. 第 15 回自然灾害科学总会シンポツゥム.

Akiyama, Stephan J, Stefan H G. 1987. Onset of underflow in slightly diverging channels. Journal of Hydraulic Engineering, 113(7): 825-844.
Altinakar M S, Graf W H, Hopfinger E J. 1996. Flow structure in turbidity currents. Journal of Hydraulic Research, 34(5): 713-718.
Bata G, Knezevich B. 1953. Some observations on density currents in the laboratory and in the field. Proceedings of the Minnesota International Hydraulic Convention: 387-400.
Bournet P E, Dartus D, Tasin B, et al. 1999. Numerical investigation of plunging density current. Journal of Hydraulic Engineering, (6): 584-594.
De Cesare G, Schlris A, Herman F. 2001. Impact of turbidity currents on reservoir sedimentation. Journal of Hydraulic Engineering, (1): 6-16.
Farel G J, Stefan H G. 1946. Buoyancy induced plunging flow into reservoirs and coastal regions. Twin Cities: University of Minnesota.
Ford D E, Johnson M C. 1980. Field observations of density currents in impoundments. Proceedings of the Symposium on Surface Water Impoundments: 1239-1248.
Fukuoka S, Fukushima Y. 1980. On dynamic behavior of the head of the gravity current in a stratified reservoir. Proceedings of the Second International Symposium on Stratified Reservoir: 164-173.
Itakura T, Kishi T. 1980. Open channel flow with suspended sediments. Journal of the Hydraulics Division, 106(8): 1325-1343.
Kan K, Tamai N. 1981. On the plunging point and initial mixing of the inflow into reservoirs. Proceedings of the 25th Japanese Conference on Hydraulics: 631-636.
Keulegan G H. 1958. The motion of saline fronts in stili water. Washington: U.S. National Bureau of Standards.
Le H Y, Yu W S. 1997. Experimental study of reservoir turbidity current. Journal of Hydraulic Engineering, 123(6): 520-528.
Parker G. 1987. Experiments on turbidity currents over an erodible bed. Journal of Hydraulic Research, 25(1): 123-147.
Parker G , Fukushima Y, Pantin H M. 1987. Self-accelerating turbidity currents. Journal of Fluid Mechanics, (171): 145-181.
Singh B, Shah C R. 1971. Plunging phenomenon of density currents in reservoirs. La Houille Blanche, (1): 59-64.

第二节　水库异重流调度问题的研究[①]

一、引言

自 1999 年以来，小浪底库区近坝段周边及底层存在渗漏问题，初期渗漏水量较大，日渗漏水量达 5 万 m^3 以上，2000 年 10 月以后渗漏状况有所缓解，但低水位条件下日渗漏水量仍达 1 万 m^3 以上。小浪底工程原设计是采用泥沙铺盖来达到防渗目的，其坝前泥沙铺盖主要依靠大洪水期间三门峡出库挟带的大量泥沙输移到坝前并形成淤积来解决。由于近几年汛期出现洪水的场次大幅度减少，量级也大幅度减小，小浪底库区还存在不利河段如八里胡同段，完全利用洪水将泥沙输送至小浪底坝前需要漫长的时间和过程。通常异重流被用来解决水库兴利与排沙之间的矛盾，为利用异重流输沙与淤积的特点人工促使上述防渗问题尽快解决，有关单位在分析异重流运动规律的同时，结合三门

① 作者：张金良，王育杰，练继建

峡、小浪底库区冲淤特点，科学设计水库洪水调度方案，利用三门峡入库洪水和预蓄水量，对其出库水沙进行科学调控，人工影响小浪底异重流产生、运行，延长大水大沙历时，使三门峡出库泥沙通过明流和异重流形式顺利输移至小浪底坝前，并产生大量的泥沙淤积，形成天然铺盖，最大限度地达到防渗目的。同时，为保持小浪底水库的长期有效库容提供了经验。

二、小浪底水库异重流泥沙输移与坝前淤积可行性分析

（一）水库异重流一般特征与持续条件

从本质上看，天然河道水流的根本动力来源于水体自身重力在沿程方向上的分量。异重流与明流的差别，在形式上表现为明流上层介质为空气，异重流上层介质为清水，而在受力本质上则表现为明流沿程受到的空气阻力很小，异重流受到的清水阻力很大，这是因为在清水以下浑水异重流的有效重力大大降低，即其所受到的上浮力显著增强，同时，与相同底坡条件下的明流相比，异重流沿程方向所受到的有效（净）动力显著减小。

在一定水沙和边界条件下，水库异重流形成后之所以能够沿程传播和存在，不仅因为下层浑水体流速大于上层清水体流速，更重要的原因是上下层互不掺混。这种互不掺混现象是有条件的：当上下两层水体相对流速较小时，交界面比较清晰；而相对流速较大时，交界面会出现波动现象，当相对流速增大到一定程度时，交界面会出现强烈波动并发生掺混。掺混现象强烈时，异重流现象将会因交界面完全消失而逐渐过渡为一般水流现象（陕西省水利科学研究所河渠研究室和清华大学水利工程系泥沙研究室，1979）。根据异重流研究成果，交界面不出现掺混现象即异重流形成与持续的临界条件为：浑水异重流的密度弗劳德数 Fr' 不可大于一定的临界值，即

$$Fr' = \frac{u_x^2}{g'h} = \frac{u_x^2}{\dfrac{\Delta\rho}{\rho}gh} \leqslant 0.6 \tag{2.2-1}$$

式中，u_x 为潜入点的相对流速（因为在物理意义上 u_x 是相对流速，水库中上层清水流速很小，所以可用下层浑水流速代替）；h 为潜入点的水深；$\Delta\rho$ 为浑清水密度差；ρ 为浑水密度；g 为重力加速度。

由式（2.2-1）可知，密度弗劳德数 Fr' 不但与相对流速有关，而且与密度差有关。若部分粗沙下沉淤积，密度差减小，Fr' 增大，异重流就不能形成。从已有的研究成果看，水体中含一定数量的、相对较细的、能保持悬浮态的泥沙（$d<0.025$mm），是异重流持续的必要但不充分条件。要使异重流能够得以持续，还必须有一定的底坡和地形条件。若库底面水平，虽然水流具有合适的密度差、能形成异重流，但持续的距离是极其有限的。若异重流经长距离运行后其过流断面突然放大，那么，流速剧减势必引起自身停滞和泥沙淤积。

在含沙水流的运动中，含沙量、流速和水深之间具有一定的依赖性，要形成异重流，还受如式（2.2-1）表达的条件关系制约。当两处异重流临界水深相同时，含沙量较大的异重流上下层水体相对流速较大；当两处异重流含沙量相同时，水深较大的异重流相对

流速较大；当两处异重流相对流速相同时，水深较大的异重流含沙量较小。

因此，要通过三门峡水库调度措施人工促使小浪底水库防渗问题尽快解决，就必须在现有条件下充分利用异重流泥沙的输移与淤积规律。

（二）小浪底水库异重流潜入断面位置对淤积量的影响

要寻求“人工影响小浪底水库异重流产生、运行，增强坝前淤积铺盖”的科学方法，同时制订出合理的三门峡水库洪水调度方案和调控措施，就应分析研究水库异重流淤积量及淤积分布等规律性问题。要解决该类问题，就必须从异重流潜入点（断面）位置及该断面特征物理量对异重流输沙的实际意义入手进行分析。

为变换异重流潜入断面特征物理量表达关系，不妨从临界关系式（2.2-1）取等号时的变形表达开始。由于进入黄河小浪底库区的泥沙干容重 γ 一般为 2650kg/m^3，式(2.2-1)中的 $\Delta\rho/\rho$ 可表示为 0.623 S_0/（0.623 S_0+1000），V_0=Q_0/（B_0h_0），将其代入式（2.2-1）可得临界水深 h_0 为

$$h_0 = 0.554\sqrt{\frac{Q_0^2}{B_0^2}(1+\frac{1000}{0.623S_0})} \tag{2.2-2}$$

式（2.2-2）表达了异重流潜入（临界）断面平均水深 h_0 与平均河宽 B_0、流量 Q_0、含沙量 S_0 之间的关系。由于水库异重流潜入断面一般出现在回水末端以下若干千米范围内，根据小浪底库区河道观测资料，库水位在 196m 上下变动时，相应回水末端以下数千米范围内断面底部平均宽度约为 300m，因此 B_0 可看作常量。根据式（2.2-2）即可点绘出小浪底水库异重流潜入断面平均宽度 B_0= 300m 时临界水深 h_0、流量 Q_0、含沙量 S_0 的关系曲线，发现：①相同含沙量条件下，流量愈大，则临界水深愈大，即异重流潜入断面愈靠向下游；②相同流量条件下，含沙量愈大，则临界水深愈小，即异重流潜入断面愈靠向上游；③相同临界水深条件下，流量愈大，则含沙量愈大，即异重流潜入断面输沙量愈大；④一定流量条件下，随着含沙量的逐渐增大，潜入断面位置或临界水深趋于稳定。

由此可知，通过异重流潜入断面的输沙量与断面位置构成了一对矛盾。从异重流淤积角度讲，潜入断面位置愈靠向下游愈理想，但在同流量条件下，由此造成的代价是通过断面的含沙量被相应减小。因此，在洪量和洪峰流量均较小且洪水到达前小浪底库水位（196m 左右）已定的条件下，就“三门峡水库出库水沙合理调控、增加异重流小浪底坝前淤积”工作而言，出库洪峰流量和沙峰含沙量均不宜选择极大化方案，宜选择较大化方案。

根据实际情况，综合考虑下列因素：①三门峡水库汛期调度原则和实际能力（即泄洪排沙最低运用水位 298m，相应泄流能力为 3050m^3/s）；②近几年汛期三门峡入库洪峰流量为 2000～3500m^3/s，汛期洪水首次排出的泥沙一般平均粒径小于 0.03mm；③小浪底水库的河道地形（如弯道、缩窄等）和水库底坡（如淤积三角洲前坡、后坡）等条件既定；④近两年小浪底库区沿程冲刷流量大致为 1000m^3/s 以上。分析认为，应最大可能地增加三门峡出库流量为 2000～3000m^3/s 和含沙量大于 200kg/m^3 的时间长度；尽可能多地挟带细颗粒泥沙（D_{50} <0.03mm）；同时小浪底水库保持出库流量为 100～300m^3/s，

并开启进口底坎较高的泄流设施以防止异重流过早停滞。

（三）小浪底水库异重流淤积量分析与估算

根据 2000 年的观测资料，三门峡水库排沙期间小浪底水库明流段仍有相当数量的淤积，这种淤积主要是流速减小、水深加大等因素造成的，表现为粗颗粒泥沙（一般 $D_{50}>0.03\text{mm}$）沿程呈分选性淤积。异重流现象出现后，其淤积形式包括沿程淤积和就地淤积两种类型。异重流沿程淤积与明流沿程淤积具有相似的特征，即呈分选性淤积；异重流就地淤积是水流后续补给能量不足、河道地形条件变化或异重流行进受阻等造成的。某一时段内异重流沿程淤积量与就地淤积量之和，即异重流潜入断面输沙量与枢纽出口断面输沙量之差。由于枢纽出口断面输沙量可由出库水沙过程（即输沙率过程）求得，因此异重流淤积量计算实质上就归结为潜入断面输沙量计算。

设小浪底库区异重流潜入点临界断面输沙量为 $W_{\text{s异(入)}}$，枢纽出口断面输沙量为 $W_{\text{s异(出)}}$，则异重流淤积量 $W_{\text{s异(淤)}}$ 可表示为

$$W_{\text{s异(淤)}}=W_{\text{s异(入)}}-W_{\text{s异(出)}}=\frac{1}{1000}(Q_{\text{s0}}-Q_{\text{s(出库)}})T$$

$$=\frac{T}{1000}(B_0h_0V_0S_0-Q_{\text{s(出库)}}) \qquad (2.2\text{-}3)$$

式中，$W_{\text{s异(淤)}}$ 为异重流淤积量（t）；Q_{s0} 为异重流潜入断面平均输沙率（kg/s）；T 为时段长度（s）；$Q_{\text{s(出库)}}$ 为出库断面平均输沙率（kg/s）。因潜入点的位置随库水位等条件变化，为简化计算过程，式（2.2-3）中的特征量 B_0、h_0、V_0、S_0 分别取相应时段内潜入断面宽度（m）、水深（m）、流速（m/s）、含沙量（kg/m^3）的平均值。

小浪底水库异重流存在期间，三门峡至小浪底区间基本无水沙加入，因此，三门峡出库沙量可视为小浪底入库沙量，即 $W_{\text{s三(出)}}=W_{\text{s小(入)}}$，若设异重流潜入断面以上明流段淤积量为 $W_{\text{s明(淤)}}$，则异重流淤积量 $W_{\text{s异(淤)}}$ 又可表示为

$$W_{\text{s异(淤)}}=W_{\text{s异(入)}}-W_{\text{s异(出)}}=W_{\text{s三(出)}}-W_{\text{s明(淤)}}-W_{\text{s小(出)}} \qquad (2.2\text{-}4)$$

由式（2.2-3）、式（2.2-4）可知，要使异重流淤积量最大，直接地讲要尽可能使 $W_{\text{s异(入)}}$ 最大、$W_{\text{s异(出)}}$ 最小，间接地讲要尽可能使 $W_{\text{s三(出)}}$ 最大、$W_{\text{s明(淤)}}$ 最小、$W_{\text{s小(出)}}$ 最小。

与上文分析相似，从理论上讲，上下游控制断面输沙量分别最大化、最小化即可实现异重流淤积量最大化。但若严格区分其淤积部位，异重流淤积量最大化的结果未必使坝前淤积量最大化，即应该选择小浪底坝前淤积量最大化的水库调度方案。

根据式（2.2-3）和式（2.2-4），结合上文的三门峡、小浪底水库运用指标建议及有关（平均）数据进行估算，若三门峡出库流量为 2000～3000m^3/s 且含沙量大于 200kg/m^3 过程的持续时间为 2～3d，那么，小浪底水库异重流淤积量大约为 1.8 亿 t，控制小浪底出库流量 100～300m^3/s，则排出库外的泥沙约为 0.15 亿 t。

三、三门峡水库洪水期优化调控运用方案设计

（一）三门峡水库洪水期冲刷与排沙特点

在汛限水位 305m 以下，三门峡水库泥沙淤积量一般为 0.4 亿～1.0 亿 m^3，在汛期低水位、大流量排沙期间，常常伴随着近坝段强烈的溯源冲刷，其范围一般可达到大禹渡附近（黄淤 31 断面），溯源冲刷发展稳定后，北村断面附近（黄淤 22 断面）流量达 $1000m^3/s$ 的水位为 308～309m，每年洪水期冲刷泥沙为 0.5 亿～1.6 亿 t。

当三门峡入库流量小于 $1000m^3/s$ 时，由于水流冲刷能力弱，冲刷强度仅为 0.003 亿 t/d 左右，有时甚至可能出现沿程淤积现象；当入库流量大于 $1000m^3/s$ 时，冲刷强度可达 0.1 亿～0.3 亿 t/d，洪水沿程冲刷与水库运用形成的溯源冲刷一般在古夺至大禹渡河段相衔接。

（二）水库优化调控运用方案设计

2001 年汛前，三门峡水利枢纽管理局、河南黄河河务局模拟 2000～$3500m^3/s$ 以上来水条件设计了两库联合调度促使小浪底坝前泥沙铺盖的运用方案：①初期排沙运用阶段（即库水位 298～305m 阶段），原则上库水位降速控制在 0.5m/s 及以下，水库泄流排沙以底孔运用为主，尽可能挟带三门峡库区细颗粒泥沙下泄；②当库水位接近 298m 且入库 $2000m^3/s$ 流量的洪水到达坝前时，打开 10～12 个底孔进行泄洪排沙运用，为有效控制库水位，利用 2 条隧洞进行微调，尽可能将库区三角洲淤积泥沙向下游输送，增加水流含沙量；③洪峰（流量达 $2500m^3/s$ 以上）向坝前演进过程中，枢纽开启全部底孔泄洪排沙运用，将隧洞作为控泄过程中的辅助泄流设施，尽可能降低坝前水位，加大水库溯源冲刷力度，使最大出库流量与最大出库含沙量相应；④当潼关流量小于 $1000m^3/s$ 且出库含沙量小于 $80kg/m^3$ 时，适时逐步关闭泄流排沙设施，逐步停止排沙、回蓄洪尾水量，使库水位逐步向 305m 抬升。

四、三门峡水库实时调度运用

2001 年 8 月 15～19 日，黄河中游山陕区间支流、泾河、北洛河等流域普降大到暴雨，黄河干流出现高含沙洪水。19 日 14:00 三门峡水库入库（潼关站）流量开始起涨，20 日 2:00 入库流量为 $900m^3/s$，21 日 14:00 入库洪峰流量达 $2750m^3/s$，21 日 8:00 最大含沙量达 $432kg/m^3$。按照设计方案，8 月 20 日 3:52 三门峡水电站所有机组停止发电，为控制排沙水位，相继开启了 3 个底孔泄流，20 日 13:03 进一步加大出库流量，至 21 日 10:20 已开启 12 个底孔，随后保持 10 个底孔泄洪排沙并利用 2 条隧洞进行调节，22 日 0:30 出库洪峰流量达 $2890m^3/s$，控制出库 $2000m^3/s$ 以上流量共 36h。通过实时洪水调度，三门峡水库净排沙 0.4 亿 t，流量大于 $1950m^3/s$ 的洪水出库过程较入库过程延长 12h；出库洪峰流量较入库增大 $140m^3/s$；出库含沙量峰值较入库增加 $60kg/m^3$；大于 $240kg/m^3$ 的高含沙洪水较入库延长 14h，使最大出库流量与含沙量相适应，为小浪底库区泥沙输送、天然泥沙淤积铺盖和异重流形成创造了最有利条件。

五、小浪底水库异重流淤积铺盖效果

从 2001 年 8 月 20 日起，防汛部门开始有意识地对三门峡出库水沙过程进行合理调控，也对小浪底水库做了相应控制运用，8 月 21 日小浪底水库形成异重流后，水文测验部门进行了专项观测。观测结果表明，小浪底水库异重流现象持续时间约为一周，22～25 日异重流潜入断面泥沙输移能力较大，异重流流量、含沙量、厚度、运行速度均较大，坝前淤积最大厚度大于 2m，坝基渗漏量比同水位条件下减少 30%。

六、结语

根据三门峡水利枢纽管理局、河南黄河河务局合理设计的洪水调控运用方案，经 2001 年 8 月实时洪水调度，最大限度地延长了三门峡出库大水大沙历时，人工影响了小浪底水库异重流的产生、运行，取得了良好的调度效果。

（1）异重流是一种自然现象，通过对上游水库的科学调度，可人工影响下游水库异重流的产生、运行、消亡过程。

（2）充分利用异重流的特性，实施三门峡和小浪底水库联合调度，为小浪底水库保持长期有效库容提供了经验。

（3）淤积测验成果表明，近坝区泥沙铺盖增强，使坝前淤积高程接近 176m，超过排沙洞进口底坎高程。渗漏观测表明，坝基渗漏量比同水位条件下减少 30%，成效显著。

参 考 文 献

陕西省水利科学研究所河渠研究室，清华大学水利工程系泥沙研究室. 1979. 水库泥沙. 北京：水利电力出版社.

张书农，华国祥. 1988. 河流动力学. 北京：水利电力出版社.

第三节　基于多库优化调度的人工异重流原型试验研究[①]

黄河是举世瞩目的多泥沙河流，下游河道宽浅散乱。近年来，来水偏少，主槽过流能力一度降低，防汛形势严重恶化。自 2002 年 6 月黄河首次调水调沙试验以来，至 2006 年 7 月共进行了 5 次调水调沙，并且已由试验运行转入了正常生产运行。这几次调水调沙总的效果是很好的，通过人造洪水的冲刷，黄河下游主槽行洪能力已经由试验初期的不足 2000m^3/s 提高到 2006 年调水调沙后的 3500m^3/s。黄河水利委员会各有关部门从 2004 年开始，尝试在调水调沙末期通过多库联合调度塑造人工异重流，以达到小浪底水库多排沙、改善库底淤积形态的目的。通过黄河水利委员会防汛办公室的多方协调和精细调度，2006 年的人工异重流排沙试验取得了巨大成功，小浪底出库含沙量和排沙比均达到历史最高，与前两次试验相比，几项重要指标在很大程度上取得了突破，进一步深化了运行管理人员和科研人员对异重流的认识，同时对异重流理论研究提出了新的要求。

---

① 作者：张金良，练继建，万毅

一、试验预案和遇到的问题

人工塑造异重流排沙的主要原理是：利用梯级水库的水量调蓄能力和调沙能力进行科学调度，使上游水库下泄的水流冲刷沙源形成高含沙水流进入下一级水库，当入库流量和含沙量达到一定条件时，挟沙水流会潜入到下游水库清水层以下形成异重流，浑水层在自身重力和后续水流推力的作用下从库底向坝前推进，最终通过排沙洞排沙出库。在一定的河道比降下，异重流排沙能否成功与异重流的流量、含沙量、后续动力及潜入推进的距离都有直接的关系。2004 年和 2005 年，黄河水利委员会已经成功塑造了两次人工异重流，排沙比分别为 10.10%和 4.40%。按照预案，2006 年调水调沙后期方案是采用万家寨、三门峡、小浪底三库联合调度，进行水流“接力”来塑造人工异重流，即在小浪底库水位达到 227m（汛限水位为 225m）的时机下，三门峡水库加大流量（3500～4400m^3/s，持续 1d）下泄，冲刷小浪底库尾的泥沙形成异重流，在三门峡水库敞泄接近空库的时候由万家寨水库下泄的水流（1200m^3/s，持续 3d）冲刷三门峡库底，形成异重流的后续动力，最终通过小浪底水库的排沙洞排沙出库。但在实际调度运行中，先后出现了以下几个不利因素。

（1）万家寨水利枢纽连续发电调峰运行造成库水位持续下降，剩余可调水量无法保证按照预案在规定时间以 1200m^3/s 的平均下泄流量来冲刷三门峡库底。与预案相比，异重流的后续动力严重不足，势必影响小浪底水库异重流的形成和出库。

（2）三门峡水库库区内修建有防止库岸坍塌的控导工程。在往年防洪运用期间，三门峡库水位快速下落，曾使得这些工程失稳垮塌，经济损失较大。为了使这些工程在该次三门峡库水位迅速下降过程中不失稳，要求必须在敞泄前将三门峡库水位降至 316m，因而提前加大了三门峡的流量。这样势必对小浪底库尾的沙源进行无效冲刷，降低了将来异重流形成时的入库含沙量，不利于异重流的潜入和推进。

（3）三门峡至花园口区间的一场降雨，加大了小浪底的入库流量，使小浪底的对接库水位比预案偏高 2m，而在此期间必须稳定调水调沙流量，不能增加小浪底出库流量，这样就增加了清水深度和异重流的推进行程，不利于异重流排沙出库。但同时，这场降雨使黄河及其支流的基流普遍增大，对中游冲刷三门峡水库的水量起到了一定的补充作用。

二、多库优化调度过程和效果

面对后续动力不足、入库含沙量减小及异重流推进距离变大等不利因素，黄河水利委员会防汛调度部门沉着应对，科学决策，对多个可控指标的组合方案进行了分析、模拟和优化，最终形成了合理的调度指令。

对于万家寨水库，在其即将泄空之前果断抓住时机，经过与山西省电力部门和防汛部门的多方协商，争取到约 7000 万 m^3 的库容，形成了持续 1d、800m^3/s 的流量。该流量进入中游河段后，沿途水文站加强报汛，确保追踪该流量过程，同时黄河水利委员会水资源管理与调度局严格控制沿途引水流量，为防汛调度部门精细调度创造了条件。

对于三门峡水库泄流时机的把握，主要调度原则是尽量不影响泄流前的发电生产运行，在精确计算万家寨水库泄流到达时间的条件下做到空库迎峰，不提前也不错后，准确对接。黄河水利委员会防汛办公室与三门峡库区管理局密切联系，根据库区工程的设计条件和主要隐患，参照往年出现的问题，对泄流过程进行了优化，先缓慢降低坝前水位，中期采用阶梯式流量递增、后期采用敞泄的分阶段方式，缓解了工程失稳的压力，同时达到了大流量冲刷小浪底库尾的泥沙及自身“晾库底”冲刷的双重效果。

主要调度指令包括：①6 月 21 日 8 时至 22 日 8 时，万家寨水库按日均 800m^3/s 控泄；②6 月 21 日 16 时至 25 日 8 时三门峡库水位缓慢降至 316m，25 日 12 时起，按 3500m^3/s 均匀下泄，25 日 16 时起，按 3800m^3/s 均匀下泄，25 日 20 时起，按 4100m^3/s 均匀下泄，26 日 0 时起，按 4400m^3/s 均匀下泄，当下泄能力小于 4400m^3/s 时按敞泄运用；③在此期间，小浪底水库保持 3700m^3/s 均匀下泄，排沙洞保持全开出流。

为使实际水流演进过程与优化设计方案完全一致，调度工作人员进行了大量扎实、细致的工作。中游各主要水文站和气象站全力投入对水情和雨情的监视，各水利枢纽管理单位坚决执行调度指令，确保了黄河流量的精细调度和三库水量衔接，最终在后续流量持续偏小的情况下成功塑造了小浪底水库异重流，并以高含沙量排沙出库。6 月 25 日 14 时 30 分，小浪底库区形成异重流并在距坝 44km 处成功潜入。26 日 0 时 30 分，小浪底水库异重流开始出库，27 日 18 时 48 分，小浪底水文站含沙量最大达 59.0kg/m^3。根据报汛资料计算，该次人工异重流，小浪底水库共排沙 841 万 t；三门峡水库从 6 月 26 日 10:00 开始排沙，到 28 日 8:00 停止排沙，共排沙 2350 万 t，最大含沙量为 276kg/m^3；小浪底水库异重流排沙比为 35.8%。

三、异重流过程描述和分析

根据黄河水利委员会水文局在小浪底库区的观测结果，对几个主要断面的浑水厚度、流速随时间变化的趋势采用曲线拟合并作定性分析（各断面距大坝的距离排序为 22 断面＞9 断面＞5 断面＞1 断面），结果见图 2.3-1～图 2.3-4。根据三门峡、小浪底两水文站在异重流期间的报汛资料，将两库在异重流期间的出库水沙序列进行比较，如图 2.3-5 所示。

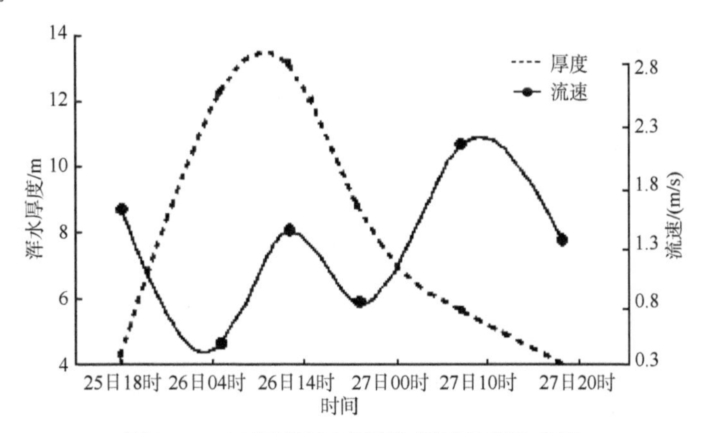

图 2.3-1　22 断面浑水厚度与流速的变化曲线

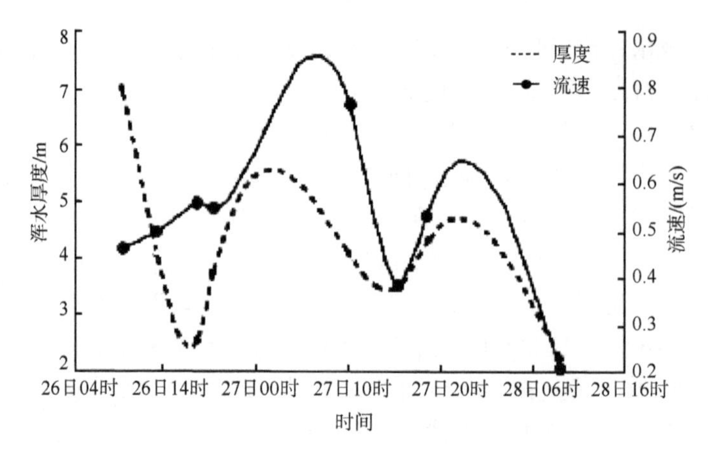

图 2.3-2 9 断面浑水厚度与流速的变化曲线

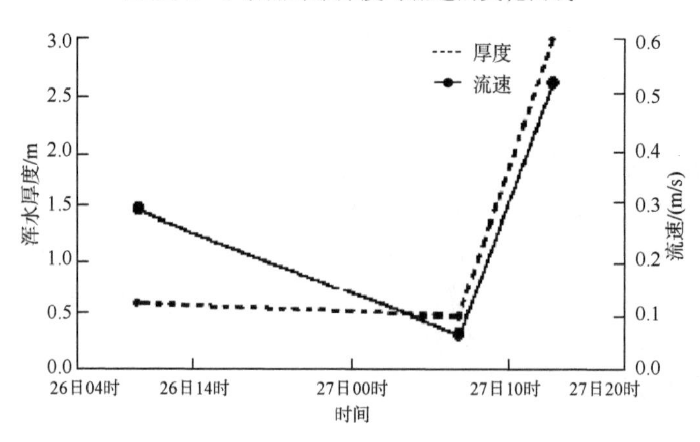

图 2.3-3 5 断面浑水厚度与流速的变化曲线

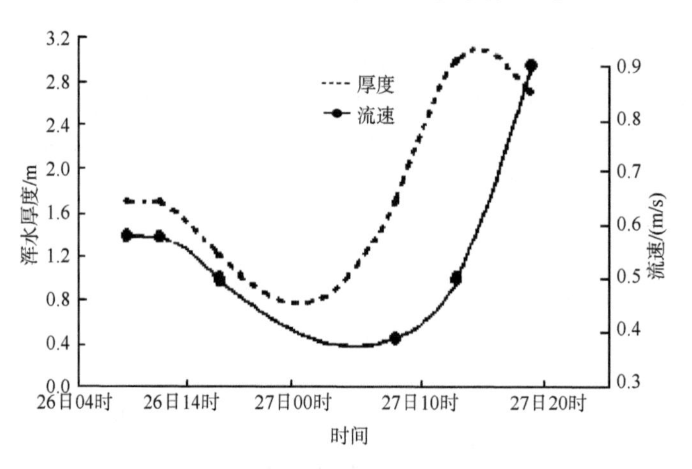

图 2.3-4 1 断面浑水厚度与流速的变化曲线

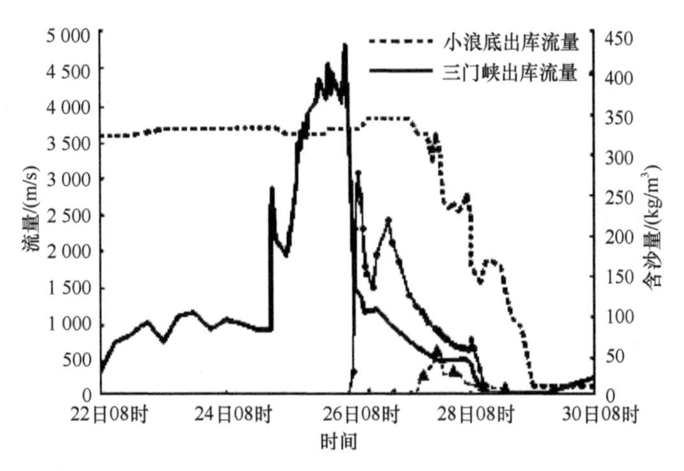

图 2.3-5　人工塑造异重流期间两库出库水沙过程

从图2.3-1～图2.3-5可以看出，该次异重流由多股不同能量的异重流构成。从图2.3-1和图2.3-2可以看出，22断面、9断面这两个上游断面的异重流流速呈现“三峰”特性，图2.3-3和图2.3-4所示的5断面和1断面这两个下游断面则呈现“双峰”特性，说明该次异重流试验形成了成因不同的多股异重流。其原因可以根据图2.3-5显示的三门峡出库水沙过程进行说明。首先，25日2时三门峡水文站曾出现2850m^3/s的洪峰流量，但洪量并不大。25日12时三门峡水库开始按3500m^3/s以上流量塑造人工洪峰过程，大流量一直持续到26日11时。然后，三门峡水库空库迎峰，与万家寨水库下泄流量成功对接，出库含沙量在2h内突增至276kg/m^3。这3个流量与含沙量迥异的出库过程是形成小浪底水库上游22断面、9断面异重流流速变化特性的主因。

小浪底出库含沙量的突变过程是该次异重流最为突出的特点之一。自26日10时起，小浪底水文站开始观测到含沙量的细微变化，直至27日8时，出库含沙量一直保持在1kg/m^{3}左右，在此期间小浪底排沙洞有浑水排出。27日11时出库含沙量突然增大到9kg/m^3，此后在10h内持续增加至58.7kg/m^3，换算的排沙洞最大含沙量为145kg/m^{3}左右（对应的排沙洞流量为1408m^3/s）。将三门峡的出库含沙量变化趋势与小浪底的进行比对，可以发现二者在趋势上表现一致。

从时间特征值上分析，小浪底、三门峡两水文站第一个沙峰出现的时间间隔为31h，短于三门峡水库第一个洪峰形成至小浪底浑水出库的时间（约为36h）。该次异重流过程具有两个显著的特点：第一，小流量高含沙的异重流比大流量低含沙的异重流推进速度要快；第二，异重流形态的完整性好，输沙率高（图2.3-6），两库输沙率变化过程有很高的相似性，相关系数达0.62，证明异重流在推进时保持了很高的完整性。根据图2.3-6可以间接得出，高含沙异重流在含沙量变化趋势上保持稳定，据估算，三门峡出库的高含沙过程平均含沙量为123.6kg/m^3，而小浪底排沙洞的高含沙过程平均含沙量为78kg/m^3，同时段对应的底孔排沙比约为65%。高含沙过程为什么能以这样完整的形态和高排沙比顺利出库，是今后需要重点研究的问题。

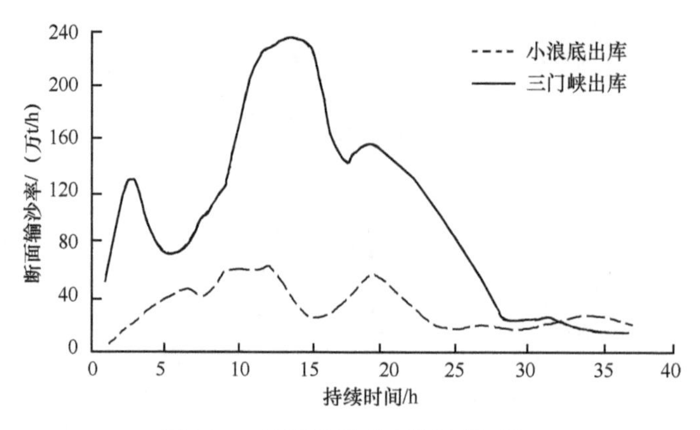

图 2.3-6　两库输沙率变化过程对比

笔者基于对三门峡水库、小浪底水库水沙运行情况的了解，加上以往的一些调度经验，就该次人工异重流出现的独特现象分析如下。

（1）前一阶段的异重流流场作用。小浪底水库是一个典型的河道型水库，库区的几个较大支汊会对异重流向坝前推进产生不利影响，使异重流倒灌“盲肠”河道产生淤积。该次异重流形成过程主要分为两个阶段，前一阶段形成的流量较大、含沙量较小的异重流在推进至突然变宽的河段时，在支流发生倒灌扩散和损耗，形成有利于后一阶段异重流沿主河道方向推进的流场，使后续的异重流在流场的牵引下顺利沿主槽到达坝前并潜入排沙洞，达到高效输沙的目的。

（2）前一阶段的异重流浮力作用。从物理原理上讲，异重流是由于密度差形成的。浑水挟沙形成的异重流潜入清水层以下后，在浮力和阻力的作用下会不断地分选所挟带的泥沙。较大的颗粒在这种作用下会不断沉积，异重流所能带走的是较小的颗粒。但如果潜入的水体是浑水，则浮力变大，后面的异重流作为整体可以挟带更多的泥沙向前推进。

（3）高含沙水流本身的特性。黄河自身特殊的水沙条件使该次人工异重流试验过程中三门峡出库含沙量在 200kg/m^3 以上，远高于常规水库所形成的异重流含沙量。这种高含沙水流在河道中的水动力学特性与通常的清水水流是不一样的，它具有挟沙能力强、对河床塑造能力强等特点，在潜入水库库底形成异重流以后，其结构和动力学特性也与常规研究的“烟雾状”“飘散状”的异重流有很大区别，结构和推进速度稳定。这些特性也是排沙出现特殊现象的重要原因。

第四节　水库异重流潜入点深度预测模型[①]

当挟沙水流与水库的清水相遇时，在适合条件下挟沙水流就会潜入到清水底部并继续向前流动，从而形成异重流，这种异重流称为水库泥沙异重流，简称水库异重流，所以水库异重流是泥沙运动的一种特殊形式。三门峡水库在投入运用以后多次发生异重流，但是当时没有考虑异重流排沙问题，没有设置专门的排沙洞，导致水库淤积以致库

① 作者：解河海，张金良，王少波

容损失殆尽。小浪底水库自 1999 年投入运用以来多次发生异重流，并且异重流多次未能运动到坝前排出库外，而在库区发生沿程淤积。截至 2006 年 10 月，小浪底全库区断面法淤积量为 21.583 亿 m^3，年均淤积量为 2.98 亿 m^3。因此在水资源缺乏特别是清水资源缺乏的情况下，如何利用水库异重流将泥沙排出库外以保留水库有效库容，是水库运用中需要解决的问题。

研究水库异重流首先要研究异重流的潜入条件，异重流的潜入条件也即异重流的形成条件。国内外对异重流潜入条件的研究比较多，主要集中在潜入点的弗劳德数计算、潜入点深度公式推求及潜入点的含沙量和流量条件等方面。范家骅（1959）根据室内水槽异重流试验资料得到潜入点的弗劳德数等于 0.78，以此作为异重流的潜入条件。国外研究建立的异重流潜入点的弗劳德数公式（Akiyama and Stefan，1984；Savage and Brimberg，1975；Denton et al.，1981；Singh and Shah，1971；Philpott，1978）都与范家骅（1959）的公式相似，只是临界值不同而已。有些学者通过研究异重流的潜入点深度来研究异重流的形成，例如，日本学者芦田和男将异重流潜入点处的水流进行简化，在坡度为零的条件下，得到了异重流潜入点处的水深计算公式。焦恩泽（2004）将异重流运动的底坡设定为一定坡度，并考虑了运动黏滞系数、床面相对糙度，改写了芦田和男的公式。朱鹏程（1981）从异重流受力情况入手，推导出与芦田和男得到的一样的异重流潜入点临界水深计算公式。对于异重流的形成，还可以从异重流潜入点的含沙量及流量条件方面考虑（Dequennois，1956），对于高含沙异重流潜入规律的研究，国内外不是很多，曹如轩等（1984）建立了弗劳德数与密度差的关系，焦恩泽（2004）也进行了研究。除此之外，还有其他不同的研究方法，例如，根据浑清水密度差产生压力差，提出了产生异重流的条件为异重流压力大于紊流压力，Akiyama 和 Stefan（1987）验证了发生均匀异重流时异重流功率小于等于河流入库功率。由于水库异重流潜入的特殊性，潜入点附近水流紊乱，漂浮物多，测验船只很难靠近，一般在潜入点下游水流比较平稳的地方进行测验。徐建华等（2007）对小浪底水库 2001～2006 年异重流潜入条件进行了分析，小浪底水库异重流的含沙量范围为 0～150kg/m^3，利用实测资料对潜入点处的弗劳德数进行了计算，通过分析发现，水库异重流潜入点的弗劳德数不是定值，而是随着含沙量的增高而变化。

既然潜入点处的弗劳德数不是定值，平坡潜入点深度计算公式就不能运用，下面考虑从水库异重流的运动来推求潜入点深度计算公式。

一、水库异重流潜入点深度模型建立

当密度为 $\rho_a+\Delta\rho$ 的水体流经坡度为 S 的底坡进入密度为 ρ_a 的水库水体时，入流推动水库水体前进直到达到力的平衡，在这一平衡点入流开始潜入到水库水体下部，该点就是所谓的潜入点。潜入之后，根据水库不同的底坡 S、糙率 f 和水库末端出库水流条件形成不同的异重流。

异重流由均匀明渠河道进入层流的水库时将发生掺混，流体分为 3 个不同的区域：均匀区、潜入区和稳定区（图 2.4-1）。

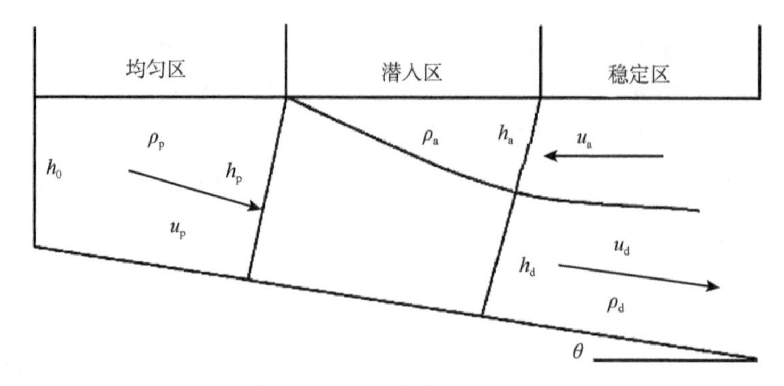

图 2.4-1 异重流潜入示意图

（一）潜入现象分析

异重流潜入点深度由力的平衡决定，在缓坡上异重流为缓流，假定潜入点下游为异重流的正常水深，这种情况下异重流的掺混很小，可以忽略，但由于重力加速度的作用，在陡坡上异重流逐渐由潜入点上游的缓流变为潜入点下游的急流，发生剧烈的掺混。在潜入点深度预测模型中必须考虑入流和水库水体的交换，这种交换通常有两种机理：一种是发生在潜入点下游的稳定区，包括交界面不稳定的卷吸，Ellison 和 Turner（1959）、Ashida 和 Egashira（1977）研究过这个现象；另一种是发生在潜入点，由于潜入流体的扰动形成掺混，在这种情况下，缓坡与陡坡相比是不显著的或者不重要的。

控制潜入现象的物理参数主要为入流条件和水库特性，这些参数包括：初始单宽入库流量 q_0，水库水流密度 ρ_a，入流流体密度 $\rho_a+\Delta\rho$，重力加速度 g，入流水深 h_0，全摩擦系数 f_t，水库底坡 S 和初始掺混系数 γ。通过量纲分析给出入流的潜入点深度无量纲表达式：

$$h_p^* = \frac{h_p}{h_0} = f\left(F_0, f_t, S, \gamma\right) \tag{2.4-1}$$

$$F_0 = \left(\frac{q_0^2}{g\varepsilon_0 h_0^2}\right)^{1/2} \tag{2.4-2}$$

式中，ε_0 为相对密度差，$\varepsilon_0 = \Delta\rho / \rho_a$；$h_p$ 为潜入点深度。

（二）潜入点深度预测模型建立

如图 2.4-1 所示，初始入流变量用下标 0 表示；水库流体变量用下标 a 表示；潜入点处变量用下标 p 表示；稳定异重流变量用下标 d 表示。

图 2.4-2 为模型分析的控制体，密度不变和密度改变情况下的连续方程为

$$u_p h_p + u_a h_a = u_d h_d \tag{2.4-3}$$

$$(\rho_a + \Delta\rho_0)\, u_p h_p + \rho_a u_a h_a = (\rho_a + \Delta\rho_d)\, u_d h_d \tag{2.4-4}$$

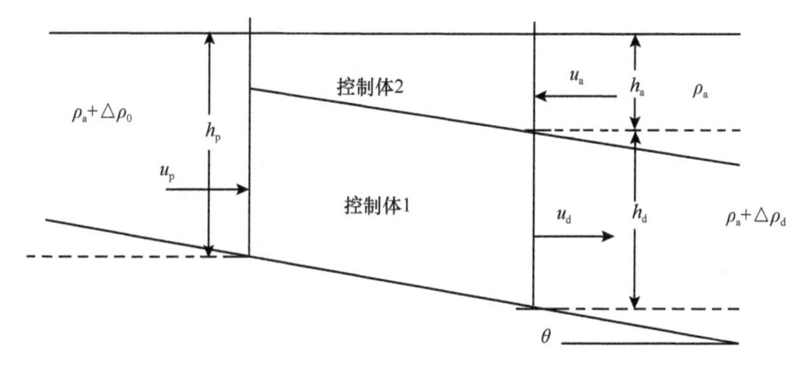

图 2.4-2　模型分析的控制体

式（2.4-3）是在流体密度不变情况下的连续方程，在异重流潜入过程中流体的密度发生变化，潜入前后和潜入点的密度都是变化的，进而得到流体密度改变情况下的连续方程式（2.4-4）。初始单宽入流量 $q_0 = u_p h_p = u_0 h_0$，入口处的初始掺混系数 $\gamma = u_a(h_a/q_0)$，潜入点的流速 $u_p = q_0 / h_p$，水库水流流速 $u_a = \gamma q_0/h_a$，稳定异重流流速 $u_d = (1+\gamma)q_0 / h_d$。由以上流速公式和式(2.4-4)得 $\Delta\rho_0$ 和 $\Delta\rho_d$ 的关系为 $\Delta\rho_d = \Delta\rho_0 / (1+\gamma)$，相对密度差分别为 $\varepsilon_0 = \Delta\rho_0 / \rho_a$、$\varepsilon_d = \Delta\rho_d / \rho_a = \varepsilon_0(1+\gamma)$。

因为潜入区的长度与稳定异重流区长度相比较短，所以 $h_a = h_p - h_d$，$\cos\theta \cong 1 - \frac{1}{2}S^2$，其中 S 为水库底坡，即 $S = \tan\theta$。潜入区河道底部的摩擦力忽略不计，则图 2.4-2 所示的控制体 1 的动量方程为

$$u_d^2 h_d + u_a^2(h_p - h_d) - u_p^2 h_p = \frac{g}{2}\left(\frac{\Delta\rho_0}{\rho_a}h_p^2 - \frac{\Delta\rho_d}{\rho_a}h_d^2\right) \tag{2.4-5a}$$

同理，图 2.4-2 所示的控制体 2 的动量方程为

$$\rho_a u_a^2(h_p - h_d) = \frac{1}{2}(\rho_a + \Delta\rho_0)g(h_p - h_d)^2 - \frac{1}{2}\rho_a g(h_p - h_d)^2 \tag{2.4-5b}$$

由式（2.4-5a）和式（2.4-5b）得

$$u_d^2 h_d - u_p^2 h_p = \frac{g}{2}\left[2\varepsilon_0 h_p h_d - (\varepsilon_d + \varepsilon_0)h_d^2\right] \tag{2.4-6}$$

引进深度比 $K = \dfrac{h_p}{h_d}$，根据 K 重写式（2.4-6）得

$$K^2 - K^2[\frac{2+\gamma}{2} + F_d^2]\frac{1}{1+\gamma} + \frac{F_d^2}{(1+\gamma)^3} = 0$$

$$F_d = \left[\frac{q_d^2}{g\varepsilon_d h_d^3}\right]^{1/2} = \left[\frac{q_d^2}{g\varepsilon_0 h_0^3}\right]^{1/2}(1+\gamma)^{3/2} \tag{2.4-7}$$

式中，F_d 为潜入点下游稳定异重流的密度弗劳德数。

对于$\gamma \geqslant 0$且$\left(\dfrac{2+\gamma}{2}+F_{\mathrm{d}}^2\right)^2-\dfrac{4F_{\mathrm{d}}^2}{1+\gamma} \geqslant 0$，式（2.4-7）的解如下：

$$K=\frac{1}{2(1+\gamma)}\left[\frac{2+\gamma}{2}+F_{\mathrm{d}}^2+\sqrt{\left(\frac{2+\gamma}{2}+F_{\mathrm{d}}^2\right)^2-\frac{4F_{\mathrm{d}}^2}{1+\gamma}}\right] \tag{2.4-8}$$

Ellison 和 Turner（1959）给出了水流掺混缓慢变化的动量方程：

$$\frac{\mathrm{d}h_{\mathrm{d}}}{\mathrm{d}x}=E_n+\frac{h_{\mathrm{d}}}{3Ri}\frac{\mathrm{d}Ri}{\mathrm{d}x} \tag{2.4-9}$$

$$Ri=\frac{\dfrac{\Delta\rho_{\mathrm{d}}}{\rho_{\mathrm{a}}}gh_{\mathrm{d}}\cos\theta}{u_{\mathrm{d}}^2}$$

式中，E_n是给定掺混流量$E_n u_{\mathrm{d}}$下的掺混系数；Ri为理查森数。

根据式（2.4-9）可以得出稳定异重流的深度，进而得到异重流潜入点深度的预测模型。

式（2.4-9）存在以下两种表达形式：

$$\frac{\mathrm{d}h}{\mathrm{d}x}=\frac{\left(2-\dfrac{1}{2}S_1Ri\right)E_n-S_2RiS+f_{\mathrm{t}}}{1-S_1Ri} \tag{2.4-10}$$

$$\frac{h_{\mathrm{d}}}{3Ri}\frac{\mathrm{d}Ri}{\mathrm{d}x}=\frac{\left(1+\dfrac{1}{2}S_1Ri\right)E_n-S_2RiS+f_{\mathrm{t}}}{1-S_1Ri} \tag{2.4-11}$$

其中，

$$S_1=\frac{1}{\varepsilon_{\mathrm{d}}h_{\mathrm{d}}^2}\int_0^{\infty}2\frac{\Delta\rho}{\rho_{\mathrm{a}}}y\mathrm{d}y$$

$$S_2=\frac{1}{\varepsilon_{\mathrm{d}}h_{\mathrm{d}}^2}\int_0^{\infty}\frac{\Delta\rho}{\rho_{\mathrm{a}}}\mathrm{d}y$$

式中，S_1、S_2为由沿深度方向密度非均匀性决定的剖面常系数；在掺混变化缓慢情况下有$E_n=\dfrac{\beta}{Ri}$，β为系数。

根据$\dfrac{\mathrm{d}Ri}{\mathrm{d}x}=0$、$\dfrac{\mathrm{d}h_{\mathrm{d}}}{\mathrm{d}x}=0$和$\dfrac{\mathrm{d}h_{\mathrm{d}}}{\mathrm{d}x}=\infty$，式（2.4-10）、式（2.4-11）中有 3 种特殊的Ri存在：正常Ri，即R_{n}；正常水深的Ri，即R_{dn}；临界水深的Ri，即R_{dc}，其表达式分别为

$$R_{\mathrm{n}}=\frac{\dfrac{1}{2}S_1\beta+f_{\mathrm{t}}+\sqrt{\left(\dfrac{1}{2}S_1\beta+f_{\mathrm{t}}\right)^2+4\beta S_2S}}{2S_2S} \tag{2.4-12}$$

$$R_{\mathrm{dn}}=\frac{f_{\mathrm{t}}-\frac{1}{2}S_1\beta+\sqrt{\left(f_{\mathrm{t}}-\frac{1}{2}S_1\beta\right)^2+8\beta S_2 S}}{2S_2 S} \tag{2.4-13}$$

$$R_{\mathrm{dc}}=\frac{1}{S_1} \tag{2.4-14}$$

缓坡条件下稳定异重流有较大的理查森数 Ri，式（2.4-12）可以近似为 $R_{\mathrm{n}}\cong\frac{f_{\mathrm{t}}}{S_2 S}$。缓坡条件下稳定异重流的掺混可以忽略，理查森数可以表示为 $Ri\cong\frac{\varepsilon_{\mathrm{d}}gh_{\mathrm{d}}}{u_{\mathrm{d}}^2}$，则有

$$R_{\mathrm{n}}=\frac{1}{F_{\mathrm{dm}}^2}=\left(\frac{\varepsilon gh^3}{q^2}\right)_{\mathrm{dm}}=\frac{f_{\mathrm{t}}}{S_2 S} \tag{2.4-15}$$

缓坡情况下潜入点下游异重流深度可以采用下式计算：

$$h_{\mathrm{dm}}=\left(\frac{f_{\mathrm{t}}}{SS_2}\frac{q_0^2}{\varepsilon_0 g}\right)^{1/3}(1+\gamma) \tag{2.4-16}$$

将 F_{dm} 代入式（2.4-8），则缓坡上深度比 K_{m} 为

$$K_{\mathrm{m}}=\frac{1}{2(1+\gamma)}\left[\left(\frac{2+\gamma}{2}\right)+\frac{SS_2}{f_{\mathrm{t}}}\right]+\sqrt{\left(\frac{2+\gamma}{2}+\frac{SS_2}{f_{\mathrm{t}}}\right)^2-\frac{4}{1+\gamma}\left(\frac{SS_2}{f_{\mathrm{t}}}\right)} \tag{2.4-17}$$

陡坡情况下 R_{n} 不能像上面那样近似。由于重力加速度的作用，潜入流在陡坡上已经由缓流变为急流，因此通过某点的临界断面时有 $R_{\mathrm{dc}}=1/S_1=R_{\mathrm{ds}}=1/F_{\mathrm{ds}}^2$，其中，$R_{\mathrm{ds}}$ 为陡坡潜入点下游的理查森数。

陡坡潜入点下游稳定异重流深度 h_{ds} 为

$$h_{\mathrm{ds}}=\left(\frac{1}{S_1}\frac{q_0^2}{\varepsilon_0 g}\right)^{1/3}(1+\gamma) \tag{2.4-18}$$

将 F_{ds} 代入式（2.4-8），则陡坡上深度比 K_{s} 为

$$K_{\mathrm{s}}=\frac{1}{2(1+\gamma)}\left[\left(\frac{2+\gamma}{2}+S_1\right)+\sqrt{\left(\frac{2+\gamma}{2}+S_1\right)^2-\frac{4}{1+\gamma}S_1}\right] \tag{2.4-19}$$

记缓坡上潜入点的深度为 h_{pm}、陡坡上潜入点的深度为 h_{ps}，根据得到的深度比 K_{m} 和 K_{s}，可得如下无量纲的潜入点深度公式。

（1）缓坡：$0<S<(f_{\mathrm{t}}S_1/S_2)$，$h_{\mathrm{pm}}^2=\frac{h_{\mathrm{pm}}}{h_0}=K_{\mathrm{m}}\left(\frac{f_{\mathrm{t}}}{S_2 S}\right)^{1/3}F_0^{2/3}(1+\gamma)$　（2.4-20）

（2）陡坡：$S>(f_{\mathrm{t}}S_1/S_2)$，$h_{\mathrm{ps}}^2=\frac{h_{\mathrm{ps}}}{h_0}=K_{\mathrm{s}}\left(\frac{1}{S_1}\right)^{1/3}F_0^{2/3}(1+\gamma)$　（2.4-21）

（3）临界坡：$S>(f_{\mathrm{t}}S_1/S_2)\cong\dfrac{1}{150}$，$h_{\mathrm{pc}}^{*}=h_{\mathrm{m}}^{*}=h_{\mathrm{ps}}^{*}$ （2.4-22）

二、潜入点深度模型验证

假定掺混系数γ=0，则预测的潜入点深度如下。

（1）缓坡：$h_{\mathrm{pm}}^{*}=\left(\dfrac{f_{\mathrm{t}}}{SS_2}\right)^{1/3}\left(\dfrac{q_0^2}{\varepsilon_0 g}\right)^{1/3}$，$S_2$=0.6～1.2。

（2）陡坡：$h_{\mathrm{ps}}^{*}=\left(\dfrac{1}{S_2}\right)^{1/3}\left(\dfrac{q_0^2}{\varepsilon_0 g}\right)^{1/3}$，$S_2$=0.2～0.5。

实验室实验数据验证结果见图2.4-3，对比数据来源于范家骅（1959）、焦恩泽（2004）、Lee和Yu（1997）和曹如轩等（1984）。范家骅（1959）实验中，$S=0.005$，$S_1=0.27$，$S_2=0.6$，$f_{\mathrm{t}}=0.02$；曹如轩等（1984）实验中，$S=0.03$，$S_1=0.38$，$S_2=0.6$，$f_{\mathrm{t}}=0.02$；焦恩泽（2004）实验中，$S=0.01$，$S_1=0.34$，$S_2=0.6$，$f_{\mathrm{t}}=0.02$；Lee和Yu（1997）实验中，$S=0.02$，$S_1=0.45$，$S_2=0.6$，$f_{\mathrm{t}}=0.02$。本研究计算结果为$\alpha=1.47$，预测的潜入点深度依赖于形状系数S_1、S_2和摩擦系数f_{t}的值。图2.4-3给出了潜入点深度随临界深度的变化，可以看出，不同研究者得到的实验数据点分布在直线两侧，说明本研究模型能够很好地预测异重流潜入点深度的变化。

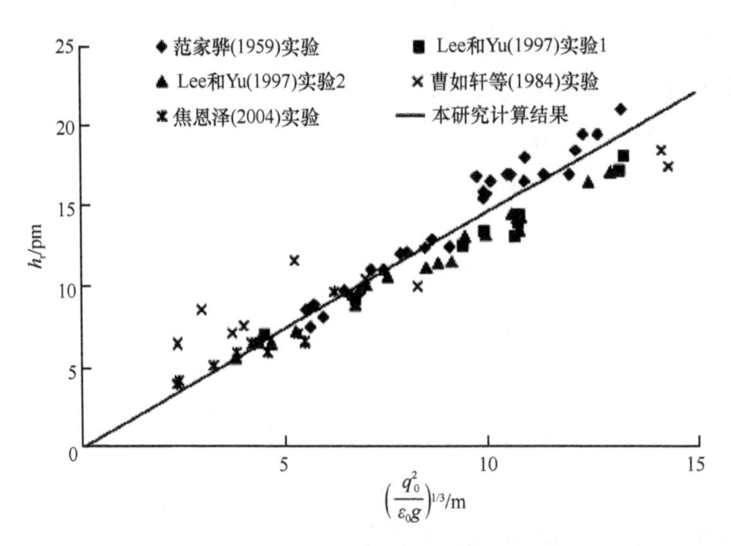

图2.4-3 实验室数据验证

水库实测数据验证主要考虑官厅水库（$S_1=0.2$，$S_2=0.9$和$f_{\mathrm{t}}=0.02$，$S=0.0008$～0.0016）和小浪底水库（$S_1=0.3$，$S_2=1.1$和$f_{\mathrm{t}}=0.02$，$S=0.000\,08$～0.002 6），计算结果为$\alpha=2.7$。图2.4-4为小浪底水库和官厅水库的潜入点深度随临界水深的变化，与实验数据相比有些分散，主要原因首先是水库异重流观测方面，因为发生异重流的地方水流较急，测量船只无法靠近，观测位置在潜入断面上下游附近；其次就是自然水库的库底比降都不是定值，其随着水库冲淤发生变化；最后是由于 S_1、S_2 的值对异重流交界面的定义很敏感，因此其取值对异重流深度的预测也是有影响的。

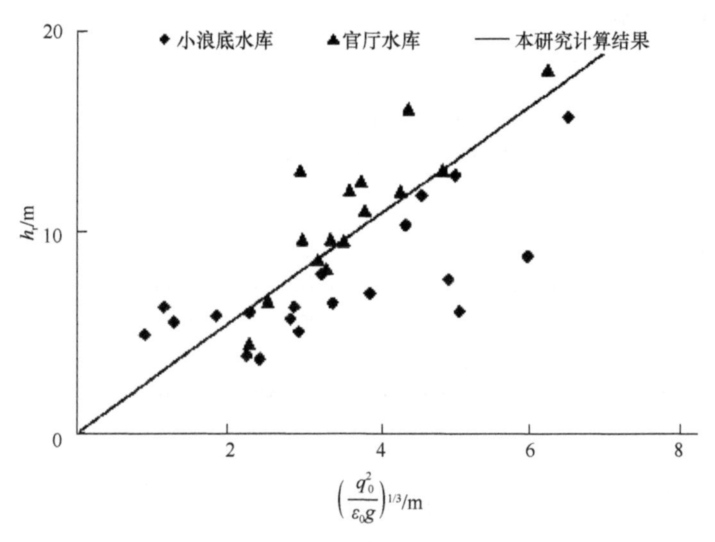

图 2.4-4　小浪底水库和官厅水库资料验证

三、结语

通过运用连续方程和动量方程及掺混缓慢变化的动量方程，分别建立了缓坡和陡坡情况下的水库异重流潜入点深度计算公式。从公式推导过程可以看出，潜入后异重流的形态依赖于入流和河床形态；潜入点深度依赖于河道坡度，在缓坡潜入点下游稳定异重流的深度是正常水深，在陡坡潜入点下游稳定异重流深度是临界水深，两者都依赖于减小的重力加速度 $g\Delta\rho/\rho_a$。对于缓坡，潜入点深度是河底摩擦力和入流的弗劳德数的函数，对于陡坡，潜入点深度依赖于入口的掺混和入流的弗劳德数。入口掺混（这里用参数 γ 来表达）的影响增大异重流潜入点的深度，在缓坡时 γ 较小或者可以忽略，而对于陡坡，γ 是很重要的。对于实验室的水槽异重流潜入数据和小浪底水库及官厅水库异重流潜入点的数据验证，结果令人满意，说明建立的水库异重流潜入点深度的计算公式是符合实际情况的。

参 考 文 献

曹如轩, 任晓枫, 卢文新. 1984. 高含沙异重流的形成与持续条件分析. 泥沙研究, (2): 1-10.
范家骅. 1959. 异重流的研究与应用. 北京: 水利电力出版社.
焦恩泽. 2004. 黄河水库泥沙. 郑州: 黄河水利出版社.
徐建华, 李晓宇, 李树森. 2007. 小浪底库区异重流潜入点判别条件的讨论. 泥沙研究, (6): 71-74.
朱鹏程. 1981. 异重流的形成与衰减. 水利学报, (5): 52-59.
Akiyama J, Stefan H G. 1984. Plunging flow into a reservoir: Theory. Journal of Hydraulic Engineering, 110(4): 484-499.

Akiyama J, Stefan H G. 1987. Onset of underflow in slightly diverging channels. Journal of Hydraulic Engineering, 113(7): 825-844.
Ashida K, Egashira S. 1977. Basic study on turbidity currents. Proceedings of the Japan Society of civil Engineers, 237: 37-50.
Denton R A, Faust K M, Plate E J. 1981. Aspects of stratified flow in man-made reservoirs Research Report ET-203. Sonder-forschungs-bereich80, University of Karlsrûhe.
Dequennois H. 1956. New methods of sediment control in reservoirs. WaterPower: 174-180.
Ellison T H, Turner J S. 1959. Turbulent entrainment in stratified flows. Journal of Fluid Mechanics, 6: 423-448.
Lee H Y, Yu W S. 1997. Experimental study of reservoir turbidity current. Journal of Hydraulic Engineering, 123(6): 520-528.
Philpott W. 1978. The plunging of density currents. Christchurch: University of Canterbury.
Savage S B, Brimberg J. 1975. Analysis of plunging phenomena in water reservoirs. Journal of Hydraulic Research, 13(2): 187-204.
Singh B, Shah C R. 1971. Plunging phenomenon of density currents in reservoirs. La Houille Blanche, 26(1): 59-64.

第五节 小浪底水库异重流要素沿程变化规律①

小浪底水库自 1999 年投入运用以来多次发生异重流，包括多次人工塑造异重流，小浪底水库异重流输沙既遵循一般异重流的输移规律，又有其特殊性，如平面形态复杂、干支流倒灌等。异重流在发生以后如果后续能量不够，就会停止运行，无法到达水库出口排出水库，造成水库的严重淤积。

2002～2006 年黄河水利委员会对小浪底水库发生的异重流进行了实际观测。积累了大量宝贵资料。小浪底水库异重流有多次未能运动到坝前排出库外，而发生沿程淤积。截至 2006 年 10 月，小浪底全库区断面法淤积量为 $21.583\times10^8m^3$，年均淤积量为 $2.98\times10^8m^3$，其中，干流淤积量为 $18.316\times10^8m^3$，支流淤积量为 $3.267\times10^8m^3$，分别占总淤积量的 84.86%和 15.14%。支流淤积量占支流原始库容（$52.68\times10^8m^3$）的 6.20%。因为异重流挟带大量泥沙，如果其能够运行到坝前并排出水库，就可以减少水库的淤积。本节基于以上实测资料对小浪底水库异重流的发生、运行和输沙进行研究，掌握水库异重流的发生、运行和输沙规律，以及水库异重流产生和运行的条件，进行人工塑造异重流，使水库淤积尽可能减少。

异重流沿程变化的主要要素包括异重流的厚度、流速、含沙量、泥沙中值粒径等，根据各固定断面实测资料分析异重流的厚度、平均流速、平均含沙量等要素，发现异重流各要素和进库洪水的变化过程具有同步性。

一、小浪底水库概况

小浪底水利枢纽工程位于河南省洛阳市以北黄河中游最后一段峡谷的出口处，上距三门峡水利枢纽 130km，下距河南省郑州花园口 128km，是黄河干流三门峡水利枢纽工程以

① 作者：解河海，张金良

下唯一能取得较大库容的控制性工程。小浪底水利枢纽工程控制流域面积为69.4万km^2，占黄河流域面积的92.2%，水库总库容$126.5\times10^8m^3$，有效库容$51\times10^8m^3$。工程以防洪、减淤为主，兼顾供水、灌溉和发电，蓄清排浑，除害兴利，综合利用，可滞拦泥沙78×10^8t，相当于20年下游河床不淤积抬高。

小浪底水库形态为狭长的河道型，库区干流河段属峡谷型山区河流。沿黄河干流两岸山势陡峭，河段总体呈上窄下宽趋势。自三门峡水文站至黄河38断面全长58.58km，河宽210～800m，比降为1.19‰；黄河38断面至黄河19断面275m水位时水面最宽达2780m；黄河17断面上下为约4km长的八里胡同河段，该河段为全库区最狭窄河段，275m水位时河宽仅330～590m，河道顺直，两岸为陡峻直立的石山，河堤至八里胡同河段比降为0.98‰，八里胡同出口至大坝河段275m水位时河宽为1080～2750m，比降为0.98‰。库区河道地形的收缩、扩展、弯道等变化影响入库洪水和泥沙的运动及变化。

小浪底库区属土石山区，沟壑纵横，支流众多，支流流域面积小、河长短、比降大。自三门峡至小浪底区间流域面积为5734km^2，较大的支流有40多条，其中大峪河、煤窑沟、畛水河、石井河、东洋河、西阳河、芮村河、沇西河、亳清河等12条支流的库容均大于$1\times10^8m^3$。小浪底水库原设计275m水位时原始库容为$126.5\times10^8m^3$，1997年10月实测断面法库容为$127.58\times10^8m^3$，其中黄河干流库容为$74.91\times10^8m^3$，支流库容$52.67\times10^8m^3$，支流库容占总库容的41.3%。

小浪底库区共布设断面174个，其中干流布设断面56个，平均断面间距为2.20km。大坝至HH40断面为水库下段，河长69.39km，布设40个断面，平均断面间距为1.73km；HH41至HH56断面为水库上段，河长59.42km，布设16个断面，平均断面间距为3.71km。左岸21条支流共布设断面65个，控制河长98.5km，平均断面间距为1.52km；右岸11条支流（盼水除外）共布设断面28个，控制河长39.67km，平均断面间距1.42km。其中，右岸最大支流畛水河共布设断面25个，控制河长41.3km，平均断面间距为1.65km。小浪底水库水系和断面分布见图2.5-1，部分断面位置见表2.5-1。

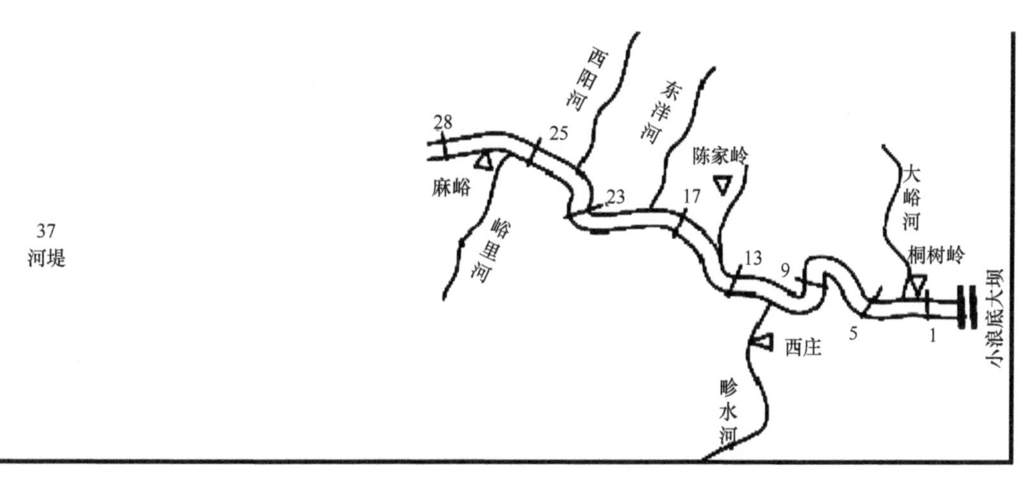

图2.5-1 小浪底水库水系和断面分布图

表 2.5-1 小浪底水库干流断面位置一览表

断面编号	距坝里程/km	断面编号	距坝里程/km	断面编号	距坝里程/km	断面编号	距坝里程/km
HH1	1.32	HH15	24.43	HH29	48.00	HH43	77.28
HH2	2.37	HH16	26.01	HH30	50.19	HH44	80.23
HH3	3.34	HH17	27.19	HH31	51.78	HH45	82.95
HH4	4.55	HH18	29.35	HH32	53.44	HH46	85.76
HH5	6.54	HH19	31.85	HH33	55.02	HH47	88.54
HH6	7.74	HH20	33.48	HH34	57.00	HH48	91.51
HH7	7.86	HH21	34.80	HH35	58.51	HH49	93.96
HH8	10.32	HH22	36.33	HH36	60.13	HH50	98.43
HH9	11.42	HH23	37.55	HH37	62.49	HH51	101.61
HH10	13.99	HH24	39.49	HH38	64.83	HH52	105.85
HH11	16.39	HH25	41.10	HH39	67.99	HH53	110.27
HH12	18.75	HH26	42.96	HH40	69.39	HH54	115.13
HH13	20.39	HH27	44.53	HH41	72.06	HH55	118.84
HH14	22.10	HH28	46.20	HH42	74.38	HH56	123.41

二、小浪底水库异重流要素沿程变化

（一）水库异重流厚度沿程变化

异重流的厚度沿程变化表现为潜入点区域厚度较大，随着纵向距离的增大，厚度逐渐减小，并逐渐趋于稳定。在异重流初期，由于受弯道等地形变化的影响，异重流厚度沿程变化较大，在异重流稳定阶段，其厚度沿程逐渐增大。

图 2.5-2 为小浪底水库 2002～2006 年的异重流厚度沿程变化过程，可以看出，异重流在潜入点进入库底后随着在纵向上的运动与传播，其厚度会有所变化，且其变化受地形影

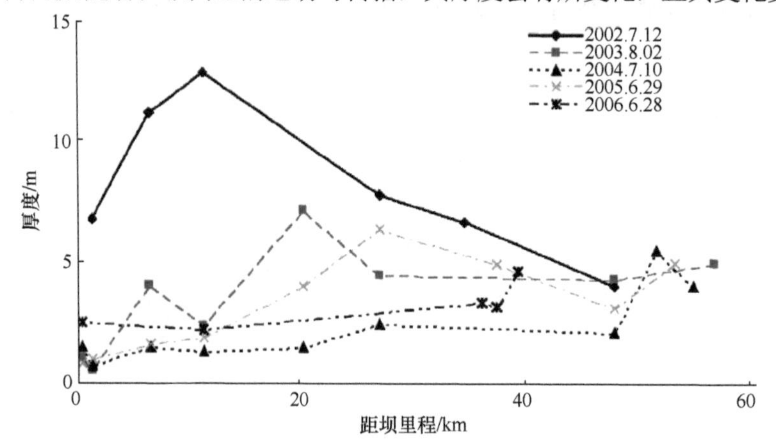

图 2.5-2 小浪底水库异重流厚度沿程变化图

响较大。小浪底水库异重流在八里胡同以上河段时，断面较宽，厚度较小；进入八里胡同河段（距大坝 26～30km）后，断面变窄，异重流厚度增大；出八里胡同河段后，其厚度

又有所减小。异重流到达坝前区范围内，在泄流闸门关闭状态下，会出现异重流的壅高，先充满坝前最深位置，然后向上游发展；在开闸状态下，厚度会随着异重流排出库外而减小。但 2002 年变化有所不同，其厚度一直增加直到距坝 11.4km 处，由于水库开闸，其厚度又减小。

异重流在水库内演进时，主流位置主要沿原河槽变化，在主流区表现为流速大、含沙量高和粒径较粗。小浪底水库异重流在八里胡同河段以上时，主流有时会分为两股或多股，进入八里胡同河段后汇成一股，出八里胡同河段后向两侧扩散并以主槽为主流，到坝前区后形成浑水水库。

（二）水库异重流流速沿程变化

根据实测资料分析，异重流平均流速沿程分布与异重流厚度沿程分布具有同样的特性，平均流速沿程逐渐递减，至坝前则较稳定。异重流从潜入点向坝前演进的过程中，一般表现为潜入点附近流速较大，随着纵向距离的增大，流速会有所减小并趋于稳定。到坝前区后，如果泄流闸门关闭，异重流的动能就转化为势能，产生壅高现象，而流速则降低为 0；若泄流闸门开启，则异重流流速会适当增大。在演进途中，异重流的流速受地形影响较为明显，在断面宽度较小或在缩窄地段，其流速会增大，在断面较宽或扩大地段，其流速就会减小。

图 2.5-3 为 2002～2006 年小浪底水库异重流主流线平均流速的沿程分布。2003 年和 2005 年的两次异重流过程，从 HH34 断面至坝前，各断面的流速除在 HH17 断面（距大坝 27.19km）出现递增外，其余都呈递减趋势。其中，HH5 断面（距大坝 6.54km）至 HH1 断面递减幅度较大，其原因是断面增宽和河床比降明显减小，异重流在坝前和 HH1 断面的流速都在 0.2m/s 以下，且大部分时间流速为 0，这是由于泄流闸门未开启。2004～2005 年异重流在坝前和 HH1 断面的流速有所增大，流速为 0.2～0.4m/s，这是由于泄流闸门开启放水。HH17 断面位于八里胡同河段的中间，断面相对较窄，异重流流速较大。由于小浪底水库有其自身的特殊性，八里胡同将水库分为两部分，当异重流通过八里胡同时发生变化，流速会明显增大。

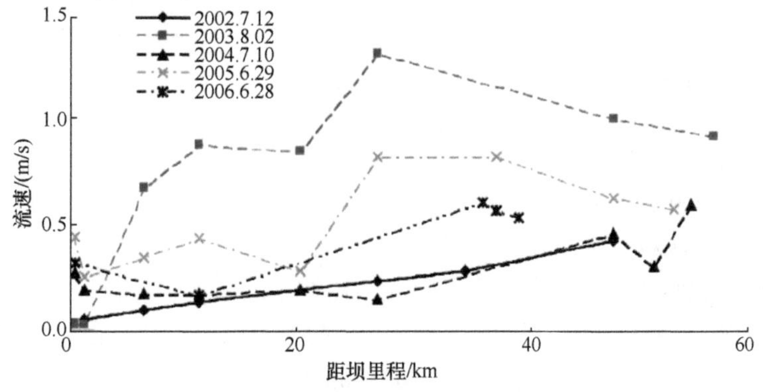

图 2.5-3　小浪底水库异重流主流线平均流速沿程变化图

（三）水库异重流含沙量沿程变化

影响异重流含沙量的变化因素较多，如流速、地形、泄流、泥沙颗粒粗细等。在异重流初期，受流速及库区地形、底坡影响，含沙量沿程变化较大，总趋势为沿程降低；在异重流稳定阶段，含沙量沿程变化幅度较小，总趋势为沿程增高。

小浪底水库异重流在演进过程中，沿程各监测断面的最大垂线平均含沙量变化具有较好的规律性。图 2.5-4 为 2002～2006 年小浪底水库异重流主流线平均含沙量的沿程变化情况，可以看出，2003 年异重流从潜入点 HH34 断面至 HH29 断面（距大坝 48km）之间含沙量明显降低，但到 HH17 断面（距大坝 27.19km）含沙量又明显增高，到 HH13 断面（距大坝 20.39km）含沙量达到最高（339kg/m^3），该断面以下，含沙量逐步降低，到坝前断面测得有流速的浑水层最大垂线平均含沙量仅为 125kg/m^3。中途出现含沙量增高的原因是，HH17 断面处于八里胡同河段中部，HH13 断面位于八里胡同河段出口，该河段内断面宽度明显缩窄，异重流的流速增大，水流挟沙能力也增大，河段内前期淤沙被冲起后进入异重流层。其他年份的含沙量整体上沿程增高，直到距坝 6.54km 的 HH5 断面，经过该断面后含沙量降低（2002 年含沙量在经过 HH9 断面后降低），其原因是断面增宽和河床比降明显减小，在坝前含沙量又有所增高，这主要是由于闸门的影响。其他年份从潜入点开始，含沙量有所增高，到达坝前附近开始降低，如果闸门关闭则含沙量会增高。

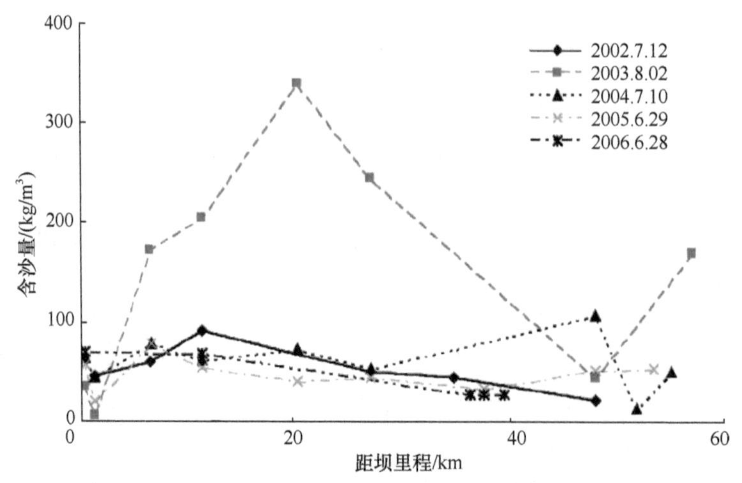

图 2.5-4 小浪底水库异重流主流线平均含沙量沿程变化图

（四）水库异重流泥沙中值粒径沿程变化

异重流泥沙中值粒径变化与异重流的流速有密切关系，异重流的流速大、挟沙能力强，其含沙量也就高，中值粒径也就大。随着异重流的演进，能量不断减小，挟沙能力也会逐步减弱，颗粒较粗的泥沙会沿程沉积下来。

图 2.5-5 为 2003 年小浪底水库异重流主流线平均泥沙中值粒径（D_{50}）的沿程变化，可以看出，D_{50} 沿程变化总趋势表现为自上游向下游由粗变细。在异重流初期，由于流速沿程变幅大，D_{50} 由 0.014mm 减小到 0.006mm，粒径变化较大。在异重流稳定运行阶段，D_{50} 自上游向下游缓慢变化。在潜入点至 HH29 断面之间 D_{50} 沿程减小，在 HH17 断面和 HH13 断面间又有所增大，说明在八里胡同河段部分床沙进入异重流层，粗颗粒数量有所增加，此特征与该河段的流速和含沙量变化趋势是一致的。

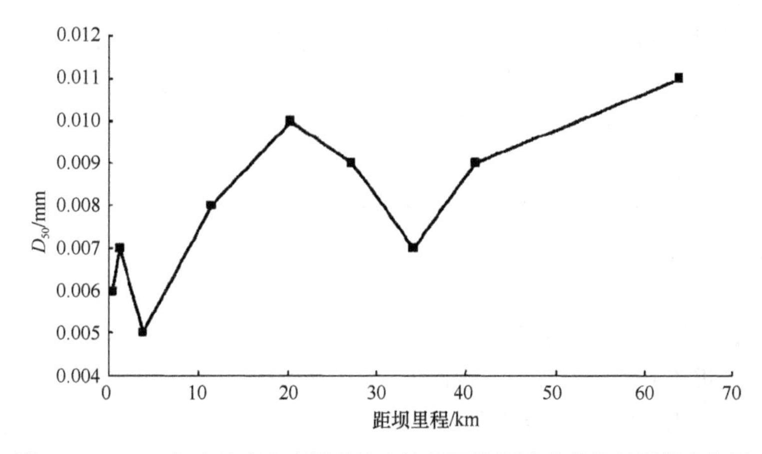

图 2.5-5　2003 年小浪底水库异重流主流线平均泥沙中值粒径沿程变化图

三、结语

通过分析小浪底水库异重流断面实测资料，得到小浪底水库异重流的厚度、平均流速、平均含沙量、平均泥沙中值粒径等要素的变化规律，发现异重流各要素和进库洪水的变化过程具有同步性。异重流厚度、流速、含沙量及泥沙中值粒径沿程逐渐较小，当通过八里胡同河段时，由于河道变窄，异重流的厚度、流速、含沙量及泥沙中值粒径都有增大现象，通过八里胡同河段后又逐渐减小。到达坝前时，如果闸门关闭，则异重流厚度增大，流速减小到 0，在坝前形成浑水水库；如果闸门开启，则厚度减小，流速有一定的增大。

参 考 文 献

水利部黄河水利委员会. 2003. 黄河首次调水调沙试验. 郑州：黄河水利出版社.
水利部黄河水利委员会. 2006. 2006 年黄河调水调沙. 郑州：黄河水利出版社.
水利部黄河水利委员会. 2007. 2007 年黄河调水调沙. 郑州：黄河水利出版社.
水利部黄河水利委员会. 2008. 黄河第二次调水调沙试验. 郑州：黄河水利出版社.
水利部黄河水利委员会. 2008. 黄河第三次调水调沙试验. 郑州：黄河水利出版社.
水利部黄河水利委员会，黄河研究会. 2006. 异重流问题学术研讨会文集. 郑州：黄河水利出版社.

第六节　小浪底水库异重流流速和含沙量垂线分布研究①

对水库异重流流速和含沙量垂线分布的研究是探求水库异重流挟沙能力的基础，流速垂线分布主要有对数和指数两种形式。由于河道底部剪力极难测定，因此摩阻流速值的精度不高，在引用对数流速分布公式时会带来一定的误差；而指数流速分布公式结构简单，在 Prandtl（1984）建立指数流速分布公式以后，指数流速分布就代替了对数流速分布。陈永宽（1984）对指数流速分布公式进行了分析，认为在含沙量较高的水流中，指数流速分布公式中的指数为变量时具有较高的精度；张红武和吕昕（1993）也认为指数流速分布公式中的指数取变化值时，精度会更高；惠遇甲（1996）根据黄河和长江实

① 作者：解河海，张金良，刘九玉

测断面的流速及含沙量垂线分布资料，分析发现指数流速分布的指数平均值随含沙量的增高而增大，黄河的指数平均值大于长江的指数平均值；张俊华等（1998）采用典型水库异重流流速分布资料对挟沙水流指数流速分布规律进行了验证，认为含沙量低于250kg/m^3 时指数随含沙量增高而有所增大，含沙量高于 500kg/m^3 时指数随含沙量增高而减小，含沙量介于两者之间时指数变化较小。

对于异重流含沙量垂线分布问题，实验室观测研究较少。Elison 和 Turner（1959）的研究发现，异重流含沙量的垂向变化在接近河底处很小，有一含沙量近似为常数的区域，他们称这一区域为密实层，在该层流速梯度也较小；Lee 和 Yu（1997）得到了相同的结论，他们还发现异重流流速和含沙量有相似的垂线分布形式，而且密实层的厚度大约是异重流厚度的 60%，密实层的平均流速和平均含沙量约为异重流平均流速和平均含沙量的 1.15倍，因此 70%的水量和 80%的沙量在密实层内；张俊华等（1997）通过小浪底水库模型试验研究相似率求异重流相似运动条件的过程中，采用张红武和吕昕（1993）的含沙量分布公式计算异重流含沙量垂线分布，认为该式能用于近底处含沙量分布的推求。

受测量技术和观测条件的限制，在实验室及野外观测的异重流数据精确性得不到保证，对异重流流速和含沙量分布的定量研究存在很大困难，没有对明渠流的研究那么广泛。近年来，随着测量技术水平的提高和观测手段的不断改进，野外和实验室的测量技术有了一定的提高，通过对小浪底水库的几次调水调沙试验也积累了丰富的经验和宝贵的第一手资料，这些为研究异重流奠定了基础。

一、水库异重流流速和含沙量垂线分布

图 2.6-1 为异重流形成前后流速和含沙量垂线分布的沿程变化。挟带一定数量泥沙的浑水水流从水库上游进入水库的壅水段后，随着水流向下游运动，流速和含沙量垂线分布逐渐向不均匀发展，水流最大流速点向库底转移。当浑水水流流速减小到一定值时，浑水水流开始下潜，在潜入区流速和含沙量垂线分布更不均匀，水面处流速为 0，含沙量也很小，几乎为清水，潜入点附近有漂浮物聚集，在野外观测中经常利用这个特点确定异重流发生的位置。潜入区以下为异重流稳定区，异重流的流速和含沙量沿水深分布比较均匀，上层清水形成反向逆流，下层为稳定异重流。

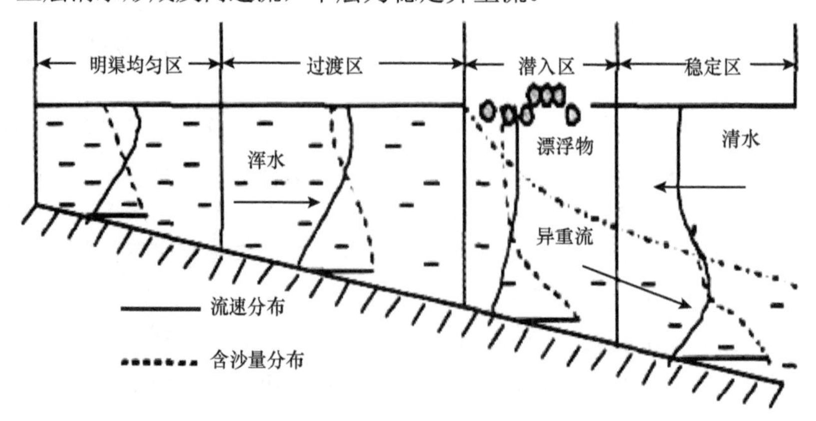

图 2.6-1 异重流流速和含沙量垂线分布沿程变化图

二、小浪底水库异重流流速垂线分布

异重流按流态可分为层流和紊流两种情况。在水库异重流中，层流异重流发生概率比较小，这里主要对紊流异重流进行研究。紊流异重流在垂线上的流速、含沙量分布见图 2.6-2，其中浑水区的厚度为 h'，按照最大流速 u_{max} 所在点的位置，可以分成上下两个区域，其厚度分别为 h_2'及 h_1'。在这两个区域中，流速分布遵循不同的规律。

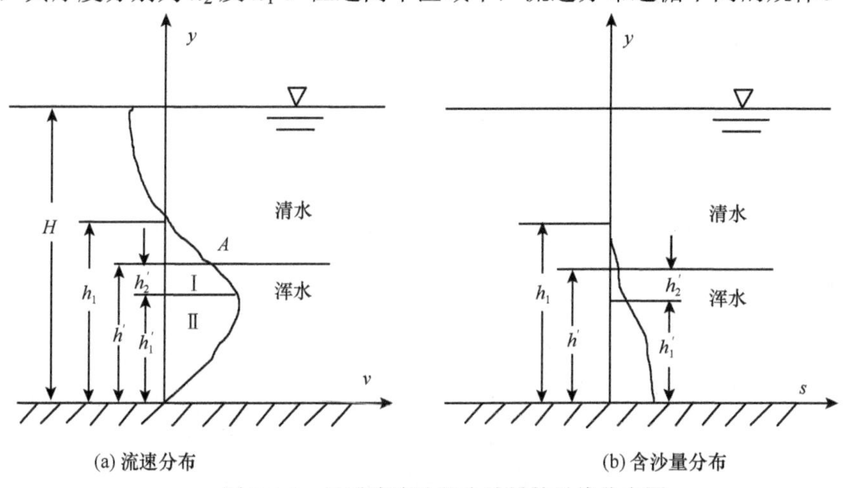

图 2.6-2　异重流流速和含沙量的垂线分布图

对清浑水交界面的形状研究，前人已经做了大量的工作，但是由于异重流清浑水交界面的位置不容易判别，因此各家对异重流清浑水交界面的定义也有所不同。笔者为方便问题的研究和简化计算，采用图 2.6-2 处于最大流速点以上和 0 流速点之下的 A 点作为异重流清浑水交界面。

首先研究最大流速点以下部分的流速分布。在这一区域内，水流没有受到交界面阻力的影响，因此流速分布与一般明渠水流相同。根据法国谢都水利试验所及 BGeza 与 KBogich 的槽底光滑条件下的试验资料，近底处的流速分布基本上遵循对数规律：

$$\frac{u-u_{max}}{U_*}=\frac{1}{\kappa}\log\frac{y}{h_1'} \tag{2.6-1}$$

式中，$U_*=\sqrt{\frac{\tau_0}{\rho}}$，$\tau_0$ 为底部的剪力；κ 为卡门常数，小于清水水流的相应数值，随着该区域内平均流速的加快，κ 逐渐趋近于 0.4。

由于参数不容易确定，因此对数流速分布公式应用很少。根据因次分析的概念提出了如下的指数流速分布公式

$$u=u_{max}\left(\frac{y}{h_1'}\right)^m \tag{2.6-2}$$

式中，u 为距床面高度为 y 处的流速；h_1'为异重流最大流速点下部的异重流厚度；u_{max} 为 $y=h_1'$处的最大流速；m 为指数。

指数流速分布公式的定量描述主要取决于指数 m 的大小。张俊华等（1998）对于含

沙水流中指数流速分布的指数 m 与含沙量之间的关系开展了较为系统的研究，结果显示指数流速分布公式与观测流速分布拟合良好。

2001～2006 年小浪底水库最大流速点以下部分的流速分布可以采用式（2.6-2）描述。通过分析小浪底水库异重流流速分布的指数 m 与断面平均含沙量的关系来确定 m 的取值。m 与断面平均含沙量的关系见图 2.6-3，可以看出虽然数据点有些分散，但也有一定的规律性，m 随着平均含沙量的增高有先增大后减小的趋势。经回归分析，m 可以近似表示为断面平均含沙量的函数：

$$m = -\frac{\bar{S}}{2000}(\bar{S} - 63) \tag{2.6-3}$$

将式（2.6-3）代入式（2.6-2），得

$$u = u_{\max}\left(\frac{y}{h_1'}\right)^{-\frac{\bar{S}}{2000}(\bar{S} - 63)} \tag{2.6-4}$$

式中，$\bar{S}$ 为断面平均含沙量。

图 2.6-2 中小浪底水库异重流最大流速点以下部分的流速分布实测资料是对指数流速分布公式进行的最好验证。由此看出，即使含沙量有较大的变化范围，若采用式(2.6-3)确定式（2.6-2）中的指数 m，根据指数流速公式得到的流速与实测流速也颇为符合。

在异重流与上层清水水流之间的过渡区内，流速分布自 $u_{\max}$ 经过折点 A 而归零，曲线的形状与紊流射流在扩散后的流速分布十分相似，这样的流速分布遵循高斯正常误差定律，即

$$\frac{u}{u_{\max}} = \mathrm{e}^{-\frac{1}{2}\left(\frac{y-h_1'}{\sigma}\right)^2} \tag{2.6-5}$$

式中，σ 为最大流速点至转折点的距离，$u_i = 0.606\,u_{\max}$。从式（2.6-5）不难算出该区域内的平均流速 u_2' 为 $u_{\max}$ 的 86%。

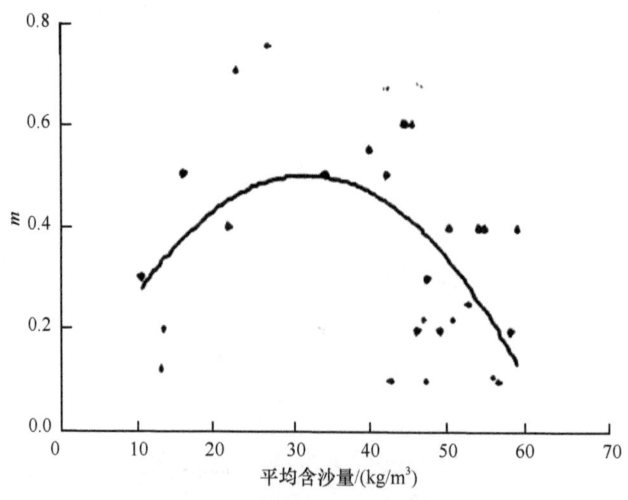

图 2.6-3　m 随断面平均含沙量的变化图

三、小浪底水库异重流含沙量垂线分布

通过分析小浪底等水库实测资料，发现异重流形成之初流速较大，受到的阻力也较大，水流紊动和泥沙的扩散作用使清浑水掺混，水库异重流潜入点附近的含沙量沿垂线梯度变化较小，清浑水交界面不明显。随着时间的推移，异重流逐渐向坝前移动而趋向稳定，清浑水交界处含沙量梯度维持在一个动态平衡状态下，异重流含沙量垂线分布比较不均匀，交界面附近有明显的转折点，清浑水交界面比较清晰。

为了得到小浪底水库异重流的含沙量垂线分布公式，对2001～2006年小浪底水库异重流流速垂线分布进行了分析。由2001～2006年小浪底水库异重流含沙量垂线分布图可以看出：含沙量沿垂线由交界面至河底逐渐增高，并表现出一定的规律性；含沙量的垂线分布符合常数项为S_{max}的抛物线分布，与拟合的抛物线符合良好，可以用下式表达

$$S-S_{max}=a\left(\frac{y}{h}\right)^2-b\left(\frac{y}{h}\right) \tag{2.6-6}$$

式中，S为距离河底高度为y的含沙量；S_{max}为垂线最高含沙量；h为异重流厚度；a、b为系数。

研究发现，系数a、b与最高含沙量的关系较好，可以得到以下的关系式：

$$a=1.1838S_{max}-12.973 \tag{2.6-7}$$

$$b=2.1719S_{max}-19.298 \tag{2.6-8}$$

将式（2.6-7）、式（2.6-8）代入式（2.6-6），得

$$S-S_{max}=(1.1838S_{max}-12.973)\left(\frac{y}{h}\right)^2-(2.1719S_{max}-19.298)\left(\frac{y}{h}\right) \tag{2.6-9}$$

两边同除S_{max}，因最高含沙量较大，故忽略较小项，得到含沙量相对分布计算公式：

$$S/S_{max}=1.1838\left(\frac{y}{h}-0.9173\right)^2+0.004$$

四、结语

本节对小浪底水库异重流流速和含沙量垂线分布进行了研究，结果表明，异重流断面垂线最大流速点下的流速分布符合指数分布，最大流速点上部流速分布可按照高斯正态分布计算，含沙量垂线分布符合常数为最高含沙量的抛物线分布。据此结果导出了异重流流速垂线分布公式和含沙量垂线分布公式，从小浪底水库断面流速和含沙量垂线分布图可以看出，依据公式所得到的结果与实际观测结果符合较好，这说明得到的小浪底水库异重流流速和含沙量垂线分布公式是合理的。

参 考 文 献

陈永宽. 1984. 悬移质含沙量沿垂线分布. 泥沙研究, (1): 31-40.

惠遇甲. 1996. 长江黄河垂线流速和含沙量分布规律. 水利学报, (2): 13-16.
Prandtl L. 1984. 流体力学概论. 郭永怀, 陆士嘉, 译. 北京: 科学出版社.
张红武, 吕昕. 1993. 弯道水力学. 北京: 水利电力出版社.
张俊华, 王艳平, 尚爱亲, 等. 1998. 挟沙水流指数流速分布规律. 泥沙研究, (4): 73-78.
张俊华, 张红武, 李远发, 等. 1997. 水库泥沙模型异重流运动相似条件的研究. 应用基础与工程科学学报, (3): 309-316.
Elison T H, Turner J S. 1959. Turbulent entrainment in stratified flows. Journal of Fluid Mechanics, (6): 423-448.
Lee H Y, Yu W S. 1997. Experimental study of reservoir turbidity current. Journal of Hydraulic Engineering, 123(6): 520-528.
Parker G, Garcia M, Fukushima M, et al. 1987. Experiments on turbidity currents over an erodible bed. Journal of Hydraulic Research, 25(1): 123-147.

第三章　三门峡水库运用与潼关高程研究

第一节　关于三门峡水库若干问题的认识与思考①

一、三门峡水利枢纽建设运用与“四省会议”运用原则

（一）枢纽建设和运用探索历程

1. 枢纽建设阶段

原建阶段［1957年4月至1961年4月（杨庆安等，1995）］：1957年4月13日正式开工，1958年1月25日截流，1961年4月主体工程基本竣工。第一次改建［1965年1月至1968年8月（黄河三门峡水利枢纽志编纂委员会，1993）］：1965年1月枢纽工程开始第一次改建（“两洞四管”），1966～1968年4条钢管、2条隧洞相继投运。第二次改建［1969年12月至1979年1月（黄河三门峡水利枢纽志编纂委员会，1993）］：打开原1#～8#导流底孔，下卧1#～5#发电引水钢管进水口底坎高程至287m，装设5台低水头发电机组。泄流工程二期改建（1984年10月至今）：打开9#、10#底孔、增设一门一机、底孔抗磨蚀处理、门槽改建，6#、7#泄流排沙钢管扩装为发电机组，11#、12#底孔投运。

2. 水库不同运用期

随着枢纽建设及增改建进程，水库运用方式也在不断改进，按运用特点可分为“自然滞洪”期、“蓄水拦沙”期、“滞洪排沙”期和“蓄清排浑”运用期，其中“滞洪排沙”期根据泄流规模又可分为原建规模期、增建规模期和二次改建规模期。不同运用期枢纽泄流设施及水库排沙特征值见表3.1-1。

表3.1-1　不同运用期枢纽泄流设施及水库排沙特征值

运用时期	时间	阶段	315m水位泄量/（m^3/s）	泄流设施	最低进水口底板高程/m	运用年排沙比/%	汛期排沙比/%	建设阶段划分
“自然滞洪”	1958年11月至1960年9月			12底	280			原建阶段1957年4月至1961年4月
“蓄水拦沙”	1960年10月至1962年3月		3084	12深+2表孔	300	6.88		原建泄流规模
“滞洪排沙”	1962年4月至1966年6月	一	3084	12深+2表孔	300	58		原建泄流规模1965年1月第一次改建开始
	1966年7月至1970年6月	二	6102	12深+2洞+4管	290	82.5		1968年8月达到第一次改建泄流规模；1969年12月第二次改建开始
	1970年7月至1973年10月	三	9059	12深+2洞+3管	280	103.5		1971年10月达到第二次改建规模

① 作者：张金良，乐金苟，王育杰

续表

运用时期	时间	阶段	315m 水位泄量/（m³/s）	泄流设施	最低进水口底板高程/m	运用年排沙比/%	汛期排沙比/%	建设阶段划分
“蓄清排浑”	1973 年 10 月至 1985 年 10 月	一	9059	12 深+8 底+2 洞+3 管	280	106.5	122	第二次改建泄流规模；1984 年 10 月开始泄流工程二期改建
	1985 年 11 月至 1990 年 10 月	二	8991	12 深+10 底+2 洞+3 管	280	101.2	122	1990 年 7 月打开 9#、10#底孔；1#～10#底孔出口压低
	1990 年 11 月至今	三	9701	12 深+12 底+2 洞+3 管	280	93.1	119	1991 年 6#、7#钢管扩装为发电机组；1991 年、2000 年 11#、12#底孔投运

注：深、底、洞、管、表孔分别表示深孔、底孔、隧洞、钢管、表面溢流孔；315m 水位泄量为时段末达到的泄量；对于排沙比，“蓄清排浑”运用前为龙门、华县、河津、状头四站沙量和与三门峡沙量之比；“蓄清排浑”运用后为潼关沙量与三门峡沙量之比

根据分析，水库排沙比不仅与水沙条件有关，还与泄流规模有关。由于“蓄清排浑”运用方式排浑主要集中在汛期，表 3.1-1 列出了 1973 年以来水库排沙比的变化情况，随着枢纽泄流规模的增大，排沙比也在增高；但 1986 年以来，由于水沙条件恶化，水库年度排沙比降低较多，但汛期排沙比变化不大。

（二）“四省会议”运用原则

水库经过“蓄水拦沙”运用后，库区潼关以上及渭河、北洛河下游亦发生严重淤积，若继续发展下去，将会威胁关中平原及西安的安全。为减缓水库淤积和渭河洪涝灾害，1962 年 2 月水利电力部决定将三门峡水库运用方式改为“滞洪排沙”，1965 年 1 月国家计划委员会和水利电力部批准实施第一次改建（即“两洞四管”）。

第一次改建完成后，枢纽泄流规模由 3084m³/s 增至 6102m³/s，排沙比由 6.8%增至 82.5%，潼关以下库区由淤积变为冲刷，但冲刷范围尚未影响到潼关。为此，1969 年召开了晋、陕、豫、鲁“四省会议”，会议决定对三门峡水利枢纽进行改建，改建规模是“在坝前 315m 高程时，下泄流量达到 10 000m³/s……”，水库运用原则为：当上游发生特大洪水时，敞开闸门泄洪；当下游花园口站可能发生超过 22 000m³/s 的洪水时，应根据上、下游来水情况，关闭部分或全部闸门，增建的泄水孔原则上应提前关闭，以防增加下游负担，冬季应继续承担下游防凌任务；发电的运用原则为在不影响潼关淤积的前提下，汛期控制水位 305m，必要时可降低到 300m，非汛期为 310m。在运用中应不断总结经验，加以完善。

（三）有关问题思考

1. 第二次改建是成功的

第二次改建完成后，枢纽总泄流能力达 11 100m³/s（高程 315m），其中非机组泄流能力达 9701m³/s，总泄流能力超过了“四省会议”要求的 10 000m³/s。

2. “蓄清排浑”运用方式是科学合理的

水库“蓄清排浑”运用实践证明，在多泥沙河流上修建水库，保持长期有效库容是水库发挥综合利用效益的根本保障，在调节水量的同时进行沙量调节，使出库水沙相适应，保持了长期有效库容。

3. 汛期平水期水库控制水位应做合理调整

根据1974～1999年资料，对各年汛期溯源冲刷相对稳定后1000m³/s流量北村水位$H_{北村稳定}$与汛末潼关高程$H_{潼关汛末}$进行相关分析，发现汛期溯源冲刷稳定后的北村水位$H_{北村稳定}$、汛末北村水位$H_{北村汛末}$均与汛末潼关高程无相关关系，即大禹渡以下河段主要受水库运用影响，潼关河段主要受来水来沙影响。据此，我们认为汛期平水期水库控制水位可做调整。建议在老灵宝附近增设一水位观测站，控制库水位308～312m，研究汛期“洪水排沙、平水发电”合理控制指标。目前枢纽共有泄流底孔12个，泄流能力显著增强（表3.1-2），1964年泄流能力5000m³/s时相应水位为327m，目前若含1#～5#机组泄流，305m水位泄流能力已达6000m³/s。多年运用实践表明，三门峡水库汛期平水期水位可控制在308～312m，这符合“在运用中不断总结经验，加以完善”的“四省会议”精神。

表3.1-2　水库不同时期各级水位泄流能力表（不含机组）

水位/m		285	290	295	300	305	310	315
泄流能力/（m³/s）	1964年	0	0	0	0	612	1728	3084
	1984年	440	880	1894	2872	4529	7227	9059
	2000年	565	1188	2265	3666	5455	7830	9701
	1964～1984年	440	880	1894	2872	3917	5499	5975
	1984～2000年	125	308	371	761	926	603	642

4. 非汛期水库运用

“四省会议”运用原则中所指非汛期发电水位310m，也是“初步计算”。三门峡水库310m水位下的库容只有0.7亿m³左右，调节能力差，由于“冬季应继续承担下游防凌任务”，因此310m水位并不是非汛期水库最高水位，应在兼顾改善库区淤积的条件下，合理确定非汛期水库最高运用水位。

二、三门峡和小浪底水库联合调度

三门峡和小浪底水库均是黄河治理开发规划中四座干流水库之一，小浪底工程的修建，大大提高了黄河下游的防洪标准，这使得某些人产生了小浪底水库能“一库定天下”的错误认识。因此，应对黄河下游河段堤防的重要性及小浪底水库建成投运后三门峡水库的防洪、防凌作用做慎重分析。

（一）三门峡、小浪底水库的防洪与防凌任务

三门峡水库首要任务是防洪，防御特大洪水，对一般洪水不拦蓄，仅起削峰滞洪作

用。其中，在防御下大洪水时，可将黄河下游设防标准（花园口站 22 000m^3/s 重现期）由 28a 一遇提高到 42a 一遇。

建设小浪底水库后，对于 100a 一遇洪水，花园口洪峰流量经三库（故县水库、陆浑水库、三门峡水库）作用后，由 25 780m^3/s 削减至 15 700m^3/s；对于 1000a 一遇洪水，花园口洪峰流量经三库（故县水库、陆浑水库、三门峡水库）作用后，由 34 420m^3/s（各类典型的最大值，下同）削减至 22 500m^3/s。

小浪底水库防凌运用方式和三门峡水库相同，根据拟定的运用方式，采用 1950～1975 年的水文系列年，进行不同水平年调算后，下游所需最大防凌库容分别为：1990 水平年 43.6 亿 m^3，2000 水平年 32.2 亿 m^3。小浪底水库防凌库容设计为 20 亿 m^3，而黄河下游所需防凌库容为 35 亿 m^3，其余 15 亿 m^3 库容必须也只能由三门峡水库承担。

（二）小浪底水库无法“解放”三门峡水库防洪、防凌任务

无论是上大洪水还是下大洪水，小浪底工程对洪峰的削减均是在故县水库、陆浑水库、三门峡水库等水库联合运用基础上进行的。小浪底工程的修建不会引起三门峡水库防洪运用标准的降低，仅使水库在中小洪水时滞洪概率有所降低，对维持库区多年冲淤平衡有利。小浪底水库正常防洪库容只有 40 亿 m^3，且并未控制三花区间（三门峡至花园口区间）的许多支流，三门峡水库防洪库容近 60 亿 m^3，防洪作用较大，“小浪底工程可以解放三门峡水库”的说法并不正确，小浪底水库只是与三门峡、故县、陆浑三库联合运用后，共同提高了下游堤防标准，是逐步解决黄河下游防洪问题的良好开端。同样，在防凌方面，小浪底水库无法也不可能“解放”三门峡水库。

黄河下游河道以宽、浅、散、乱著称，出现横河、滚河、斜河的可能性很大，使得下游堤防在实际运用中存在很多隐患。四库联调后的下游设防标准，在实际运用中可能因某一段堤防的出险而降低。因此，从这个层面讲，小浪底工程的修建仍无法“定天下”。

（三）加强四库联调研究，探索黄河治理开发新思路

1. 四库联调应遵循的基本原则

四库联合调度应遵循：在确保黄河下游防洪、防凌安全的前提下，充分利用水资源，正确处理好排沙减淤、发电、灌溉等之间的关系，获得最大社会效益和经济效益，同时兴利除弊，互为补充和加强。

2. 四库联调对黄河治理开发的启示

众所周知，黄河下游河床呈逐年淤积抬高趋势，河道行洪能力显著减弱，防洪问题在相当长的时间内仍将难以解决。因此，许多工程和措施需要配合运用，才能达到预期目的。近十年，汛期洪水量显著减少、潼关高程居高不下，要适当降低水库非汛期最高运用水位，同时也要加强渭河流域治沙力度，这样才能从根本上彻底有效地解决渭河下游河道淤积和防洪问题。

三、关于枢纽第三次改建问题

（一）目前枢纽排沙能力尚未得到充分发挥

当前三门峡水库 300m 水位下的泄流能力已超过 3600m^3/s，对一般洪水不存在滞洪。提高低水位下的泄流能力是为了加强洪水冲刷力度、降低潼关高程，而汛期潼关高程的降低主要依赖于大洪水沿程冲刷，增大泄流规模、扩大溯源冲刷范围对充分发挥洪水沿程冲刷是有利的，但不是解决问题的根本和关键。1974～1985 年的汛期来水、泄流规模和潼关高程变化已充分证明了这一点。近十几年，汛期入库洪水量大幅度减少，大于 3000m^3/s 的洪峰甚少或者没有（2000 年最大洪峰仅为 220m^3/s），若汛期来水形势不显著改善，希望通过工程改建来实现大幅度降低潼关高程的可能性甚小。此外，水库原运用原则中，“排沙水位 300m、排沙流量 3000m^3/s 以上”等限制水库排沙能力的充分发挥。理论和实践证明，汛期入库洪峰流量 1500m^3/s 以上即应进行排沙运用，洪水到达之前水库应彻底实行敞泄，实际敞泄操作应及早进行，并适当控制库水位降落速度，避免库区护滩或护岸工程出险。只有彻底解决敞泄问题后，并且在汛期洪水量显著增大的条件下，才有可能谈及第三次改建问题。

（二）第三次改建可行性有待深入研究

第三次改建所面临的实际问题有三个：一是增建孔洞的进水口位置、底坎高程、数目、横断面尺寸、穿越路线及出水口位置均难以选择和确定；二是增建孔洞将会对坝体安全构成新的威胁；三是低水位大流量敞泄后会造成潼关以下部分河段严重塌滩、塌岸。即第三次改建受到现场条件制约，可行性有待于进一步深入论证和研究。

（三）为减少坝前右岸淤积，可以适当增建小规模泄流孔

三门峡水库为河道型水库，库区坝前段为一弯道，左岸为凹岸，枢纽泄流排沙建筑物如深孔、底孔、隧洞等均分布在凹岸侧，机组则分布在凸岸侧。根据河流弯道输沙规律，为改善枢纽坝前横向均衡排沙条件，建议在不影响坝体安全的前提下，在右岸侧适当位置增建小规模泄流孔。

参 考 文 献

黄河三门峡水利枢纽志编纂委员会. 1993. 黄河三门峡水利枢纽志. 北京: 中国大百科全书出版社.
三门峡水库运用经验总结项目组. 1994. 黄河三门峡水利枢纽运用研究文集. 郑州: 河南人民出版社.
杨庆安, 龙毓骞, 缪凤举. 1995. 黄河三门峡水利枢纽运用与研究. 郑州: 河南人民出版社.

第二节　汛期潼关高程与其影响因子相关分析[①]

一、引言

三门峡水库自 1960 年 9 月投运至 1999 年，由于原规划设计指导思想和对黄河泥沙

① 作者：张金良，王育杰

认识不足等，经历了长期改建和运用探索。水库运用方式经过了“蓄水拦沙”、“滞洪排沙”和“蓄清排浑”三个阶段。库区冲淤特别是潼关高程问题，多年来一直为各方所关注。本节拟从物理成因分析入手，结合数学方法对汛期潼关高程与其影响因子相关问题加以分析，以期确定对潼关高程真正有影响的因子及其影响程度。

二、汛期潼关高程下降物理成因

潼关高程的主要影响因素有三个方面：天然河道条件、水沙变化和水库运用。影响汛期潼关高程的可能因子是：汛期水量；汛期洪水量；洪水来源与组成；洪峰流量过程及其出现时间；洪峰级别；洪次；悬移质含沙量及床沙组成（颗粒级配）；汛前（初）潼关高程；汛初潼古河段（潼关—古夺河段）的河道比降、河势；汛期水库运用水位；渭河入黄位置；黄河、渭河、北洛河洪峰先后次序等。挑选具有鲜明物理意义的因子是首要的工作。

（一）前期因子

任何一个具有状态量的变量，在某一时段末的状态值，除与过程变化量有关外，还与初始状态量有关，即现实与历史有关。潼关高程也是如此，汛末潼关高程 $H_{汛末}$由汛初潼关高程 $H_{汛初}$和汛期升降量 ΔH 共同决定，即 $H_{汛末}=H_{汛初}+\Delta H$。因此，$H_{汛初}$应作为 $H_{汛末}$的影响因子来考虑。

（二）汛期冲力因子

根据河流动力学理论，多泥沙河流的造床过程主要发生在汛期。根据实际观测，一般条件下，洪水演进到潼关河段与演进到古夺河段的流速基本相等，即 $V_{潼}\approx V_{古}$。因此，可近似认为，在潼古河段洪水水体动能沿程无增减，洪水对河床的冲力来源于水体重力在沿程方向上的分量，能量来源于水流重力势能的部分减少量。由于洪水作用与各方面所消耗的能量关系复杂，很难根据质量守恒和能量守恒建立起床沙冲淤量与影响因子间的简单数学表达式。由于可以认为洪水期潼古河段长度和水面宽度基本不变，为减少冲力因子中子因子（二级因子）的个数，简化表达，不妨将洪水体看作一个整体或系统，不考虑系统中所有的内力，包括耗散力，仅从洪水对河床的总冲量考虑，即认为床沙的冲刷主要与洪水冲量有关。设洪水期单位时间内河床受到的平均冲力为 F，总作用时间为 T，则洪水体对河床的总冲量为

$$P = F\times T = Mg\sin\alpha\times T = Q\rho g\sin\alpha\times T \tag{3.2-1}$$

因为 $Q\times T = W$、$\rho\approx 1+S/1000$、$\sin\alpha\approx\tan\alpha = J$，所以可得 $P = W(1+S/1000)gJ$。其中，g 为常数，所以冲量因子 P 可由 $W(1+S/1000)J$ 表示。上述各式中 M 为洪水期单位时间进入潼关断面的水体质量；Q 为洪水期平均流量；ρ 为洪水体平均密度；α 为汛初潼古河段纵向坡角；J 为汛初潼古河段比降；W 为洪水量；S 为洪水过程的平均含沙量。

（三）其他因子

除上述因子外，汛期潼关高程还受其他因子的影响，如汛期平均库水位、洪水来源

与组成、洪峰流量过程及其出现时间、洪峰级别、洪峰次数、泥沙含量与颗粒级配、潼关附近的河势及河相关系等非确定性因素，这些因子对潼关高程影响的重要性和显著性应通过有关检验规则来决定是引入还是剔除。

三、汛期潼关高程回归模型

汛期潼关高程与一些因子可能有很强的关系，但又很难通过几个简单的因子十分精确地表达潼关高程，这是定量研究潼关高程面临的主要问题。而影响因子间还存在着重要性和独立性问题，因此，宜采用逐步线性回归方法来解决上述问题，并结合有关检验规则合理地建立回归模型。

（一）逐步引入因子

分析的样本取“蓄清排浑”以来（1974～1999 年）的资料，样本容量为 26。一般要求实际多元逐步回归分析中控制线性元数小于样本容量的 1/8，因此，根据现有资料，在潼关高程回归分析中元数不宜超过 3 个。在可选因子中，前期自身因子选择汛初潼关高程与“蓄清排浑”初始潼关高程（326.64m）之差，即 $H_{汛初}$−326.64；汛期冲力因子选择日平均入库流量超过各级流量的洪水量 W、洪水平均含沙量 S；汛前河势因子选择汛初黄淤 41 断面河相关系 $B^{1/2}/h$ 及汛初（7 月）潼古河段比降 J；水库运用因子选择汛期平均库水位 $H_{平均}$等。

在引入因子前，已考虑了因子量纲及其与潼关高程线性关系表达问题。为初步确定这些因子的重要性和显著性，首先进行单相关分析（表 3.2-1），以确定应首先引入哪些因子。

表 3.2-1 单因子与汛末潼关高程相关关系分析结果

项目	相关系数 r	r^2	标准误差	回归平方和 U	残差平方和 Q	方差比统计量 F
$H_{汛初}$−326.64	0.8529	0.7274	0.3278	6.881	2.5790	64.04
汛初潼古河段比降 J	0.0520	0.0027	0.6270	0.0256	9.4349	0.0651
汛期平均库水位	0.2844	0.0809	0.6019	0.7650	8.695	2.111
汛初黄淤 41 断面河相关系	0.1072	0.0115	0.6242	0.1088	9.352	0.2791
W_{1500}	0.7393	0.5466	0.4427	5.171	4.290	28.93
$W_{1500}\rho$	0.7409	0.5490	0.4216	5.194	4.266	29.21
$W_{1500}\rho J$	0.7484	0.5600	0.4164	5.299	4.162	30.55
W_{2000}	0.7316	0.5353	0.4280	5.064	4.396	27.64
$W_{2000}\rho$	0.7361	0.5418	0.4250	5.126	4.335	28.38
$W_{2000}\rho J$	0.7454	0.5556	0.4185	50.262	4.204	30.00
W_{2500}	0.7307	0.5340	0.4286	5.052	4.409	27.50
$W_{2500}\rho$	0.7373	0.5436	0.4241	5.143	4.317	28.59
$W_{2500}\rho J$	0.7472	0.5580	0.4172	5.282	4.178	30.34
W_{3000}	0.7222	0.5215	0.4343	4.934	4.526	26.16
$W_{3000}\rho$	0.7283	0.5305	0.4302	5.018	4.442	17.11
$W_{3000}\rho J$	0.7370	0.5430	0.4244	5.138	4.322	28.53

由表 3.2-1 知，首先应引入 $H_{汛初}$–326.64。接着向回归方程中引入汛期洪水量 W，分析潼关高程与日平均入库流量超过各级流量的洪水量的关系。考虑到洪水期有时含沙量高达 300kg/m^3，已明显地影响水体的密度，间接影响水流对河床的冲量，回归分析中加入密度近似修正因子 S/1000 是必要的，其中，S 为洪水过程的平均含沙量；又考虑到汛初潼古河段比降 J 对洪水冲刷河床的影响不同，根据物理成因分析表达式，将 W、1+S/1000、J 三个因子以非线性形式综合后重新引入回归方程。

为排除假相关的可能性，同时寻求最佳回归效果，实际分析中分别引入 W_{1500}、$W_{1500}(1+S/1000)$、$W_{1500}(1+S/1000)J$、W_{2000}、$W_{2000}(1+S/1000)$、$W_{2000}(1+S/1000)J$、W_{2500}、$W_{2500}(1+S/1000)$、$W_{2500}(1+S/1000)J$、W_{3000}、$W_{3000}(1+S/1000)$、$W_{3000}(1+S/1000)J$ 等因子做了相关计算，结果表明引入 W（1+S/1000）J 类因子后的相关性最强，复相关系数 r 均稳定在 0.9106～0.9150，标准误差为 0.258～0.265，残差平方和为 1.540～1.616。这不但说明潼关高程与因子 $W(1+S/1000)J$ 具有相关性，而且说明日平均流量大于 1500m^3/s、2000m^3/s、2500m^3/s、3000m^3/s 的洪水量对汛期潼关高程的影响略有不同（表 3.2-2），与 $H_{汛初}$–$H_{汛末}$相关性基本一致。同时也表明，潼关高程与因子 W_{2500}（1+S/1000）J 的相关性最强。

表 3.2-2　$H_{汛初}$–326.64、W（1+S/1000）J 与 $H_{汛末}$的回归系数

因子组成	复相关系数 r	截距常数项	$H_{汛初}$–326.64 回归系数	W（1+S/1000）J 回归系数
$H_{汛初}$–326.64 与 $W_{1500}(1+S/1000)J$	0.910 6	326.772 9	0.801 841	–0.001 166
$H_{汛初}$–326.64 与 $W_{2000}(1+S/1000)J$	0.913 4	326.720 9	0.805 942	–0.001 240
$H_{汛初}$–326.64 与 $W_{2500}(1+S/1000)J$	0.915 0	326.688 3	0.804 289	–0.001 406
$H_{汛初}$–326.64 与 $W_{3000}(1+S/1000)J$	0.914 2	326.650 0	0.815 546	–0.001 623

（二）引入与剔除因子的 F_i 检验

根据逐步回归数学理论，依方差大小向回归模型中引入的线性元仅为 2 个的情况下，无须做引入及剔除检验。为分析汛期汛末潼关高程 $H_{汛末}$与平均库水位 $H_{平均}$是否有相关性，接着引入因子 $H_{平均}$。为说明检验过程，将回归方程中含因子 $H_{汛初}$–326.64、W_{2500}（1+S/1000）J 和 $H_{平均}$的各回归平方和 U、残差平方和 Q 列于表 3.2-3，将方差贡献 V_i 列于表 3.2-4。

表 3.2-3　不同因子条件下回归平方和 U、残差平方和 Q 统计表

	$H_{汛初}$–326.64 与 $W_{2500}(1+S/1000)J$	$H_{汛初}$–326.64 与 $H_{平均}$	$W_{2500}(1+S/1000)J$ 与 $H_{平均}$	$H_{汛初}$–326.64、$W_{2500}(1+S/1000)J$ 与 $H_{平均}$
回归平方和 U	7.9202	7.0192	5.3756	7.9366
残差平方和 Q	1.5403	2.4413	4.0849	1.5239
复相关系数 r	0.9149	0.7538	0.8614	0.9159

表 3.2-4　$H_{汛初}$−326.64、W_{2500}（1+S/1000）J、$H_{平均}$的方差贡献和方差贡献比统计表

	$H_{平均}$	$W_{2500}(1+S/1000)J$	$H_{汛初}$−326.64
方差贡献	0.0164	0.9174	2.5610
方差贡献比	0.2368	13.2442	36.9722

根据引入因子检验公式得

$$F_{引i}=V_i^{(L)}(n-p-2)/Q^{(L-1)}=0.0164\times(26-3-2)/1.5403=0.2236 \qquad (3.2\text{-}2)$$

取置信水平 $\alpha=0.05$，查 F 分布表得 $F_{0.05}=4.32$，即 $F_{引i}<F_{0.05}$，$H_{平均}$不可引入回归方程。由于 $H_{平均}$方差贡献最小，根据剔除因子检验公式得

$$F_{剔i}=V_i^{(L)}(n-p-1)/Q^{(L)}=0.0164\times(26-3-1)/1.539=0.2368$$

查 F 分布表得 $F_{0.05}=4.30$，即 $F_{剔i}<F_{0.05}$，所以 $H_{平均}$即使强行引入，根据检验规则也必须予以剔除。

事实上，回归分析中也曾引入汛初黄淤 41 断面河相关系 $B^{1/2}/h$ 等因子，应用逐步线性回归模型方差贡献比进行检验后，做了剔除。

（三）回归方程

根据上述回归计算、检验与分析，将各回归方程中的 $H_{汛初}$−326.64 与其回归系数乘积展开后的常数项部分予以合并，最终所得各类回归方程为

$$H_{汛末}=64.8596+0.801841H_{汛初}-0.001166W_{1500}(1+S/1000)J \qquad (3.2\text{-}3)$$

$$H_{汛末}=63.4680+0.805942H_{汛初}-0.001240W_{2000}(1+S/1000)J \qquad (3.2\text{-}4)$$

$$H_{汛末}=63.9753+0.804289H_{汛初}-0.001406W_{2500}(1+S/1000)J \qquad (3.2\text{-}5)$$

$$H_{汛末}=60.2601+0.815546H_{汛初}-0.001623W_{3000}(1+S/1000)J \qquad (3.2\text{-}6)$$

综合对比回归分析结果发现，汛末潼关高程 $H_{汛末}$与 $H_{汛初}$−326.64、W_{2500}（1+S/1000）J 相关关系最好，其中，$H_{汛末}$与 $H_{汛初}$−326.64 正相关，$H_{汛末}$与 W_{2500}（1+S/1000）J 负相关，复相关系数为 0.9150。

四、综合分析

（1）汛初潼关高程 $H_{汛初}$是 $H_{汛末}$的前期影响因子，相同水沙与比降条件下 $H_{汛初}$越高，$H_{汛末}$也越高。

（2）汛期潼关高程下降值 ΔH 主要与洪水量 W 有关，还与平均含沙量 S 及汛初潼古河段比降 J 有关。

ΔH 与汛期洪水量 W 关系密切。若 W（1+S/1000）J 的回归系数以 b 表示，汛初 J 取 1.8‰，洪水平均含沙量取 20kg/m^3，那么根据 $\Delta W=\Delta H/[b(1+S/1000)J]$，要使汛期 ΔH（即 $H_{汛初}-H_{汛末}$）再增加 0.5m，需 W_{1500}、W_{2000}、W_{2500}、W_{3000} 分别增加 234 亿 m^3、220 亿 m^3、194 亿 m^3、168 亿 m^3。

汛期高含沙大洪水会增强对潼关河床的冲刷作用，若洪水平均含沙量达 220kg/m^3，那么，在洪水量相同的条件下，其对潼关高程的降低作用，将比含沙量为 20kg/m^3 的洪水

增加 19.6%（$\Delta=[(1+S_2/1000)-(1+S_1/1000)]/(1+S_1/1000)=(1.22-1.02)/1.02\approx19.6\%$）。需说明的是，若高含沙大洪水持续时间较长并出现“揭河底”现象，其对潼关高程的降低作用会更大；部分短时间高含沙中、小洪水漫滩淤积时，降低作用可能减小。

若汛初潼古河段主槽比降 $J=2.2‰$，那么，在洪水量相同的条件下，其对潼关高程的降低作用将比 $J=1.8‰$的洪水增加 22%（$\Delta=(J_2-J_1)/J_1=(2.2‰-1.8‰)/1.8‰\approx22.2\%$）。

（3）所得回归方程充分反映了前期潼关高程（$H_{汛初}$）、汛期洪水量、洪水含沙量、汛初潼古河段比降对汛末潼关高程的影响。拟合误差的存在，说明汛期潼关高程仍受其他复杂因素的制约。

五、结语

（1）汛初潼关高程对汛末潼关高程有较大影响；影响汛期潼关高程相对下降量的主要因素为汛期洪水量，其中，W_{2500} 最为重要和显著，其次是 W_{3000}、 W_{2000}、W_{1500}；高含沙大洪水与汛初潼古河段大比降对汛期潼关高程下降有利。

（2）根据水库“蓄清排浑”运用以来的资料分析，汛期平均库水位 $H_{平均}$尚未呈现重要性和显著性，即汛末潼关高程与 $H_{平均}$无相关关系。据此，三门峡水库汛限水位可适当调整。

参考文献

张书农，华国祥. 1988. 河流动力学. 北京：水利电力出版社.
中国科学院地理研究所渭河研究组. 1983. 渭河下游河流地貌. 北京：科学出版社.

第三节 非汛期潼关高程与三门峡水库运用关系分析[①]

一、引言

在三门峡水利枢纽的 42 年（1960～2002 年）运用中，泥沙淤积问题一直是枢纽增建、改建和水库运用的核心问题。1969 年“四省会议”以后，潼关高程（1000m^3/s 流量相应水位）成为各方关注和最为敏感的问题。关于潼关高程上升的成因、主次性质和量化表达等问题的争论颇多，有人认为潼关高程上升完全是由三门峡水库非汛期蓄水运用造成的。为从不同角度分析研究该问题，笔者除对非汛期潼关高程上升成因做定性分析外，还用逐步回归方法对非汛期潼关高程与三门峡水库运用水位之间的关系做了定量计算，以期使小浪底水库投入运用后三门峡水库非汛期运用控制指标更为合理。

二、非汛期潼关高程上升成因分析

（一）潼关高程及其历史升降规律

自 1929 年黄河潼关水文站建站至今，该站基本水尺断面已迁移 7 次，潼关（六）

① 作者：张金良，王育杰，韦春侠，张冠军

断面在建库初期即使用，1977 年黄河小北干流两次“揭河底”后，主流左移，右岸边滩发育，失去了水位观测条件，1978 年被迫迁往左岸（山西省境内）观测，后因河道水位观测条件变化，基本水尺断面又向下游迁移，为保证资料的连续性和可对比性，潼关（六）断面改作水位站继续观测至今，有关研究三门峡库区冲淤变化的分析报告和科研成果中，潼关高程均指潼关测流断面出现 1000m^3/s 流量时，潼关（六）断面相应的水位值。一定程度上，潼关高程反映了潼关河床的冲淤变化情况。

大量的调查资料和研究成果表明，建库前的自然历史时期，潼关高程即呈微升趋势，潼关高程具有“汛期下降、非汛期上升”的年度升降规律，从三国至建库时，潼关河床沉积了 14m 厚的中细沙层（中国科学院地理研究所渭河研究组，1983）。建库前的近 20 年时间内，汛期平均下降 0.28m，非汛期平均上升 0.35m，年均上升 0.07m（焦恩泽，1997）。

专家认为，潼关高程对小北干流和渭河下游起着局部侵蚀基准面的作用。三门峡水库初期“蓄水拦沙”期间（1960 年 10 月至 1962 年 3 月），由于枢纽泄流能力不足和水库运用方式不当，库区泥沙淤积严重，潼关高程由 323.69m 上升为 328.00m；水库“滞洪排沙”期间（1962 年 4 月至 1973 年 10 月），潼关高程一度数年（1967～1970 年）徘徊在 328.50m 左右，泄流规模加大后，1973 年汛末潼关高程降至 326.64m；水库“蓄清排浑”运用后（1973 年 11 月至今），潼关高程曾在较长时段内（1973～1985 年）基本稳定在 326.64～327.20m，1986 年以后特别是进入 20 世纪 90 年代后，由于水沙条件的恶化，潼关高程呈明显上升趋势并居高不下，2001 年汛末潼关高程为 328.23m。从目前情况看，非汛期潼关高程上升主要受来水来沙、河势和三门峡水库运用等因素影响。

（二）水沙变化对非汛期潼关高程的影响

非汛期潼关高程上升并非建库后才出现的规律，建库前数千年时间内，水沙变化等因素引起的非汛期潼关河床上升的规律已经存在。每年由汛期向非汛期过渡过程中，随着汛末床沙的粗化、非汛期流量的减小和悬移质泥沙平均粒径的相对增大，河床逐渐发生淤积并调整其比降，这是历史固有的规律。当然，在水沙变化对潼关高程的影响中，各年非汛期“桃汛”来水和部分年份河道冰塞壅水，会分别对潼关河床造成一定的冲刷、淤积影响。

三门峡水库“蓄清排浑”运用以来，非汛期潼关高程上升值中一部分是由年内水沙变化造成的。自 20 世纪 80 年代后期以来，黄河暴雨减少，加之上游刘家峡水库、龙羊峡水库汛期蓄水运用，来水变化对潼关高程的不利影响日趋突出，三门峡水库汛期来水量、洪水量大为减小且洪峰级别大为降低，在年来水量减小的前提下，非汛期来水比例相对增加（由占全年的 40%增至 60%，如 2000 年），年内来水分配向均匀化方向发展。根据资料分析，汛期潼关高程下降值与汛期来水（或洪水）量呈正比，非汛期潼关高程上升值与非汛期来水量大体呈正比，这也正是“1993 年以来水库防凌、春灌最高运用水位从 326m、324m 降至 322m 以下后，非汛期淤积减少量没有汛期冲刷减少量大，潼关高程持续上升且居高不下”的基本原因。

（三）河势变化对非汛期潼关高程的影响

汛期洪水塑造出的宏观河势状况对非汛期潼关高程具有长期的潜在影响。近 20 年以来，河势对潼关高程的不利影响趋于明显，其中，汇流区、潼古河段及大禹渡—北村河段的影响最具代表性。

汇流区对潼关高程的影响，主要表现在黄淤 41 断面上游黄河主流西倒夺渭，20 世纪 70 年代前期，渭河在汇淤 1 断面附近与黄河呈小于 30°夹角汇合，汇流区并列保留着黄河和渭河的河槽，潼关河床汛期受黄河、渭河洪水交替冲刷。目前渭河口较 1970 年上提约 5km，上提到渭拦 2 断面以上，汇流方向近似正交，黄河河宽拓宽至 3～5km，边滩沙洲发育，水流散乱，汛期洪水相互顶托消耗大量动能，增加了黄河倒灌渭河的机遇，削弱了洪水对潼关河床的冲刷作用和输沙能力，加速了汛期向非汛期过渡时潼关河床的回淤过程。

进入 20 世纪 90 年代后，潼关水文站汛期水量、洪水量分别由多年均值 236 亿 m^3、132 亿 m^3 减少至 110 亿 m^3、40 亿 m^3，3000m^3/s 以上洪水持续天数占汛期天数的比例由 25%减小至 2%左右，20 世纪末 21 世纪初，年汛期洪水量不足 20 世纪 90 年代以前多年均值的 1/4。由于汛期洪水级别的降低、洪水次数和洪水量的减小，洪水输沙、排沙能力严重不足，潼关—大禹渡河段河床长期得不到高含沙大洪水持续、有效地冲刷，潼古河段特别是黄淤 38 断面至黄淤 39 断面间的河段有逐渐向游荡化方向转变的迹象，浅滩、汊道增多，局部河段横断面河相关系由 15～35 增大至 21～42，使床沙与边滩泥沙起动流速对比关系（或相对可动性）发生了变化，1994 年汛后黄淤 39 断面水面线高出潼古河段平均水面线 0.5m 正是由此形成的。河床游荡化发展结果使过流断面单宽流量减小，在非汛期初始几个月水库回水不对该河段造成直接影响的条件下，潼关高程上升、潼关与古夺同流量水位差逐渐减小。

近十几年来，大禹渡—北村河段（特别是黄淤 30 断面至黄淤 27 断面间的河段），河道向弯曲化方向发展，由于河道延长、比降调整，两断面间同流量水位差加大，对非汛期潼关高程也产生了不利影响。1973 年前黄淤 30 断面至黄淤 27 断面间河槽中心线长 13.6km，1992 年汛后达 27.1km，1993 年 8 月自然裁弯后曾缩短 5km，后因缺乏控导措施弯道重新形成，1995 年汛后又接近裁弯前的状况。2001 年汛期再次出现自然裁弯，情况有所好转，但是，大禹渡—北村河段 1000m^3/s 流量水位差仍未恢复到 1978 年的 2.5～3m 水平。这一特点，一方面，使水库在汛期同流量、同坝前水位条件下的溯源冲刷范围相对减小；另一方面，使非汛期回水范围在弯道以上时淤积三角洲洲面基础抬高、淤积加剧，回水范围在北村以下时潼关水文站、北村水文站水位差加大。

（四）三门峡水库运用对非汛期潼关高程的影响及其相关分析

造成非汛期潼关高程上升的因素是多方面的，但不能否认三门峡水库高水位运用会对非汛期潼关高程造成一定的不利影响。

1. 物理因子分析选择

潼关高程是一个状态量，非汛期末潼关高程 $H_{非汛末}$由非汛期初潼关高程 $H_{非汛初}$（前期状态量）和非汛期潼关高程上升量 ΔH（后期过程量）共同决定。由于 $H_{非汛初}$与整个非汛期无关，因此分析非汛期水库运用对潼关高程的影响，实质上就是分析非汛期水库运用对 ΔH 的影响。

为挑选具有鲜明物理意义的因子，首先从水库回水淤积影响条件下潼关高程上升量 ΔH 所表达的基本意义入手进行分析。在一定条件下，潼关高程上升量 ΔH 近似等于潼关附近河床淤积体厚度 Δh，即 $\Delta H = \Delta h$。因潼关附近特别是紧邻潼关以下各断面间的河长 L 和平均河宽 B 变化较小，假设紧邻潼关以下断面的某一河段淤积体体积为 ΔV，淤积体密度为 ρ，那么相应河段河床淤积体厚度 Δh 为 $\Delta V/BL$。由于该河段淤积体体积 ΔV 与相应时段泥沙淤积量 W_s 具有确定性关系，即 $\Delta V=W_s / \rho$，因此 $\Delta H \approx \Delta h = \Delta V / BL=W_s / \rho BL$。由于 ρ、B、L 均为常量，因此非汛期潼关高程上升量 ΔH 与相应时段泥沙淤积量 W_s 呈一次线性关系。而非汛期各级库水位以上的来沙量 $W_{s\geqslant3**}$几乎全部淤积在特定河段，即 $W_s=W_{s\geqslant3**}$，因此，选取 $W_{s\geqslant3**}$作为主要因子来分析对潼关高程的影响，它比用各级运用水位天数 $T_{\geqslant3**}$ 或来水量 $W_{\geqslant3**}$具有更明确的物理意义和代表性。另外，非汛期流量超过 1200m^3/s 的水量 $W_{\geqslant1200}$ 可能对黄淤 41 断面至黄淤 45 断面间的河槽有冲刷作用，“桃汛”期间库水位低于 320m 且流量大于 1500m^3/s 的水量 $W_{\geqslant1500}$ 可能对黄淤 41 断面至黄淤 36 断面间的河槽有冲刷作用。

2. 逐步线性回归计算与分析

为分析最具鲜明物理意义的因子即来沙量 W_s 对潼关高程的影响，首先对非汛期潼关高程上升量 ΔH 与各级水位（≥315m，≥316m，…，≥324m）以上的来沙量 W_s 进行了单相关分析，结果见表 3.3-1。

表 3.3-1　非汛期潼关高程上升量 ΔH 与各级水位以上的来沙量 $W_{s\geqslant3**}$回归分析统计

不同水位	回归统计		方差分析			回归模型参数	
级来沙量	相关系数	标准误差	回归平方和	残差平方和	显著水平	截距	回归系数
$W_{s\geqslant324}$	0.8171	0.1392	0.9336	0.465	48.20	0.338	0.1912
$W_{s\geqslant323}$	0.6028	0.1926	0.5081	0.890	13.70	0.270	0.0805
$W_{s\geqslant322}$	0.5363	0.2037	0.4023	0.996	9.69	0.261	0.0552
$W_{s\geqslant321}$	0.4100	0.2202	0.2351	1.163	4.85	0.250	0.0411
$W_{s\geqslant320}$	0.2691	0.2325	0.1013	1.297	1.87	0.289	0.0242
$W_{s\geqslant319}$	0.1389	0.2391	0.0270	1.371	0.47	0.334	0.0124
$W_{s\geqslant318}$	0.1284	0.2394	0.0230	1.375	0.40	0.325	0.0121
$W_{s\geqslant317}$	0.0907	0.2404	0.0115	1.387	0.20	0.345	0.0086
$W_{s\geqslant316}$	0.0524	0.2411	0.0038	1.395	0.07	0.375	0.0045
$W_{s\geqslant315}$	0.0056	0.2414	0.0000	1.398	0.00	0.414	0.0005

由数学分析理论知，样本、总体的相关系数是不完全一致的，对于总体不相关（ρ=0）的两个随机变量，由于抽样的缘故，其样本的相关系数 r 不一定为 0，而可能有其他值，即 r 也是一个随机变量，因此，需要按一定规则对其进行检验。

由于本次分析样本容量为 26，根据判别、检验相关关系的规则与标准：在不同置信水平下，非汛期潼关高程上升量 ΔH 与水库各级运用水位以上来沙量 $W_{s\geqslant3**}$具有相关关系所需的相关系数最低值 r_d 如图 3.3-1、表 3.3-2 所示。根据表 3.3-1，将非汛期潼关高

程上升量 ΔH 与各级水位以上来沙量 $W_{s\geqslant3**}$的相关系数转变为非汛期潼关高程上升量 ΔH 与水库各级运用水位以上的相关系数曲线（图 3.3-2）。根据图 3.3-1、图 3.3-2，可得出表 3.3-2 中的第 3 行数据，即在不同置信水平下，非汛期潼关高程上升量ΔH 与来沙量 $W_{s\geqslant3**}$具有相关关系时相应的库水位值。

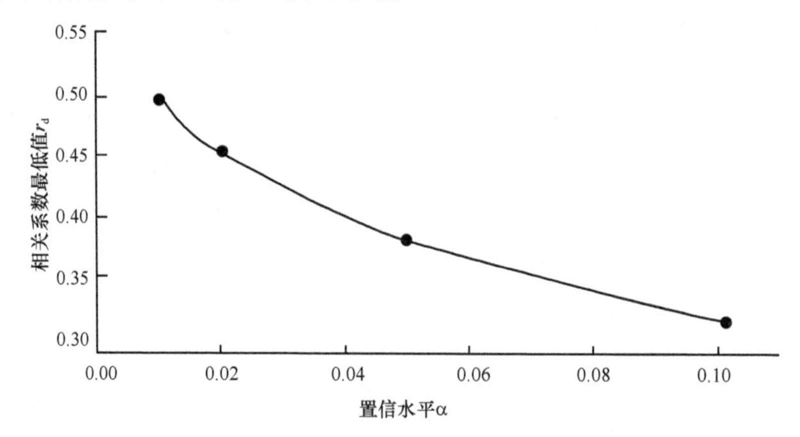

图 3.3-1　不同置信水平下非汛期潼关高程上升量 ΔH 与水库各级运用水位以上来沙量 $W_{s\geqslant3**}$具有相关关系所需的相关系数最低值 r_d

表 3.3-2　不同置信水平下非汛期潼关高程上升量 ΔH与水库各级运用水位以上来沙量 $W_{s\geqslant3**}$具有相关关系所需的相关系数最低值 r_d 及相应的库水位值

不同置信水平 α	0.01	0.02	0.05	0.10
所需相关系数最低值 r_d	0.4994	0.4569	0.3914	0.0024
非汛期潼关高程上升量 ΔH 与来沙量 $W_{s\geqslant3**}$具有相关关系时相应的库水位值/m	322.24	321.83	321.21	320.56

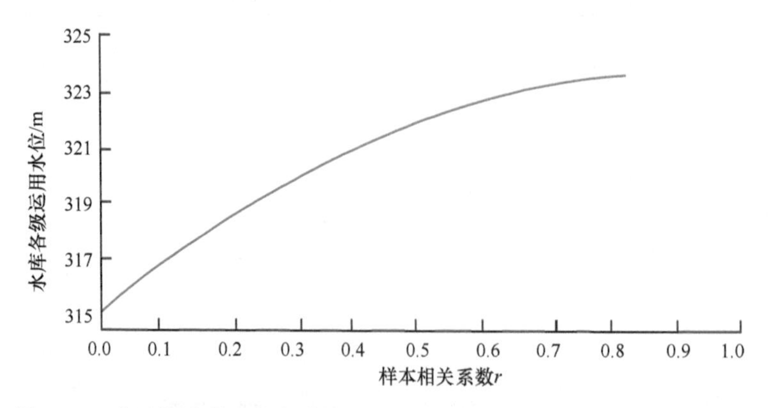

图 3.3-2　非汛期潼关高程上升量 ΔH 与水库各级运用水位以上的相关系数曲线

实际检验时，可取置信水平 α=0.01～0.10。由表 3.3-2 可知，三门峡水库非汛期高水位运用期间，潼关高程上升量 ΔH 与来沙量 W_s 具有相关关系的临界水位为 322.24～320.56m。因此，根据潼关高程上升物理成因分析，结合水库“蓄清排浑”运用 26 年实测资料及逐步线性回归模型计算结果，依据判别、检验相关关系的规则与标准，认为库水位低于临界水位时，ΔH 与相应来沙量 W_s 不具有相关关系。

为进一步分析非汛期末潼关高程$H_{非汛末}$与组合因子（非汛期初潼关高程$H_{非汛初}$及$W_{s\geq324}$、$W_{\geq1200}$、$W_{\geq1500}$）之间是否存在相关关系，逐步引入因子并做相关检验（表 3.3-3）。

表 3.3-3　非汛期末潼关高程 $H_{非汛末}$与组合因子 $H_{非汛初}$、$W_{s\geq32*}$及 $W_{\geq1***}$的回归分析统计

水量因子	沙量因子	复相关系数	残差平方和	回归平方和	显著水平	各因子回归系数			
						截距	$H_{非汛初}$	$W_{s\geq324}$	$W_{\geq1500}$或$W_{\geq1200}$
$W_{\geq1500}$	$W_{s\geq324}$	0.971 6	0.329 1	5.548 3	123.6	27.728	0.916 238	1.65×10^{-4}	$W_{\geq1500}$系数为 0.003 125
	$W_{s\geq320}$	0.934 5	0.744 6	5.132 9	50.56	77.029	0.765 510	2.05×10^{-5}	$W_{\geq1500}$系数为 0.001 242
$W_{\geq1200}$	$W_{s\geq324}$	0.975 5	0.284 0	5.593 5	144.5	17.474	0.947 408	17.3×10^{-4}	$W_{\geq1200}$系数为 0.002 717
	$W_{s\geq320}$	0.934 5	0.744 6	5.132 9	50.56	76.486	0.767 162	1.92×10^{-5}	$W_{\geq1200}$系数为 0.000 701
—	$W_{s\geq324}$	0.968 4	0.365 9	5.511 5	173.2	40.076	0.878 607	15.4×10^{-4}	—

表 3.3-3 中，$H_{非汛末}$与$H_{非汛初}$、$W_{s\geq324}$及$W_{\geq1200}$复相关系数高达 0.9755，似乎有很好的相关关系，但通过分析可知，$W_{s\geq324}$及$W_{\geq1200}$之间不完全独立，$W_{\geq1200}$对潼关高程的影响与库水位及河床纵比降调整过程等复杂因素有关，同时经过检验该因子应予以剔除（$W_{\geq1500}$情况类同）。因此，回归模型中仅保留因子$H_{非汛初}$和库水位高于某级水位以上的来沙量$W_{s\geq324}$，比较因子$W_{s\geq321}$、$W_{s\geq322}$、$W_{s\geq323}$、$W_{s\geq324}$的回归效果，最终所得物理意义明确的最佳回归方程为

$$H_{非汛末}=40.076+0.8786H_{非汛初}+1.54\,W_{s\geq324} \quad (3.3\text{-}1)$$

式中，$H_{非汛末}$、$H_{非汛初}$、$W_{s\geq324}$的单位分别是 m、m、亿 t。

3. 拟合与验证

将原分析资料代入上述回归方程后，所得拟合结果见表 3.3-4。综合表 3.3-1～表 3.3-4 知，$W_{s\geq324}$对非汛期潼关高程上升量ΔH及非汛期末潼关高程$H_{非汛末}$均有重要影响。

表 3.3-4　非汛期末潼关高程 $H_{非汛末}$的回归拟合结果　（单位：m）

年度	计算$H_{非汛末}$	实际$H_{非汛末}$	残差	年度	计算$H_{非汛末}$	实际$H_{非汛末}$	残差
1973～1974 年	327.254	327.19	−0.06	1986～1987 年	327.539	327.30	−0.24
1974～1975 年	327.117	327.23	0.11	1987～1988 年	327.545	327.37	−0.17
1975～1976 年	326.610	326.71	0.10	1988～1989 年	327.558	327.62	0.06
1976～1977 年	327.335	327.37	0.04	1989～1990 年	327.697	327.76	0.06
1977～1978 年	327.301	327.30	0.00	1990～1991 年	327.908	328.02	0.11
1978～1979 年	327.799	327.76	−0.04	1991～1992 年	328.171	328.40	0.23
1979～1980 年	327.925	327.82	−0.11	1992～1993 年	327.644	327.76	0.12
1980～1981 年	327.715	327.62	−0.09	1993～1994 年	328.066	327.95	−0.12
1981～1982 年	327.328	327.44	0.11	1994～1995 年	327.987	328.12	0.13
1982～1983 年	327.433	327.39	−0.04	1995～1996 年	328.470	328.42	−0.05
1983～1984 年	327.094	327.18	0.09	1996～1997 年	328.321	328.24	−0.08
1984～1985 年	327.227	326.96	−0.27	1997～1998 年	328.277	328.28	0.00
1985～1986 年	327.064	327.08	0.02	1998～1999 年	328.365	328.46	0.10

三、合理调整水库运用指标，为降低潼关高程创造有利条件

从各年度及较长时间过程看，潼关高程的升降与汛期洪水量的关系最为密切（张金良和王育杰，2000），但是，在不利的来水来沙条件下，三门峡水库若运用不当，仍会

对潼关高程产生较大影响。在降低潼关高程的措施中，一方面，应加大流域（特别是渭河）泥沙治理步伐，扩大潼古河段人工清淤规模，加强潼关以下库区河道整治，尽早建成东庄、古贤、碛口等调沙水库，并提高渭河下游防洪标准；另一方面，要抓住小浪底水库初期运用的有利契机，适当调整三门峡水库运用指标，合理排沙减淤。

（一）控制非汛期回水影响范围和泥沙淤积部位

自然状态下，非汛期潼关高程也遵从抬高上升的规律。在近期汛期洪水量呈减小趋势的前提下，降低三门峡水库非汛期高水位的运用天数无疑是抑制潼关高程上升的重要手段之一，但是，这种作用也是有限的，当库水位降低到临界影响水位以下时，其回水淤积影响范围与潼关高程几乎无关，这时应合理比较水资源综合利用所产生的社会效益和经济效益。判断水库运用对潼关高程的影响，关键在于非汛期回水造成的淤积是否在汛期得以消除，或泥沙淤积部位是否对潼关高程产生影响。

当非汛期水库运用水位降低到一定程度后，继续降低将失去必要性，因为就脱离回水影响的河道自然淤积及其淤积部位而言，是不能通过非汛期水库运用进行控制和消除的。根据理论分析和实际观测结果，库水位低于 322.24m 时，基本消除了直接淤积对潼关高程的影响；库水位低于 320.56m 时，基本消除了可能产生的间接影响。为避免长时间高水位运用造成淤积上延，继而间接影响潼关高程，水库高水位运用时间应做限时控制，尽可能使淤积三角洲顶点靠近下游。因此，我们认为，要求水库非汛期最高运用水位在 310m 以下或全年敞泄的做法是不可取的。

（二）洪水期最大限度地进行敞泄排沙运用，扩大溯源冲刷范围

众所周知，三门峡水库洪水期的冲刷量远大于平水期，降低非汛期水库最高运用水位只是抑制潼关高程上升的一个方面，要使非汛期起始潼关高程较低，必须充分挖掘枢纽的现有排沙潜力，加大洪水排沙力度。由于近十几年汛期洪水量的大幅度减少和黄淤 27 断面至黄淤 30 断面间长弯道经常出现，汛期大洪水前以一定降速将库水位降至 292m 以下或开启全部排沙底孔实行彻底敞泄是十分必要的，这样既有利于挖掘不利排沙条件下的水库排沙潜力，扩大溯源冲刷范围使其与沿程冲刷范围相衔接，又有益于三门峡出库泥沙输送和小浪底水库淤积部位的改善。

由于数十年来三门峡水库汛期限制水位和排沙水位为 300～305m，近几年水库实际排沙水位为 298m，我们认为，在实际操作中，库水位 298m 以上其降速可不做限制，库水位 298m 以下，控制降速不大于 0.6m/h。

四、结语

非汛期潼关高程受来水来沙、河势和三门峡水库运用等因素综合影响。由于年度来水呈均匀化发展趋势，汇流区的拓宽和渭河口上提，黄淤 38 断面至黄淤 39 断面间的宽浅游荡，黄淤 27 断面至黄淤 30 断面弯曲化发展等非水库运用因素，均对非汛期潼关高程产生不利影响。根据实测资料及有关理论计算分析，在非汛期水库高水位运用这一影响因素中，高水位运用期间的来沙量 W_s 对潼关高程上升量 ΔH 有一定影响，不同置信水平（$\alpha = 0.01$～

0.10）下，其对潼关高程有影响的临界水位不同，其范围为 322.24～320.56m。在汛期发生大洪水的丰水年份，非汛期最高运用水位 326～322.24m 所造成的淤积影响一般可在汛期得以消除；在汛期枯水年份，非汛期水库运用水位低于 320.56m 基本不对潼关高程产生影响。因此，在三门峡水库运用中，只要非汛期能有效地控制回水影响范围与泥沙淤积部位，避免淤积上延，汛期进一步挖掘现有排沙潜力，在大洪水入库前实现彻底敞泄，促进溯源冲刷与沿程冲刷衔接，非汛期三门峡水库运用对潼关高程的影响也就基本消除。

参 考 文 献

焦恩泽. 1997. 潼关高程演变成因分析. 人民黄河, (3): 10-12.
张金良, 王育杰. 2000. 汛期潼关高程与其影响因子相关分析. 泥沙研究, (2): 33-36.
中国科学院地理研究所渭河研究组. 1983. 渭河下游河流地貌. 北京: 科学出版社.

第四节　黄河高含沙洪水“揭河底”机理探讨①

高含沙洪水“揭河底”现象是黄河的一道独特景观，一般发生在黄河中游小北干流河段及渭河下游河段。“揭河底”过程具有强烈的冲刷和造槽作用，能很好地恢复河道过洪能力，一度引起国内外科学工作者的极大兴趣。但由于问题复杂、实测资料少，加之人们对河流泥沙认识有限，对该问题机理的研究尚未取得令人满意和突破性的进展。“揭河底”现象不仅不符合一般河流的冲刷规律，还使“泥沙单颗粒启动学说”面临挑战。本节在有关水流动力荷载理论和研究成果的基础上，结合现有河流动力学理论与经验，对“揭河底”这一特殊现象的内在机理进行分析和探讨。

一、“揭河底”情况概述

（一）前期河床淤积特点

在黄河小北干流河段，发生“揭河底”前期常发生“晾河底”现象。“晾河底”是在河道淤积严重且流量较小的条件下，当地群众对河床裸露情况的形象描述。据一些在黄河龙门站从事过水文测验工作的同志讲，发生“揭河底”前，一般河道淤积相当严重，河床纵比降和横断面形态有一定程度的调整，河床淤积物可能有密实的板块结构和一定的厚度。从龙门河段“揭河底”前期淤积条件看，一般龙门站 700m^3/s 流量的相应水位都高于 378m。

（二）洪水水沙特点

事实上，“揭河底”现象不是经常都能看到的。在河床淤积条件满足后，“揭河底”是在长时间高含沙大洪水过程中偶发形成的，当然也有在含沙量不高且为中小流量条件下发生的“揭河底”现象，但为数不多。就龙门河段的“揭河底”冲刷深度、发展速度、冲刷范围而言，高含沙大洪水过程占主导地位。一般情况下，当龙门站含沙量大于

① 作者：张金良，练继建，王育杰

400kg/m^3、洪峰流量大于 7400m^3/s、大于 5000m^3/s 的流量过程持续 8 小时以上，且高含沙过程与洪峰流量过程基本一致时，容易发生“揭河底”现象。

（三）“揭河底”现象特征

“揭河底”发生前数小时，龙门河段洪水中一般会漂浮大量的树枝、杂草等物，并发出很浓的臭泥腥味，水流浑浊，水面平静，很快就出现滚滚恶浪，河床大泥块被水流掀起露出水面，面积为几平方米甚至十几平方米，有的泥块像墙一样直立起来与水流方向垂直，而后“扑通”一下倒进水中（有的泥块直立两三分钟后才扑入水中），很快就被洪水吞没。河面上大量泥块此起彼伏，顺水流翻腾而下，满河开花，汹涌澎湃，水声震耳欲聋。

龙门河段“揭河底”冲刷一般不沿河宽方向全面发展，而是沿水流方向成带状发展，冲刷历时一般为 10～26h，冲刷深度达 2～10m，冲刷距离达 50～90km。

二、“揭河底”基本物理要素分析

（一）河床淤积物裂痕的形成与边界垂向剪应力的削弱

河床上存在不同期形成的不同层淤积物，随着淤积条件的变化，河床纵比降和横断面形态会进一步调整。当淤积和河床调整达到一定程度时，将出现“晾河底”等现象。此时，河床淤积层会出现裂痕，裂痕进一步发展成裂隙，裂隙间存在振荡的水体和脉动压力，在较长时间作用下，由于淤积物结构及受力发生变化，河床表层淤积物被裂隙分割成互不相连的独立范围，各独立范围之间部分或全部的边界垂向剪应力逐步消失，从而为河床表层淤积物层间分离与咬合力消失创造了有利条件。

（二）河床表层淤积物层间分离与咬合力消失

由于河床淤积物来自不同的地区，淤积的时间各不相同，因此淤积物颗粒大小及其组成结构不同，具有结构分层的特点。来自同一沙源的或同期的淤积物，泥沙颗粒组成相对均匀，结构比较紧密，颗粒间黏结力较大，从而形成单一层；来自不同沙源或不同期的淤积物，泥沙颗粒组成相对不均匀，结构比较松散，颗粒间黏结力较差，从而形成不同层。淤积物的成层分布特点，使层间咬合力在“晾河底”现象发生后特别是当垂向裂痕、裂隙出现后逐渐削弱或消失，使河床出现成层成块的淤积物。

三、随机脉动压力下河床成块淤积物的起动机理

（一）河床成块淤积物的垂向受力分析

成块淤积物受力平衡条件为

$$P_2 = P_1 + G = P_1 + \omega d \gamma_s g \tag{3.4-1}$$

式中，G 为成层块体淤积物自身重力；P_1、P_2 分别为淤积物块体上下表面所受的动水压力，包括平均动水压力和脉动压力；ω 为淤积物块体上表面或下表面面积；d 为淤积物块体厚度；γ_s 为淤积物块体密度。

考虑到脉动压力小于平均动水压力，同时，P_1下偏最大脉动振幅A_1和P_2上偏最大脉动振幅A_2对淤积物块体掀起影响最大，P_1、P_2分别可写为

$$P_1=\left(\Delta P_1+h_\sigma-A_1\right)\omega\gamma_{\mathrm{m}}g \tag{3.4-2}$$

$$P_2=\left(\Delta P_2+h_{\mathrm{s}}+d+A_2\right)\omega\gamma_{\mathrm{m}}g \tag{3.4-3}$$

式中，ΔP_1、ΔP_2分别为下偏、上偏下游水深h_σ时的时均动水压力；γ_{m}为浑水体密度。

将式（3.4-2）、式（3.4-3）代入式（3.4-1），得

$$d=\frac{\gamma_{\mathrm{m}}}{\gamma_{\mathrm{s}}-\gamma_{\mathrm{m}}}\left(\Delta P_2-\Delta P_1+A_1+A_2\right) \tag{3.4-4}$$

ΔP_1、ΔP_2是由泥沙块体表面传入缝内的压力和下游水深之差，与水流的停滞点附近条件有关，若尺度不大，可视为相等，即

$$d=\frac{\gamma_{\mathrm{m}}}{\gamma_{\mathrm{s}}-\gamma_{\mathrm{m}}}\left(A_1+A_2\right) \tag{3.4-5}$$

式（3.4-5）表明，在忽略层间黏结力和块体间边界垂向剪应力的条件下，可能掀动河床淤积物块体的厚度d取决于河床淤积物块体密度γ_{s}、浑水体密度γ_{m}及作用在淤积物块体上下表面的脉动压力最大可能振幅之和。

虽然淤积物块体的上下表面作用着两个不同过程的随机脉动压力，但由于上下表面上的脉动相位不同，脉动强度大体相同，振幅分布呈正态性，因此可通过一个样本函数的统计特性来表示两个随机脉动压力的合力振幅域，即用表面脉动压力基本可以代表上下表面的合力（崔广涛和练继建，1999），即

$$d=\frac{\gamma_{\mathrm{m}}}{\gamma_{\mathrm{s}}-\gamma_{\mathrm{m}}}2A_{\max} \tag{3.4-6}$$

式中，$A_{\max}$为最大脉动压强振幅。

（二）最大脉动压强振幅$A_{\max}$的确定

脉动压强与时均压强的大小无关，而大致与断面平均流速水头成正比（华东水利学院，1984），即

$$A_{\max}=\delta\frac{v^2}{2g} \tag{3.4-7}$$

式中，δ为最大脉动压强系数。依据脉动压强的成因，最大脉动压强系数应随边界情况及水流结构而变，当边界越不平顺且水流旋滚时，δ越大，依据现有资料，淤积物块体起动时的最大脉动压强系数可取0.05，即

$$d=\frac{\gamma_{\mathrm{m}}}{\gamma_{\mathrm{s}}-\gamma_{\mathrm{m}}}2A_{\max}=\frac{\gamma_{\mathrm{m}}\delta v^2}{\left(\gamma_{\mathrm{s}}-\gamma_{\mathrm{m}}\right)g} \tag{3.4-8}$$

（三）糙率系数及平均流速的表示

高含沙水流在紊动充分时，其断面平均流速可用曼宁公式表示（张瑞瑾等，1989；齐璞等，1993），即

$$v = \frac{1}{n} R^{3/2} J^{1/2} \tag{3.4-9}$$

式中，糙率系数 n 又可表示为

$$n = \frac{R_{\mathrm{s}}^{1.6}}{A'\sqrt{g}} \tag{3.4-10}$$

式中，R_{s} 为床面粗度，可用床沙平均粒径表示；A' 是系数，其与相对糙度 k/k_s 有关，对于黄河小北干流，可借用黄河下游资料，取 $A'=6.07$。

根据实际观测情况，发生“揭河底”前，一般河道为宽浅河道，在中尺度涡旋产生时，水体动能向底层传递，底层紊动、脉动特性增强。由于中尺度涡旋为载能涡旋（张书农和华国祥，1988），因此底层流速略小于或接近于断面平均流速。涡旋存在和活跃期间，底层流速的大小对淤积物块体所受脉动压力大小有重要影响，因此可用断面平均流速表示每个涡旋活跃期间的底层流速，以流量、河槽形态参数等表示水力半径（赵业安等，1998），将其代入式（3.4-9），得

$$v = \left(\frac{A'\sqrt{gJ'}}{R_{\mathrm{s}}^{1/6}} \right)^{3/4} \times \left(\frac{Q}{M} \right)^{1/4} \tag{3.4-11}$$

式中，J' 为能坡；R_{s} 为床面粗度；Q 为流量；M 为河槽形态参数。

（四）可能掀起的淤积物块体最大厚度计算

将式（3.4-11）代入式（3.4-8），则可计算出可能掀起的淤积物块体最大厚度：

$$d = \frac{\delta \gamma_{\mathrm{m}}}{(\gamma_{\mathrm{s}} - \gamma_{\mathrm{m}}) g} \left(\frac{A'\sqrt{gJ'}}{R_{\mathrm{s}}^{1/6}} \right)^{3/2} \times \left(\frac{Q}{M} \right)^{1/2} \tag{3.4-12}$$

（五）淤积物块体可能起动条件判断

根据上述分析可知，河床淤积物块体能否被掀起，或者说能否产生“揭河底”现象，主要取决于各种条件的综合结果，其中包括前期河床淤积形态与调整情况、淤积物密度与相对糙度、淤积物块体形成情况及分层厚度、淤积物块体边界切应力存留情况、洪峰流量与含沙量大小、洪水过程持续时间长短、河槽形态参数、涡旋尺度、底层垂向脉动压力强弱、脉动压力在淤积物块体上下表面的相位分布与相位反向叠加概率等。若河床上存在一定厚度的淤积物块体，则块体周围存留的边界切应力可以忽略。通过式（3.4-12）计算，可作如下判断：①当河床淤积物块体的厚度小于计算值 d 时，在长时间涡旋水流脉动压力的作用下，有可能使河床淤积物块体被掀起，即产生“揭河底”现象，这种情况下，若水深较小或淤积物块体纵向较长且结构紧密，则在河道水面上可看到被掀起的淤积物块体，若水深较大或淤积物块体纵向较短或结构性差，在河道水面上就看不到被掀起的淤积物块体，但是，无论被冲起的淤积物块体是否露出水面，都应该属于“揭河底”现象之列；②当河床淤积物块体的厚度大于计算值 d 时，不会发生“揭河底”现象。即使洪峰流量和含沙量都较大，洪水过程较长，并且有涡旋形成与活动，其所产生的冲刷仍属一般意义上的河床冲刷。

四、"揭河底"现象基本机理分析

（一）高含沙水流的紊动能量分布与悬浮功变化

以往的研究表明，清水湍流的紊动能量主要集中在n＜20Hz 的范围内，通常将n=0～2Hz 称为低频范围，将n＝2～20Hz 称为主频范围，而将n＞20Hz 称为高频范围。实验资料表明，挟沙紊流中，n＞50Hz 的紊动能量非常微弱，数值接近于零，因此，目前分析仅限于n＜50Hz 范围内。

惠遇甲等（2000）认为，挟沙紊流中，n＞20Hz 的紊动能量占全部紊动能量的比例不足 10%，高含沙量时，高频紊动能量所占比例更小，在 5%以下。n＝2～20Hz 的主频范围，紊动能量占 5%左右，能量主要集中在低频范围。在同一含沙量下，随着水流强度的增大，低频能量减小，主频能量由低频紊动转移到高频紊动，而在雷诺数相近时，随着含沙量增高，低频能量增大，主频能量会减小，能量传递受到抑制，说明高含沙水流下部流区多为高频紊动，但在非常靠近床面的流层却存在低频大尺度紊动。与此同时，高含沙洪水使水流可能掀起或悬浮的成块淤积物有效重力大大减小，悬浮功变小（孙厚钧和宋锡铭，1996）。

（二）"揭河底"发生的主要原因

在高含沙水流中，由于大尺度涡旋具有不稳定性，因此在掺混过程中，会不断分解成中尺度涡旋，即载能涡旋，涡旋使紊动增强，流速略有降低，水深有所加大，水体能量向底部传递和转移。床面流层内低频大中尺度紊动的增强，使脉动流速和压强增强，产生双方面的结果：一方面，脉动压力满足了起动的边界条件，使淤积物块体被掀起；另一方面，紊动增强后提高了水流挟沙能力，使掀起的淤积物块体被冲散带走，这将使"揭河底"过程持续下去。由此可知，低频大中尺度紊动能量增大是发生"揭河底"现象的主要原因。

实际现象观测证实了上述分析。1969 年 7 月 28 日，程龙渊等（1999）现场观测到黄河龙门河段禹门口断面的"揭河底"现象，在发生"揭河底"现象前，禹门口外断面上出现一道斜跨全河的涡旋水流，好像一道"水堤"将水流阻挡。"水堤"顶高出上游水面 1～2m，水流湍急。

由上述现象描述可知，跨全河的大尺度涡旋由于不稳定，在掺混过程中分解成载能涡体并传递到床面区，使床面区低频大中尺度紊动增强，从而使脉动压力及其他物理边界条件满足淤积物块体起动条件，发生"揭河底"现象。

五、"揭河底"厚度计算分析

（一）单次揭底厚度计算分析

根据汛期龙门河段历史水文泥沙资料，一般条件下，可取δ= 0.05，γ_s = 1.87t/m^3，A′=6.07，J'=3.8‰，R_s = 0.085mm，M = 100，将其代入式（3.4-12）进行计算，可得出有关数据。

从式（3.4-12）可以看出，同样条件下，γ_m、J'、Q 越大，实际可能的单次"揭河底”最大厚度 d 也越大；R_s、M 越大，则实际可能的单次“揭河底”最大厚度 d 越小。从一般条件下的理论计算结果看，实际单次“揭河底”最大厚度 d 与理论计算值基本一致，即通常单次“揭河底”最大厚度为0.2～0.5m。

需要指出的是，式（3.4-12）为符合有关假设条件时的理论计算公式。实际判别中，上述所取数据与每次“揭河底”发生时的实际可能值会有一定差别，例如，“揭河底”前期的“晾河底”过程有可能使河床表层淤积物脱水，使 $\gamma_s < 1.87\text{t/m}^3$，或者由于跌坎的存在使实际比降 $J > 3.8‰$，结果使不同流量级下的实际单次“揭河底”最大厚度 d 大于计算值。同样，其他参数如 A'、R_s、M 等及当时当地的涡旋活动强弱对实际单次“揭河底”最大厚度的判别也会有一定的影响。

（二）场次洪水“揭河底”冲刷深度分析

一场洪水对河床的冲刷总深度是一般意义上的冲刷和“揭河底”冲刷两部分叠加的结果，每次洪水过程中的“揭河底”冲刷厚度由多次单层“揭河底”来完成。当多次单层“揭河底”后，河床淤积物及水流条件不再满足有关“揭河底”冲刷条件时，本次洪水所产生的“揭河底”冲刷过程也就结束了。

“揭河底”是一种自河道上游向下游发展的强烈冲刷现象，是高含沙洪水塑造窄深河槽时最为突出的表现形式。历史资料表明，黄河小北干流河段场次洪水“揭河底”冲刷深度一般为2～10m。根据多年实际经验与规律，一般条件下，纵比降较小的黄河小北干流宽浅河段具有“多淤则多冲、多来则多排”的特点。由此可判断如下：在同样的洪水水沙与其他因子条件下，前期淤积越严重，洪水“揭河底”冲刷厚度越大；反之，冲刷厚度越小。同样，河床淤积物分层分块性越强、洪峰流量越大、含沙量越高、洪水持续过程时间越长、涡旋运动引起的水流底层压强脉动越强烈，“揭河底”冲刷深度越大。

六、历史资料计算与验证

在忽略层间黏结力和块体间的边界垂向剪应力条件下，式（3.4-8）和式（3.4-12）为符合有关假设条件时可能掀动河床淤积物块体最大厚度 d 的理论计算公式，即河床实际存在的淤积物块体厚度必须满足 $d_{实际} < d_{计算}$。从实际形成“揭河底”现象的条件看，这一关系只是必要条件，而不是充分条件，换言之，不满足这一条件是不可能产生“揭河底”现象的。现对黄河小北干流河段及渭河下游河段部分历史资料进行分析和验证。

（一）黄河小北干流河段资料计算与验证

水文泥沙资料表明，历史上曾有龙门站含沙量超过400kg/m^3 但未发生“揭河底”现象的情况。另外，据文献记载和历史调查，1933年和1942年曾发生“揭河底”现象。有实测水文泥沙资料以后，龙门—潼关河段有8次高含沙大洪水发生了显著的“揭河底”过程（表3.4-1）。由于缺乏完整的历史实测资料，为便于分析对比，不妨对如下物理量取平均值，即最大脉动压强系数 $\delta = 0.05$，河床淤积物块体密度 $\gamma_s = 1.87\text{t/m}^3$，系数 $A' = 6.07$，河道能坡等于河道比降 $J' = J = 3.8‰$，床面粗度 $R_s = 0.10\text{mm}$，河槽形态参数 $M = 100$。

经资料计算分析和对比可知，一般单次“揭河底”最大厚度 $d = 0.2 \sim 0.5\text{m}$。场次洪水实际多次“揭河底”总冲刷深度 $H_{揭} = 2 \sim 9\text{m}$，场次洪水实际单层“揭河底”次数最少为 5～15 次，计算值与实际观测情况基本一致或接近。

表 3.4-1　黄河龙门—潼关河段 8 次高含沙大洪水“揭河底”资料计算对比

时段	最高含沙量 S/（kg/m³）	浑水密度 γ_m/（t/m³）	洪峰流量 Q/（m³/s）	计算最大单次“揭河底”厚度 d/m	实际多次“揭河底”冲刷深度 H/m	单层“揭河底”冲刷最少次数	洪水全过程冲刷深度 $H_{全}$/m
1951 年 8 月 15 日	542	1.337	13 700	0.352	2.60	7.4	—
1954 年 8 月 31～9 月 6 日	605	1.337	11 500	0.359	2.00	5.6	—
1964 年 7 月 6～7 日	695	1.433	10 200	0.397	3.60	9.1	2.34
1966 年 7 月 16～20 日	933	1.581	7 460	0.566	7.50	13.2	7.55
1969 年 7 月 26～29 日	740	1.461	8 860	0.406	3.00	7.5	2.48
1970 年 8 月 1～5 日	826	1.514	13 800	0.599	9.00	15.0	6.59
1977 年 7 月 6～8 日	690	1.430	14 500	0.469	4.80	10.2	4.05
1977 年 8 月 5～8 日	821	1.511	12 700	0.569	2.88	5.1	3.62

需要说明的是，表 3.4-1 中洪水全过程冲刷深度小于实际多次“揭河底”总冲刷深度，洪水全过程冲刷量是“涨冲、‘揭河底’冲刷、落淤”等几个分过程叠加的结果。

（二）渭河下游河段资料计算验证

当渭河下游出现以泾河来水为主的高含沙大洪水时，有可能发生强烈的“揭河底”现象。三门峡水库修建后，有实测资料以来渭河下游共发生过 4 次“揭河底”现象（表 3.4-2），其特点是，主槽冲刷、滩地淤高、滩槽高差加大、河势归顺、河床粗化。根据 1964～1970 年渭河下游“揭河底”资料，渭河下游与黄河小北干流相比具有如下特点：“揭河底”所必须具备的洪峰流量相对较小、比降较小、床沙较细。计算结果表明，渭河下游单次“揭河底”最大厚度较小，只有 0.141～0.304m；场次洪水实际多次“揭河底”总冲刷深度较小，为 0.70～1.40m；场次洪水所需要的单层“揭河底”冲刷最少次数较少，为 2.9～5.0 次；“揭河底”冲刷强度、幅度均较黄河小北干流河段弱，这与实际观测情况一致。

表 3.4-2　渭河下游 4 次“揭河底”资料计算对比

时段	最高含沙量 S/（kg/m³）	浑水密度 γ_s/（t/m³）	洪峰流量 Q/（m³/s）	计算单次“揭河底”最大厚度 d/m	实际冲刷深度 H/m	单层“揭河底”冲刷最少次数
1964 年 7 月 16～21 日	602	1.375	2180	0.141	0.70	5.0
1964 年 8 月 12～17 日	670	1.417	4970	0.239	0.70	2.9
1966 年 7 月 26～31 日	688	1.428	7520	0.304	1.40	4.6
1970 年 8 月 2～10 日	801	1.499	2700	0.227	0.80	3.5

七、结语

“揭河底”是一种特殊的河流冲刷现象，其中包含着许多尚未认识的复杂规律，在河流动力学和泥沙学领域，还有待于深入系统地研究。通过此次分析研究和实测资料计算验证，初步认为，当河床淤积导致纵比降和横断面形态调整到一定程度并发生“晾河底”等现象后，就为河床成层成块淤积物的形成和块体边界剪应力及层间黏结力的削弱或消失创造了条件。高含沙洪水的出现使水流可能掀起或悬浮的成块淤积物的有效重力减小，悬浮功变小。受河床边界条件影响出现大中尺度涡旋，水体动能向底层传递，底层紊动、脉动特性增强，在忽略层间黏结力和块体间的边界垂向剪应力条件下，水体可能掀动的河床淤积物块体最大厚度与淤积物密度γ_s、浑水体密度γ_m、糙率系数、底层流速或平均流速等有关。当河床淤积物块体厚度小于计算值时，由涡旋引起的垂向脉动增强可促发“揭河底”现象。由“揭河底”现象可知，在高含沙水流条件下，泥沙群体组合（片体、块体）起动方式为脉动压力起动。

参 考 文 献

程龙渊, 刘栓明, 肖俊法, 等. 1999. 三门峡库区水文泥沙实验研究. 郑州: 黄河水利出版社.
崔广涛, 练继建. 1999. 水流动力荷载与流固相互作用. 北京: 中国水利水电出版社.
华东水利学院. 1984. 水力学: 下册. 北京: 科学出版社.
惠遇甲, 李义天, 胡春宏, 等. 2000. 高含沙水流紊动结构和非均匀沙运动规律的研究. 武汉: 武汉水利电力大学出版社.
齐璞, 赵文林, 杨美卿. 1993. 黄河高含沙水流运动规律及应用前景. 北京: 科学出版社.
孙厚钧, 宋锡铭. 1996. 激流促紊输沙构想的机理探讨与实施刍议. 北京建工学院学报, 12(3): 4-14.
张瑞瑾, 谢鉴衡, 王明甫, 等. 1989. 河流泥沙动力学. 北京: 水利电力出版社.
张书农, 华国祥. 1988. 河流动力学. 北京: 水利电力出版社.
赵业安, 周文浩, 费祥俊, 等. 1998. 黄河下游河道演变基本规律. 郑州: 黄河水利出版社.

第四章 水沙调控研究

第一节 实施洪水泥沙管理 维持黄河健康生命[①]

一、引言

逐水而居，是人类生存发展史上人与自然共生共存现象的高度概括，河流早已和人们的生活融为一体，人类生存离不开水，不受控制的水又威胁着人类的生存。所以，人们建了水库，修了大堤，天然径流得到调节，洪水得到控制，荒滩改造成了良田。但是，堤防愈来愈长、愈高，河床不断淤积，民垸林立，湖泊围垦，造成小洪水高水位的局面，一逢汛期，险情迭出，不得不投入十万、百万人力抢险；水资源的过度开发使河道干涸断流，下游生存条件持续性恶化。

河流的高度开发利用，带来了灌溉、供水、发电、防洪等巨大的经济效益，但天然洪水消失了，水库淤积了，河床抬高了，河道断流了……这种现象在多泥沙河流上尤为严重。河流和人类一样是有生命的，人类对水、河流的开发利用应有一定限度，否则就会影响河流的健康，进而影响人类自己。

一般来说，针对我国河流的特性，可将河流按含沙量大小相对地划分为几个类型：将平均含沙量超过 5.0kg/m^3 的称为高含沙河流（多沙河流），如黄河、海河；将平均含沙量为 1.5～5.0kg/m^3 的称为大含沙河流（次多沙河流），如辽河、汉江；将平均含沙量为 0.4～1.5kg/m^3 的称为中含沙河流（中沙河流），如长江、松花江。黄河是中国第二大河流、世界第五长河，其输沙量、含沙量均为世界之最，是一条举世闻名的高含沙河流，在世界大江大河中是绝无仅有的。黄河的河流生命因其多沙而更为脆弱，人们在长期治黄实践探索中，提出了处理和利用泥沙的 5 项措施，即“拦、排、放、调、挖”。“拦”就是充分利用水土保持措施和干支流枢纽拦减泥沙；“排”就是利用黄河下游河道尽可能多地排沙入海；“放”就是利用黄河两岸合适的地形放淤；“挖”简单地说，就是人工挖河；“调”就是调水调沙。在充分考虑黄河下游河道输沙能力的前提下，利用干支流水库的调节库容，对水沙进行有效的控制和调节，适时蓄存或泄放，调整天然水沙过程，使不适应的水沙过程尽可能协调，以便于输送泥沙，从而减轻下游河道淤积，甚至达到不淤或冲刷的效果。

黄河当前存在洪水威胁、下游悬河发育、水资源短缺、河道断流、河床持续抬高、滩区居住大量群众等一系列问题和相互交织的矛盾，通过黄河三次调水调沙试验、黄河小北干流放淤试验及“二级悬河”治理探讨，逐步探索出人、水、沙和谐相处的黄河下游河道治理方略，即“稳定主槽、调水调沙、宽河固堤、政策补偿”。

---

① 作者：张金良，魏军

二、维持黄河健康生命在下游水沙管理方面的内涵

维持黄河健康生命是一种新的治河理念，其初步理论框架为：维持黄河健康生命是黄河治理的终极目标；“堤防不决口，河道不断流，污染不超标，河床不抬高”是体现其终极目标的四个主要标志。河流生命的核心是水，命脉是流动。河流生命的形成、发展与演变是一个自然过程，有其自身的发展规律，并对外界行为有巨大的反作用力和规范性。初步考虑，要实现维持黄河健康生命的目标，黄河治理应通过 9 条途径：①减少入黄泥沙的措施建设；②流域及相关地区水资源利用的有效管理；③增加黄河水资源量的外流域调水方案研究；④黄河水沙调控体系建设；⑤为黄河下游河道制定科学合理的治理方略；⑥使下游河道主槽不萎缩的水量及其过程塑造；⑦满足降低污径比使水质不超标的水量补充要求；⑧治理黄河河口，以尽量减少其对下游河道的反馈影响；⑨黄河三角洲生态系统的良性维持。

对于黄河下游的洪水泥沙管理，维持黄河健康生命的内涵具体可描述为：利用中游水库群的水沙联合调度塑造协调的水沙关系，恢复、维持下游主槽的过流能力；利用人工、自然的措施逐步缓解“二级悬河”严峻形势，调整滩槽洪水期分流比，减少“横河、斜河、滚河、顺堤行洪”的概率，确保黄河安澜；将具有典型滞洪、沉沙功能的黄河下游滩区纳入蓄滞洪区管理，滩区享受国家蓄滞洪区补偿政策，从政策面上构筑人、水、沙和谐的管理环境，以使洪水泥沙管理能够实施和延续。

三、黄河中下游洪水控制现状

黄河中下游洪水的发生时间一般为 7～10 月，根据历史资料的统计，将黄河中下游洪水分为 3 种不同类型，即“上大洪水”、“下大洪水”和“上下较大洪水”。“上大洪水”是指以三门峡以上的河龙区间（河口镇—龙门）和龙三区间（龙门—三门峡）来水为主形成的洪水，其特点是洪峰高、洪量大、含沙量高，对黄河下游防洪威胁严重，如 1843 年调查洪水、1933 年实测洪水。“下大洪水”是指以三门峡至花园口区间干支流来水为主形成的洪水，具有洪峰高、涨势猛、洪量集中、含沙量低、预见期短的特点，对黄河下游防洪威胁最为严重，如 1761 年调查洪水、1958 年实测洪水。“上下较大洪水”是指以三门峡以上的龙三区间和三门峡以下的三花区间来水共同组成的洪水，其特点是洪峰较低、历时长、含沙量较低，对下游防洪也有相当威胁，如 1957 年实测洪水。

黄河下游防洪的关键性控制工程——小浪底水利枢纽工程已经建成，并于 2001 年投入运用。小浪底水库设计总库容 126.5 亿 m^3，包括拦沙库容 75.5 亿 m^3，防洪库容 40.5 亿 m^3，调水调沙库容 10.5 亿 m^3。除了正在规划阶段的中游碛口、古贤等水库外，黄河中下游的防洪体系已基本建立。1998 年以来，国家又加大了对黄河下游治理的投入力度，开展了下游堤防加高加固、险点处理、险工加高改建和河道整治工程建设，形成了河道工程体系，东平湖、北金堤、南北展等分滞洪区形成了分滞洪体系。水文、通信、组织指挥、抢险救灾等防洪非工程措施也在近年来得到了发展和提高，整体上黄河下游防洪形势明显改观。

上述工程体系“上拦下排，两岸分滞”和非工程措施构成了当前黄河下游总的洪水控制现状。具体表现为：①小浪底水库和三门峡、故县、陆浑三座水库联合调度，调蓄洪水，显著削减了黄河下游稀遇洪水，使花园口断面 100a 一遇洪峰流量由 29 200m^3/s 削减到 15 700m^3/s，1000a 一遇洪峰流量由 42 100m^3/s 削减到 22 600m^3/s，接近花园口站设防流量 22 000m^3/s，“上大洪水”逐步得到控制，“下大洪水”和“上下较大洪水”得到一定程度的控制；②利用小浪底水库的拦沙和调水调沙库容可减轻下游河道淤积 76 亿 t，相当于 20 年左右的淤积量；③堤防已经满足 2000 年水平设计水位的高度要求，抗洪能力得到加强，同时高村以下河势也得到初步控制。

四、洪水泥沙管理的实现途径

黄河复杂难治的主要症结在于水少沙多、水沙关系不协调，因此，只有认识和处理洪水与泥沙问题，才能真正实现由洪水控制向洪水泥沙管理的转变。

自古以来，黄河洪水威胁一直是中华民族的心腹之患。经过多年建设，现已初步形成“上拦下排，两岸分滞”的工程体系，基本具备了控制和处理洪水的“硬件”。同时，随着“数字黄河”工程建设的加快，“数字防汛”等一系列“软件”逐步配套，这些“硬件”和“软件”构成了较为完整的黄河防洪体系。依靠这一体系，可以针对不同量级的洪水实施有效控制和高效利用，也可以根据治黄需求，通过联合调度塑造洪水，防止河道萎缩，减少河道淤积，实现由过去单一控制洪水向洪水泥沙管理的转变。

（一）有效控制黄河大洪水，贯彻水沙联调的指导思想

对于黄河大洪水和特大洪水，要致力于提高控制能力，依据水文预报、工程布局和可控能力，按照科学合理的洪水处理方案，通过干支流水库的联合调度和蓄滞洪区的适时启用，将洪水控制在两岸标准化堤防之间，确保大堤不决口，尽最大努力减少灾害损失。同时，黄河大洪水和特大洪水发生时，除三花区间洪水外，一般都伴随较高含沙量，因而在控制的同时，贯彻水沙联调的指导思想，尽可能做到水库、河道冲淤兼顾，依据阶段管理目标，塑造协调的水沙关系，但该类洪水泥沙的主要管理目标是黄河安澜。

（二）利用黄河中常洪水，实施水沙合理配置（调水调沙）

由于小浪底等水库在初步设计时对于黄河中常洪水一般不予控制，而中常洪水在洪量、洪峰流量、含沙量、沙量等特征值方面又都处于中游水库群的调控能力之内，因此管理的途径是合理承担适度风险，充分考虑黄河洪水的资源属性和造床功能。一是通过塑造协调的水沙关系，让洪水冲刷河槽，挟沙入海，恢复河槽的过流能力。二是将黄河洪水资源化，可对汛期洪水进行分期管理、科学拦蓄，后汛期洪水或低含沙洪水可为翌年春灌和确保黄河不断流提供宝贵的水资源。三是实施小北干流放淤“淤粗排细”。在三门峡水库以上禹门口至潼关河段 660km^2 的河道滩地上，利用弯道水力学、缓流分选泥沙水力学等原理，通过设置引洪放淤闸、弯道溢流堰、淤区格堤、退水闸等，靠水流自然力量，人为控制泥沙的颗粒级配，达到“淤粗排细”的目的。小北干流放淤分为无

坝放淤试验、无坝放淤和有坝放淤三个阶段实施，首先通过无坝放淤试验取得基本参数，在此基础上实施无坝放淤，远期在黄河北干流建设以放淤为主要目的的水利枢纽，通过水库的水沙调控进一步扩大放淤区域和提高放淤效率。四是利用小浪底水库等干流骨干水库“拦粗泄细”。小浪底水库是调控黄河下游水沙的关键工程，按照设计，在其126.5亿m^3的总库容中，拦沙库容为75.5亿m^3，可拦蓄泥沙100亿t。要科学设计小浪底水库的运用方式，尽可能做到拦蓄粗沙、泄放细沙，以最大限度地提高水库的拦沙减淤效率，同时延长水库的拦沙使用年限。将来在古贤等骨干水库建成后，也可通过“拦粗泄细”运用，显著减少进入下游河道的粗泥沙。

（三）塑造黄河洪水，调整泥沙

河道是洪水和泥沙的输移通道，当河道内长期没有洪水通过时，河道主槽就会发生萎缩。事实上，20世纪50年代黄河发生的最大洪水为22 300m^3/s，相应主槽平滩流量为8000m^3/s；20世纪80年代，黄河发生的最大洪水为15 300m^3/s，相应主槽平滩流量为6000m^3/s；20世纪90年代，黄河发生的最大洪水为7600m^3/s，相应主槽平滩流量为3000m^3/s；进入21世纪后，黄河没有发生过大于4000m^3/s的编号洪峰，相应主槽平滩流量已衰减至2000m^3/s以下。因此，要树立强烈的洪水造床及输沙意识，在河道里没有洪水且条件具备时，要通过中游水库群联合调度等措施塑造人工洪水及其过程，达到减少水库泥沙淤积、调整泥沙淤积形态、防止河道主槽萎缩和携沙入海的多重目的。

需要强调指出的是，目前控制黄河洪水的意识根深蒂固，但利用黄河洪水特别是塑造黄河洪水的理念较为淡薄，甚至尚未建立。根据黄河的特点和存在问题的症结，今后必须建立洪水利用和洪水塑造的概念，并认真加以研究和利用塑造洪水的方法、途径及手段，通过不断探索与实践，使之逐步调整、完善，让黄河洪水为维持黄河健康生命服务。

五、洪水泥沙管理的实践

（一）黄河首次调水调沙试验

黄河首次调水调沙试验是针对小浪底水库初期运用的特点进行的，实施的是小浪底和三门峡两库联合调度方式，主要目标是寻求试验条件下黄河下游泥沙不淤积的临界流量和临界时间，使下游河道（特别是艾山至利津河段）不淤积或尽可能冲刷，同时检验河道整治成果、验证数学模型和实体模型、深化对黄河水沙规律的认识。试验以小浪底水库蓄水为主或小浪底至花园口区间（简称小花区间或小花间）来水为主相机调水调沙，控制指标为花园口临界流量 2600m^3/s 的持续时间不少于 10 天，平均含沙量虽不高于20kg/m^3，但相应艾山站流量为2300m^3/s左右，利津站流量为2000m^3/s左右。试验结束后控制花园口流量不大于800m^3/s。

2002年7月4日上午9时，小浪底水库开始加大下泄流量，调水调沙试验进入调度实施阶段，直到7月15日9时小浪底出库流量恢复到800m^3/s以下，水库调度历时11天。黄河下游河道净冲刷量为0.362亿t，下游河槽全程发生明显冲刷，主槽沿程冲刷

1.063 亿 t，滩地淤积 0.701 亿 t，下游平滩流量均有一定程度的增加，以漫滩最为严重的夹河滩至孙口河段平滩流量增大幅度为最大，平均增大 300～500m^3/s，夹河滩以上河段增大 240～300m^3/s，孙口至利津河段增大 80～90m^3/s，利津以下试验过后流路归顺，平滩流量平均增大约 200m^3/s。

（二）黄河第二次调水调沙试验

黄河第二次调水调沙试验是结合防洪预泄进行的，实施的是小浪底、三门峡、陆浑、故县四库水沙联合调度，是典型的水沙多目标调度方式，主要目标是：水资源安全、干支流减灾、下游不发生大的漫滩损失、小浪底库区减淤、闸前防淤堵、为 2004 年水库在 250m 以上运用创造条件、实现下游河道发生冲刷或至少不发生大的淤积、进一步深化对黄河水沙规律的认识等。

在试验调控技术方面，有效利用小花间的清水，使其与小浪底水库下泄的高含沙水流在花园口进行水沙“对接”，即“小花间无控区清水负载，小浪底调水配沙”。通过对首次调水调沙试验成果进行分析，第二次调水调沙试验指标仍为控制花园口断面流量在 2600^3/s 左右，平均含沙量不高于 30kg/m^3，调控历时为 15 天左右。

2003 年 9 月 6 日 9 时小浪底水库开始第二次调水调沙试验，9 月 18 日 18 时 30 分结束，历时 12.4 天。花园口站平均流量为 2390m^3/s，平均含沙量为 31.lkg/m^3，完全达到了预案规定的水沙调控指标；下游河道全河段基本上都发生了冲刷，总冲刷量 0.456 亿 t，达到了下游河道减淤的目的。9 月 17 日小浪底水库浑水层已经全部泄完，坝前淤积面降低至 179m 左右，9 月 18 日小浪底出库含沙量只有 7kg/m^3，也达到了小浪底水库尽量多排泥沙的预定目标。下游主要测验断面同流量水位降低，主槽过洪能力增大，调水调沙试验前后流量 2500m^3/s 的水位降低 0.103m，主槽过洪能力（平滩流量）均有不同程度的增大，增幅一般为 100～400m^3/s。

（三）黄河第三次调水调沙试验

黄河第三次调水调沙试验是针对小浪底水库汛初蓄水较多，黄河中游又无中小洪水的特点进行的，实施的是黄河干流万家寨、三门峡、小浪底三库串联联合调度，主要目标是实现黄河下游主槽全线冲刷，进一步恢复下游河道主槽的过流能力，调整黄河下游两处卡口河段的河槽形态、增大过洪能力，调整小浪底库区的淤积形态，进一步探索研究黄河水库、河道水沙运动规律。

调控技术上试验分两个阶段。第一阶段为 6 月 19 日 9 时至 29 日 0 时，利用小浪底水库下泄洪水，形成下游河道 2600m^3/s 的流量过程，冲刷下游河槽；并在两处卡口河段实施泥沙人工扰动试验，对卡口河段的主槽加以扩展并调整其河槽形态。同时降低小浪底库水位，为第二阶段冲刷库区淤积三角洲、塑造人工异重流创造条件。第二阶段为 7 月 2 日 12 时至 13 日 8 时，当小浪底库水位下降至 235m 时，实施万家寨、三门峡、小浪底三库水沙联合调度。首先，加大万家寨水库的下泄流量至 1200m^3/s，在万家寨水库下泄水量向三门峡库区演进的过程中，适时调度三门峡水库下泄 2000m^3/s 以上较大流量的洪水，实现万家寨水库、三门峡水库水沙过程的时空对接。利用三门峡水库下泄的人造洪峰强烈冲刷小浪底库区的淤积三角洲，达到清除设计平衡纵剖面以上淤积的 3850 万 m^3 泥沙、合理调整三角洲淤积形态的目的，并使冲刷后的水流挟带大量的泥沙在小浪底水库库区形成异重流向坝前推进，进一步为人工异重流补充沙源提供后续动力，实现小浪底水库异重流排沙出库。

此次试验小浪底水库出库沙量 0.0572 亿 t，利津站输沙量 0.6434 亿 t，小浪底至利津河段冲刷 0.6071 亿 t，各河段均发生冲刷。小浪底库区设计平衡纵剖面以上淤积的 3850 万 m^3 泥沙尽数冲刷，库区淤积三角洲形态得到了合理调整。黄河下游卡口河段河槽形态得以调整，徐码头、雷口两处卡口河段主槽平均冲刷深度为 0.25～0.47m，主槽过流能力进一步提高，达到 2800～2900m^3/s。7 月 8 日 13 时 50 分，小浪底库区异重流排沙出库，浑水持续约 80h，首次人工异重流塑造获得圆满成功。对黄河水库、河道水沙运动规律的认识进一步深化，在水库群水沙调度、异重流运行状态、人工扰动泥沙的效果等方面取得了大量原始数据，为今后多方面研究运用黄河水沙运行规律提供了丰富的基础资料。

（四）黄河小北干流放淤试验

早在 20 世纪 70 年代，治黄工作者已经认识到，淤积在三门峡库区和下游河道的泥沙大部分是粗泥沙，主要来自黄河中游的多沙粗沙区。经过近期的研究确认，在三门峡水库修建之前，黄河下游河道主槽中粒径大于 0.05mm 的粗泥沙大约占 3/4，其中粒径大于 0.1mm 的占 1/2，这些泥沙对黄河下游河道危害最大；而粒径小于 0.025mm 的细泥沙几乎都可以随水流入大海。粗泥沙的主要来源区为黄河中游黄土高原 45.5 万 km^2 水土流失区中的 7.86 万 km^2 的多沙粗沙区。因此，黄河泥沙治理的重点就是尽量减少粗沙进入下游河道。

黄河小北干流禹门口至潼关河段，河道长 132.5km，河宽 318km，滩地面积为 682km^2。滩区多为沙荒盐碱地，土地利用率不高，社会经济发展相对落后，是天然的沉滞沙场所。2004 年放淤试验的地点选在连伯滩。

2004 年 7 月，在经过大量勘查和论证之后，黄河水利委员会在小北干流开始实施放淤试验，这是继调水调沙试验之后，运用自然规律进行黄河治理的又一项开拓性工作。试验的关键是人为控制泥沙的颗粒级配，实现“淤粗排细”的目标。为此编制了试验工程设计报告及调度预案，利用放淤闸、弯道溢流堰、淤区格堤、退水闸等工程和由次洪量、历时、含沙量、泥沙级配、洪峰流量等指标组成的调度指标体系，利用水力自然力量，达到分选泥沙的目的。从 7 月 26 日 16 时放淤闸首次开启，至 8 月 26 日 14 时结束，成功实施了 6 轮试验，累计放淤历时 297h，共淤积粗泥沙 437.8 万 t，其中，泥沙粒径大于 0.05mm 的沙量约 108 万 t，占进入淤区本级沙量的 96.4%，占总淤积量的 24.5%；粒径大于 0.025mm 的沙量约 225 万 t，占本级沙量的 93.4%，占总淤积量的 51.2%，初步实现了“淤粗排细”的目标。通过水沙运行状况监测、分析，取得了大量的监测资料，初步掌握了粗泥沙的运动规律，为今后大规模实施放淤调度提供了经验和科学依据，对减缓小浪底库区泥沙淤积速度、延长小浪底水库使用寿命、减缓黄河下游河道淤积具有重要的意义。

（五）黄河 2003 年秋汛调度

2003 年 8 月下旬至 10 月中旬，黄河流域中下游连续发生 6 次强降雨过程并遭遇罕见的“华西秋雨”天气，形成多次洪峰，发生了自 1981 年以来历时最长、洪量最大的秋汛。整个调度过程中，在科学分析的基础上，针对洪水含沙量低、洪峰低、接近汛末等特点，黄河防汛总指挥部、黄河水利委员会决定承担一定风险，实施了第一次真正意义上的“四库水沙联调”，多次成功削减黄河下游洪峰，大大减轻了下游的防洪压力；避免了多次多股洪水汇合叠加后造成黄河花园口站形成 5000～6000m^3/s 的洪峰，将下游花园口站洪水始终控制在 2400～2700m^3/s，削峰率达 40%～50%，有效地减轻了下游滩区的洪水灾害；妥善处理了局部救灾和整体防洪的矛盾、降低潼关高程和三门峡运用方式的矛盾、水库安全和下游滩区安全的矛盾、防洪和水资源安全的矛盾，实现了拦洪、减灾、减淤、洪水资源化等多重目标。

据统计，2003 年汛期利用小浪底、陆浑、故县、三门峡四座水库拦蓄洪水后，使下游滩区 213.41 万亩[①]耕地免遭洪水淹没，使滩区内 76.85 万人免遭洪水袭击，减免直接经济损失 84.8 亿元，其中长清、平阴滩区减免直接经济损失达 39.16 亿元。

六、将黄河下游滩区纳入蓄滞洪区管理问题探讨

黄河下游两岸堤防之间有广阔的滩区，居住有大量人口。根据 2000 年的统计资料，滩区总面积 4046.9km^2，它既是行洪、滞洪、沉沙的场所，又是滩区群众的生产生活场所，目前有耕地 375.50 万亩、村庄 2052 个、人口 180.94 万人。

（一）黄河下游滩区的地位和作用

黄河下游滩区在防御历次洪水中发挥了滞洪削峰、沉沙等方面的作用。例如，1958 年和 1982 年花园口洪峰流量分别为 22 300m^3/s、15 300m^3/s，花园口至孙口河段的槽蓄量分别为 25.89 亿 m^3、24.54 亿 m^3，相当于故县水库和陆浑水库的总库容，起到了明显的滞洪作用，大大减轻了陶城铺以下窄河段的防洪压力。在滞洪的同时，滩区沉积了大量的泥沙。1958～1998 年下游共沉积泥沙 92.0 亿 t，其中滩地淤积 63.69 亿 t，其占全断面总淤积量的 69.2%。

（二）黄河下游滩区的主要问题

黄河滩区作为河流行洪、滞洪和沉沙的地域，在历年的防洪保安全中发挥了巨大作用，但由于滩区频繁漫滩，且受灾后无补偿渠道，滩区经济发展缓慢，生活落后。据不完全统计，中华人民共和国成立以来在中下游河段基本无工程控制的条件下，滩区遭受不同程度的洪水漫滩 20 余次，累计受灾人口 887.16 万人、受灾村庄 13 275 个、受淹耕地 2560.29 万亩。滩区农民收入仅为本省农民人均收入的 27%～47%，部分地区已成为河南省、山东省甚至全国的重点贫困地区。

---

① 1 亩≈666.7m^2

由于黄河水少沙多、水沙不平衡的基本特点长期难以改变，黄河水利委员会经过多次研究，为保障黄淮海平原安全，对黄河下游需要采取“稳定主槽，调水调沙，宽河固堤，政策补偿”的治河方略，在该治黄方略下仍需对滩区采取淤滩刷槽的方针。小浪底水利枢纽与中游三门峡、陆浑、故县水库联合运用后，可使花园口站 100a 一遇洪水洪峰流量由 29 200m^3/s 削减为 15 700m^3/s，使 1000a 一遇洪水洪峰流量由 42 100m^3/s 削减至 22 600m^3/s。经过 2002 年以来进行的三次调水调沙运用后，下游漫滩流量由不足 2000m^3/s 恢复到 3000m^3/s 左右，预估将来最大可恢复到 4000～5000m^3/s，黄河下游仍然会不可避免地出现漫滩，滩区群众的贫困现状仍难以改变。

（三）黄河下游滩区应享受蓄滞洪区补偿政策，构建和谐管理环境

黄河下游河道淤积，河势游荡多变，主槽过洪能力低，小水漫滩，“横河”“斜河”“滚河”“顺堤行洪”等的严峻形势急需改变，利用小浪底水库调水调沙是改善这种状况的有效措施。按照规定，小浪底水库对于 8000m^3/s 以下洪水不能拦蓄，但从滩区群众的生存发展要求来看，必须对 4000～8000m^3/s 的洪水进行控制。洪水控泄造成的后果为：一方面，小浪底水库将提前被淤废，经国家多年努力投巨资建成的黄河下游防洪关键性控制工程将大大缩短使用寿命，丧失其防御大洪水的作用；另一方面，长期小流量下泄，将导致河道持续萎缩，“二级悬河”迅速发展，使黄河下游防洪形势进一步恶化，维持河流健康生命的目标也难以实现。

当前，黄河下游的综合治理与滩区经济发展的矛盾十分尖锐，而解决这一矛盾的出路在于滩区受淹后的损失能够比照蓄滞洪运用补偿办法进行补偿，从而构建和谐管理环境。

七、结语

通过近年黄河治理的一系列实践和探索可以看出，实现由控制洪水向洪水泥沙管理转变，在黄河上还必须包括泥沙管理，而解决这些问题的最有效途径是实施水沙联调和处理好黄河下游滩区问题，即调水调沙和将滩区纳入蓄滞洪区管理，这样，才能做到人、水、沙的和谐相处。

第二节　黄河中游水库群水沙联合调度所涉及的范畴①

一、黄河水沙特点

黄河发源于青海省巴颜喀拉山北麓，流程 5464km，注入渤海。黄河流域大部分处于干旱和半干旱地区，平均年降水量只有 466mm，产生的径流量极为贫乏，和流域面积极不相称。古人以“黄水一石，含泥六斗”来描述黄河的多沙状况。黄河下游水患之所以严重，其主要根源是水少沙多导致河道严重淤积。黄河水沙的主要特点如下。

① 作者：张金良

（1）含沙量高。根据 1919～1985 年统计资料（以干流三门峡站和支流洛河黑石关站、沁河小董站三站水、沙之和计算，下同），黄河下游年均来水量为 464 亿 m^3，年均来沙量为 15.59 亿 t，年均含沙量约为 33.6kg/m^3。与世界多泥沙河流相比，美国科罗拉多河的年均含沙量为 11.6kg/m^3，但年来水量为 156 亿 m^3，年输沙量仅 1.81 亿 t；孟加拉国恒河的年均含沙量为 1.3kg/m^3，但年来水量为 3680 亿 m^3，年输沙量仅 4.8 亿 t。

（2）水沙异源。黄河泥沙中的 90%来自中游的黄土高原，内蒙古河口镇以上的来水量占下游来水量的 54%，来沙量占 9%，年均含沙量为 5.6kg/m^3；三门峡以下的支流伊河、洛河、沁河的来水量占 10%，来沙量占 2%，年均含沙量为 6.2kg/m^3。这两个地区相对其他地区来说是水多沙少，是黄河的清水来源区。河口镇—龙门区间两岸支流的来水量占下游来水量的 14%，来沙量占 55%，年均含沙量为 126.4kg/m^3；龙门—潼关区间的两岸支流来水量占 22%，来沙量占 34%，平均含沙量为 52.4kg/m^3。这两个地区水少沙多，是黄河泥沙的主要来源区，属黄河浑水区。

（3）水沙量年际变化大且年内分布不均。黄河水沙量在长时期内呈现丰水年、枯水年和丰枯水年交替循环变化的规律。自有观测资料的 1919 年以来，出现过 1922～1932 年连续 11 年、1969～1974 年连续 6 年的枯水期和 1933～1968 年的 36 年丰、平、枯交替的丰水期。由于“水沙异源”，来沙多少并不完全与来水丰、枯同步。水量的年际变化，以 1964 年来水量（861 亿 m^3）为最大，1997 年来水量（143 亿 m^3）为最小，最大值为最小值的 6 倍多；沙量变幅更大于水量的变幅，1933 年来沙量高达 37.67 亿 t，而受三门峡水库“蓄水拦沙”运用影响的 1961 年仅有 1.86 亿 t，前者是后者的 20 多倍。此外，水沙在年内的分布很不均衡，汛期（7～10 月）的水量约占全年水量的 60%，沙量集中的程度比水量更高，汛期沙量在天然情况下约占全年沙量的 85%，甚至更高。在三门峡水库采取“蓄清排浑”运用方式时，非汛期基本下泄清水，全年的泥沙都集中在汛期下泄，汛期沙量约占全年沙量的 97%。汛期的来沙往往集中于几场暴雨洪水中，三门峡站洪水期实测最大 5 天沙量占全年沙量的 31%，而水量仅占 4.4%。

（4）含沙量变幅大。黄河泥沙主要来自洪水期，来自不同地区的洪水含沙量差别很大，即使来自同一地区的洪水，其含沙量也明显不同。每年前几场洪水的含沙量较高，而之后的洪水含沙量较低。这种差异可使同一流量下的含沙量相差 10 倍左右。黄河年均含沙量为 33.6kg/m^3，而发生高含沙水流时，每立方米含沙量可达几百甚至近千千克，例如，三门峡站 1950 年以后的实测最高含沙量，有 20 年高于 300kg/m^3，有 8 年高于 500kg/m^3，有 5 年高于 600kg/m^3。1977 年 8 月的高含沙洪水过程中，三门峡站和小浪底站的最高含沙量分别达到 911kg/m^3 和 941kg/m^3，是有水文记载以来的最高纪录。同年 8 月 8 日花园口站出现 546kg/m^3 的含沙量。这种高含沙水流对河道冲淤和防洪的威胁都较严重。

（5）泥沙颗粒中游粗、上下游细（三门峡水利枢纽管理局，1999）。泥沙中值粒径分布情况为：上游兰州、青铜峡、头道拐三站为 0.026～0.030mm，中游皇甫川站为 0.09mm，秃尾河站为 0.078mm，吴堡、龙门两站增大到 0.045mm，最大达 0.058mm，潼关站减小为 0.038mm，潼关—花园口站减小为 0.032mm，高村站为 0.025mm，艾山、利津两站为 0.023mm。

二、黄河中游水利枢纽概况

（一）三门峡水利枢纽（三门峡水利枢纽管理局，1996）

三门峡水库控制流域面积为 68.84 万 km^2，占黄河流域总面积的 91.5%，是一座以防洪、防凌为主，兼有灌溉、发电、供水等综合功能的大型水库。工程于 1960 年 9 月开始蓄水，到 1962 年 3 月，最高蓄水位为 332.53m。水库“蓄水拦沙”运用后，库区发生了严重淤积，造成潼关高程抬高、淤积末端上延，严重威胁渭河下游的安全。

为了减小库区淤积，1962 年 3 月开始改变水库运用方式并对枢纽工程进行改造，使 315m 水位时的泄流能力增大了 2 倍。1973 年重新安装的第 1 台机组投入运用以后，三门峡水库采用“蓄清排浑”运用方式，库区年内基本上达到了冲淤平衡，既保持了有效库容，又发挥了水库的综合效益。

1969 年，在河南三门峡召开了“四省会议”，确定三门峡水库的运用原则为：当上游发生特大洪水时，敞开闸门泄洪；当下游花园口站可能发生超过 22 000m^3/s 的洪水时，应根据上下游来水情况，关闭部分或全部闸门，增建的泄水孔原则上应提前关闭，以防增大下游负担，冬季应继续承担下游防凌任务；发电的运用原则为在不影响潼关淤积的前提下，汛期控制水位 305m，必要时可降低到 300m，非汛期为 310m。

经水利部批准，目前水库非汛期最高水位控制在 318m，汛期限制水位为 305m。

（二）故县水库（故县水利枢纽管理局防汛办公室，2002）

故县水库位于黄河支流洛河中游的河南省洛宁县境内，距洛阳市 165km，控制流域面积 5370km^2，占洛河流域面积的 41.8%。拦河坝最大坝高为 125m，水库总库容为 11.75 亿 m^3，电站装机容量为 60MW，是以防洪为主，兼有灌溉、发电、供水等综合功能的大型水库。故县水库的运用原则为：在确保大坝安全的前提下，保证洛河下游的防洪安全，充分发挥其对黄河下游的防洪作用和兴利效益。

（三）陆浑水库（黄河防汛总指挥部办公室，2002）

陆浑水库位于黄河二级支流伊河中游的河南省嵩县境内，距洛阳市 67km，控制流域面积 3492km^2，占伊河流域面积的 57.9%，总库容为 13.2 亿 m^3，电站装机容量为 10.45MW，是以防洪为主，兼有灌溉、发电、养鱼、城市供水等综合功能的大型水库。

（四）小浪底水库（黄河勘测规划设计有限公司，1993）

小浪底水库位于河南省洛阳市以北 40km 的黄河干流上，距三门峡水库和花园口站均约 130km，是黄河干流在三门峡水库以下唯一能取得较大库容的控制性工程。水库总库容为 126.5 亿 m^3，其中，拦沙库容为 75.5 亿 m^3，长期有效库容为 51 亿 m^3。坝址以上流域面积为 69.4 万 km^2，占花园口以上黄河流域面积的 95.1%。大坝为斜墙堆石坝，最大坝高为 154m，坝体总方量为 4813 万 m^3，坝顶长 1317m。小浪底水利枢纽工程的开发目标是“以防洪、防凌、减淤为主，兼顾供水、灌溉和发电，蓄清排浑，综合利用，除害兴利”。它的建成有效地控制了黄河洪水，减缓了下游河道淤积。与三门峡水库、陆浑水库、故县水库联合调度，大大提高了黄河下游的防洪标准，基本解除黄河下游凌汛的威胁。

三、水沙联合调度所涉及的范畴

黄河是国内乃至世界上开发程度较高的河流，大型水利枢纽的修建不可避免地改变了天然水沙过程。大量资料表明，无论是大型水库还是中型和小型水库，在含沙量不是很高的条件下，只要水库有所蓄水，坝前水位有所升高，便会发生泥沙的大量淤积。产生的淤积显然是水位升高、过水面积加大、流速减缓，从而使挟沙能力降低所致。由于挟沙能力与流速的高次方成比例，因此过水面积的些许改变常会引起挟沙能力的大幅度变化。在泥沙组成均匀、横断面为梯形、边坡系数为5、原河道水深与底宽之比为1∶100的情况下，当水深加大1倍时，挟沙能力只有原来的1/17.7；而当水深加大2倍时，挟沙能力只有原来的1/98.6。可见，水位壅高造成的水力因素减弱的幅度是很大的，这就是只要水库有所蓄水，库内即产生大量淤积的原因（韩其为，2003）。

在当前黄河中游水库群已经大部分投运的情况下，如何利用水库群的控制和调节，既能保持水库的有效库容，使枢纽的防洪、防凌、灌溉、供水、发电等效益得以充分发挥，又能塑造出合理的水沙过程，使下游河道河床淤积稳定在“允许淤积量”内甚或有所冲刷，保持河道的生命活力，是水沙联合调度的研究范畴。针对黄河泥沙的特点，从分析黄河的来水来沙特点开始，系统研究高含沙水流的运动规律、黄河水库的淤积和排沙规律，探求水库的异重流调度和多目标调度的优化方法、途径及水沙调度对下游影响的评价方法等，将可能为黄河水沙调度提出一套可靠、实用的理论方法和技术措施。

四、水沙联合调度发展概况

国内外对水沙联合调度的研究主要集中在单个水库，将水库、河道联合考虑的文献并不多见。惠仕兵等（2000）在《电站水沙联合优化调度与泥沙处理技术》一文中，针对长江上游川江水电开发运行管理中存在的工程泥沙技术问题，研究了低水头闸坝枢纽水沙联合优化调度的运行方式，以及流域水利工程水沙联合管理和与电站水沙优化调度运行管理有关的工程泥沙处理技术；李国英（2001）在《论黄河长治久安》一文中提出了加快中游水沙调控体系建设和河口治理、适时调水冲沙抑制黄河河床抬高的根本途径问题；胡春燕等（1997）在《水电站枢纽建筑物水沙横向调度数值模拟与应用》一文中提出，利用水电站已建枢纽建筑物进行水沙调度在水利工程运用中具有很重要的意义，水沙调度包括纵向调度和横向调度，而对于一些径流式或小调蓄小库容的电站，纵向调度的意义不大，利用枢纽建筑物进行横向调度水沙就显得尤为重要；张金良等（1999）在《三门峡水库调水调沙（水沙联调）的理论和实践》一文中指出，三门峡水库调水调沙的实践说明在多泥沙河流上修建水库与在一般清水河流上修建不同，为了发挥水库的综合效益，在调节径流的同时必须进行泥沙调节，才能既保持一定的有效库容以发挥水库综合效益，同时又能尽可能调整出库水沙搭配关系，有利于下游河道减淤。

真正从入库水沙、水库水沙调节、下游河道减淤等诸多方面联合研究的工作，主要集中在黄河上。明清两代的治黄策略是基本相同的，其治理黄河的主要目的是“保槽”。明末潘季驯提出了著名的治河理论——“筑堤束水，以水攻沙”和“借水攻沙，以水治水”。在近代治黄史上，李仪祉先生打破了以往治河仅局限于下游的观念，提出了上中下游治理的思想，他认识到黄河下游为患的根本原因是“善淤”，故欲防洪，必须治沙。中华人民共和国成立后，国家对黄河治理高度重视，投入了大量资金和物力，不断地加高加固堤防，整治河道，开辟了北金堤滞洪区，修建了东平湖分洪工程和山东两处窄河道展宽工程，在干支流上修建了一系列大中型水库。20 世纪 60 年代，随着三门峡水库的建成投运，揭开了现代治黄史上对水沙问题进行大规模研究的序幕。以王化云为代表的老一辈治黄专家，先后提出了“除害兴利，综合利用”、“宽河固堤”、“蓄水拦沙”及“上拦下排”等一系列治黄思想。

治黄工作者从下游河道输沙规律的研究中发现，在一定的河床边界条件下，河道输沙能力近似与来水流量的高次方（大于 1 次方）成正比，同时还与含沙量存在明显的正比关系。在一定的河床边界条件下，下游河道有“多来、多排、多淤，少来、少排、少淤”的输沙特点。黄河虽然水少沙多、水沙严重失衡，但只要能找到一种合理的水沙搭配，黄河水流就完全有可能将泥沙顺利输送入海，不在下游造成明显淤积，同时还可节省输沙用水量。通过长期不懈的努力，人们终于找到了这种理论上可行的水沙关系。据此，首次提出了调水调沙这一治黄新理念。基于以上认识，治黄工作者迫切希望能够借助自然的力量，因势利导，创造出一种挟沙洪水过程，伴随着和谐的水沙关系输沙入海，同时，又不在下游河道造成淤积，这便是调水调沙治河思想的雏形。按这一设想在黄河干流上修建大型骨干枢纽工程，不仅要调节径流，还要调节泥沙，使水沙关系更加适应，以达到更好的排沙、减淤效果，这就是调水调沙思想的科学依据。

20 世纪 60 年代三门峡水库泥沙问题暴露以后，治黄工作者提出利用小浪底水库进行泥沙反调节的设想。70 年代后期，随着“上拦下排”治黄方针局限性的显露及三门峡水库的运用实践，人们更深刻地认识到黄河水少沙多、水沙不平衡对黄河下游河道淤积所起的重要作用，再一次提出了调水调沙的治黄指导思想，并要求加快修建小浪底水库，为调水调沙的实施提供必要的工程条件。这一思想经过几代人的不断探索已逐渐成熟起来。

多沙河流水库运用具有明显的阶段性，在起调水位以下相应库容淤满前，水库以异重流排沙为主，决定了水库这一时期必然存在一个清水下泄的过程，下游河道会相应出现一个清水冲刷的过程，这一时期，水库下泄的清水对下游河道的冲刷是下游河道减淤的主要因素。因此，如何调节出库水沙过程，使下游河道取得最大的减淤效果，是该时期调水调沙的首要任务。由于初期运用的 3～5 年水库库容大，主要以异重流输沙为主，因此调水调沙运用在很大程度上是对水量的调节，对于沙量调节主要表现在当上中游地区流量较大、含沙量较高时，适当控制坝前运用水位和安排泄水建筑物使用次序，调配以异重流形式运行至坝前的较细泥沙的蓄存或泄放。

五、水库群水沙联合调度研究包括的方面

（1）当阶段、年度、场次洪水总的调度目标确定后，对于调度决策者、实施者来讲，首先需要了解的是入库水沙过程。阶段调度、年度调度中需要预测入库水量、沙量的丰枯程度，以便根据水库调度方式预测水库的蓄水量、冲淤量、水位安全程度等，从而预测水库防洪（防凌）、灌溉、供水、发电、库容变化、下游河道冲淤变化等调度目标的实现程度，通过方案调整，达到总的调度目标；场次洪水实时调度中，需要预测入库洪水洪峰、洪量、沙峰、沙量可能的频率及洪水过程、含沙量过程等，以预测场次洪水过程中水库的蓄水过程、冲淤量、冲淤部位、出库水沙过程等，从而预测水库防洪（防凌）、供水、发电、库容变化、下游河道冲淤变化等调度目标的实现程度，通过方案调整，达到总的调度目标。因此，需要对水库群入库水沙过程进行研究，科学预测来水来沙趋势变化和场次洪水水沙过程，为阶段、年度、场次洪水调度目标提供决策依据，包括入库干支流控制站（如潼关、龙门、华县等水文站）洪峰、洪量、沙峰、沙量、水量的频率和场次洪水水沙过程等。

（2）研究高含沙洪水“揭河底”机理，为预测潼关水文站水沙过程和潼关高程提供基础。高含沙洪水“揭河底”现象是黄河一道独特的奇观，一般发生在特定河段，如黄河中游小北干流河段及支流渭河下游段。在目前黄河汛期水量显著减少、河道淤积萎缩日趋严重的形势下，变换研究角度，深入分析“揭河底”现象机理，不仅具有重要的学术价值，同时还具有更重要的应用价值（黄河防汛总指挥部办公室，2003）。鉴于黄河小北干流河段、渭河下游河段发生“揭河底”后，其剧烈的泥沙冲淤过程会对潼关高程、三门峡库区冲淤、三门峡出库水沙过程等产生重大影响，同时，为避免其发生的偶然性给调度带来被动，需要对高含沙洪水“揭河底”机理进行探讨研究，以期能预测其发生的时间、条件和范围、强度等。

（3）研究潼关高程的变化规律及影响潼关高程升降的因素，为三门峡水库水沙调度提供依据。

（4）研究三门峡水库水沙联合调度运用方式，特别是汛期运用方式，探索水库冲淤平衡、出库水沙规律，既能充分发挥三门峡枢纽的综合效益，又可以为小浪底水库水沙调度提供依据。

（5）探索小浪底水库异重流运行规律，利用三门峡水库水沙调节，人工影响小浪底水库异重流和浑水水库的产生、运行、发展、消亡，进而影响小浪底水库运行初期坝前泥沙铺盖的形成，并在实时调度中影响小浪底水库出库含沙量，以达到调节黄河下游水沙过程的目的。

（6）针对不同水沙来源区，探索利用三门峡、小浪底、故县、陆浑（黄河中游水库群）四座水库进行水沙联合调度过程中，在黄河下游控制站花园口实施水沙过程对接的实现途径及技术。

（7）建立水沙联合调度效果评价体系。即针对每一种联合调度方案，从来水来沙预测、水库淤积、枢纽多目标效益、调度可行性、下游河道冲淤及反馈影响等方面，建

立评价模型，快速、定性、定量评价水沙联合调度效果，并进行方案比较优选，为决策者提供决策依据。

参 考 文 献

故县水利枢纽管理局防汛办公室. 2002. 故县水利枢纽防汛预案. 洛宁：故县水利枢纽管理局.
韩其为. 2003. 水库淤积. 北京：科学出版社.
胡春燕，杨国录，吴伟明，等. 1997. 水电站枢纽建筑物水沙横向调度数值模拟与应用. 人民长江，28（6）：16-18.
胡明罡. 2004. 多沙河流水库电站优化调度研究. 天津大学博士学位论文.
黄河防汛总指挥部办公室. 2002. 水库防汛预案. 郑州：黄河水利委员会.
黄河防汛总指挥部办公室. 2003. 黄河四库水沙联合调度（调水调沙）预案. 郑州：黄河防汛总指挥部办公室.
黄河勘测规划设计有限公司. 1993. 小浪底水利枢纽工程初步设计报告. 郑州：黄河勘测规划设计有限公司.
黄河水利委员会. 2001. 黄河近期治理开发重点规划. 郑州：黄河水利委员会.
黄河水利委员会. 2004. 黄河首次调水调沙试验. 郑州：黄河水利委员会.
惠仕兵，曹叔尤，刘兴年. 2000. 电站水沙联合优化调度与泥沙处理技术. 四川水利，（4）：25-27.
李国英. 2001. 论黄河长治久安. 人民黄河，23（7）：1-2，5.
李国英. 2004. 维持河流健康生命. 黄河水利委员会 2003 年工作总结. 郑州：黄河水利委员会.
三门峡水利枢纽管理局. 1996. 三门峡水利枢纽工程志. 三门峡：三门峡水利枢纽管理局.
三门峡水利枢纽管理局. 1999. 三门峡水利枢纽防汛手册. 三门峡：三门峡水利枢纽管理局.
张金良，乐金苟，季利. 1999. 三门峡水库调水调沙（水沙联调）的理论和实践. 人民长江，(S)：28-30.
张金良，王育杰. 2001. 黄河高含沙水流“揭河底”机理探讨. 人民黄河，24（8）：32-35.

第三节　黄河中游水库群水沙联合调度方式及相关技术[①]

一、水沙联合调度的几种方式

在黄河调水调沙过程中，水库水沙联合调度的方式主要有以下几种。

（一）单库调度

单库调度方式是指以小浪底水库为主单库调节水沙的调控方式，即在小浪底水库调蓄水量和河道来水总量满足调水调沙总水量要求的条件下，利用小浪底枢纽不同高程泄流孔洞的组合来调控出库含沙量，以满足调水调沙调控指标的要求。单库调度方式在小浪底水库运用初期所能调控的含沙量范围有限，在小浪底水库进入正常运用期后，可调控较大范围的含沙量。

（二）二库联调

二库联调是指以三门峡、小浪底两座水库为主进行联合水沙调度。当黄河中游发生

① 作者：张金良，索二峰

中小洪水或三门峡水库蓄水加上入库基流的总量较大时，利用三门峡水库来调控小浪底水库入库的水沙过程，从而影响小浪底水库异重流的产生、强弱变化、消亡及浑水水库的体积、持续时间，调节小浪底库区泥沙淤积形态，最终影响小浪底水库的出库含沙量。2002 年 7 月实施的黄河首次调水调沙试验即为三门峡、小浪底两水库的联合水沙调度。

（三）三库联调

三库联调是指万家寨、三门峡、小浪底三座水库进行联合水沙调度。当黄河中游未发生中小洪水，而三库总蓄水量又满足进行一次调水调沙试验的水量要求时，利用万家寨水库调控、影响三门峡水库入库水沙过程，并通过三门峡水库二次调控小浪底水库入库水沙过程，从而达到调整小浪底库区淤积形态、协调出库水沙关系的目的；当黄河中游发生中小洪水时，万家寨水库可起到补水作用，延长三门峡水库入库水沙过程或改变水沙峰形，进而改变小浪底水库入库水沙过程，达到调整小浪底水库库区淤积形态、调控淤积库容使用年限、协调出库水沙关系的目的。2004 年黄河第三次调水调沙试验即为万家寨、三门峡、小浪底三座干流水库的联合水沙调度。

（四）四库联调

四库联调是指通过小浪底、三门峡、故县、陆浑四座水库进行联合水沙调度，其核心是有效利用小浪底—花园口区间的清水，使其与小浪底水库下泄的高含沙水流在花园口进行水沙对接。2003 年汛期，结合防洪预泄进行的黄河第二次调水调沙试验采用的就是这种调度方式。

（五）五库联调

在上述四库联合调度的基础上，为补充调水调沙水量或调控小浪底水库入库流量（或含沙量），以控制小浪底水库的水位、水量、出库含沙量等，必要时动用万家寨水库，即形成五库联合调度的局面。

二、水沙联合调度的技术路线

水沙联合调度分为预决策、决策、实时调度修正及调度效果评价 4 个阶段，不同阶段实施的技术路线有所不同。以四库水沙联合调度为例，其技术路线如下。

（一）预决策阶段

（1）获取龙门、华县、河津和状头 4 个水文站的水沙数据，通过水沙序列预测模型分析和水沙频率分析，预测潼关水文站的水沙过程及相应频率。

（2）获取龙门水文站的水沙数据和龙门—潼关河段（简称龙潼河段）的测验数据，通过建立龙潼河段高含沙水流“揭河底”模型，预测分析该河段“揭河底”的发生情况。

（3）获取华县水文站的水沙数据和华县—潼关河段（简称华潼河段）的测验数据，通过建立华潼河段高含沙水流“揭河底”模型，预测分析该河段“揭河底”的发生情况。

（4）根据三门峡水库运行方式，通过水库泥沙淤积的相关分析与神经网络快速预测模型，预测潼关高程的变化情况、三门峡水库库区的冲淤情况及出库水沙过程。

（5）决策三门峡水库是否敞泄运行。

（6）拟定三门峡、小浪底两水库的联合运行方式，预决策是否进行调水调沙。

（二）决策阶段

（1）获取潼关水文站水沙数据，包括洪峰流量、时段流量过程、时段平均流量、沙峰、时段含沙量过程、时段平均含沙量及洪水总量。

（2）利用三门峡水库出库含沙量预测模型，预测小浪底水库入库水沙过程，判断是否会发生水库异重流。

（3）根据三门峡水库出库水沙过程，通过小浪底库区异重流分析，预测小浪底坝前垂线含沙量的分布情况。

（4）利用小浪底坝前垂线含沙量的分布情况及库区异重流参数，预测小浪底水库各高程泄流孔洞出流的含沙量。

（5）获取黑石关、武陟两水文站的洪峰流量、时段流量过程及时段平均流量。

（6）运用小浪底、三门峡、陆浑、故县四水库联合调度模型，按花园口水文站允许流量值调算小浪底出库流量过程。

（7）利用小浪底—花园口区间水沙对接模型，按花园口水文站允许含沙量调算小浪底水库出库含沙量，进而确定小浪底水库泄流孔洞的组合方式。

（三）实时调度修正阶段

（1）根据潼关水文站实测洪峰流量、时段流量过程、时段平均流量、沙峰、时段含沙量过程及时段平均含沙量，修正三门峡水库库区冲淤情况及出库水沙过程。

（2）根据三门峡水文站实测洪峰流量、时段流量过程、时段平均流量、沙峰、时段含沙量过程、时段平均含沙量，修正小浪底水库库区异重流预测结果、坝前垂线含沙量及各高程泄流孔洞出流含沙量。

（3）根据小浪底、黑石关、武陟三水文站的实测水文数据，修正花园口水文站的水沙对接方案。

（4）根据花园口水文站实测的时段流量过程、时段平均流量、沙峰、时段含沙量过程、时段平均含沙量，修正小浪底水库出库含沙量，进而确定小浪底水库泄流孔洞的组合方式，修正陆浑、故县两水库的出库流量。

（5）根据潼关水文站、三门峡水库、小浪底水库坝前、小浪底水库、花园口水文站实测的泥沙颗粒级配，修正花园口水文站的允许含沙量。

（6）根据下游夹河滩、高村、孙口、艾山、泺口、利津等水文站实测的水文要素和各河段河势、漫滩、断面冲淤等情况，修正花园口水文站的水沙过程。

（四）调度效果评价阶段

该阶段主要包括以下内容：①水沙预报、预测效果评价；②各水库防洪调度、库区冲淤、调度精度及减淤效果评价；③下游河道河势、过洪能力、冲淤等评价；④河口区冲淤及滨海区冲淤分布等评价；⑤输沙效果评价。

三、四库水沙联合调度的流程

四库水沙联合调度流程见图 4.3-1。

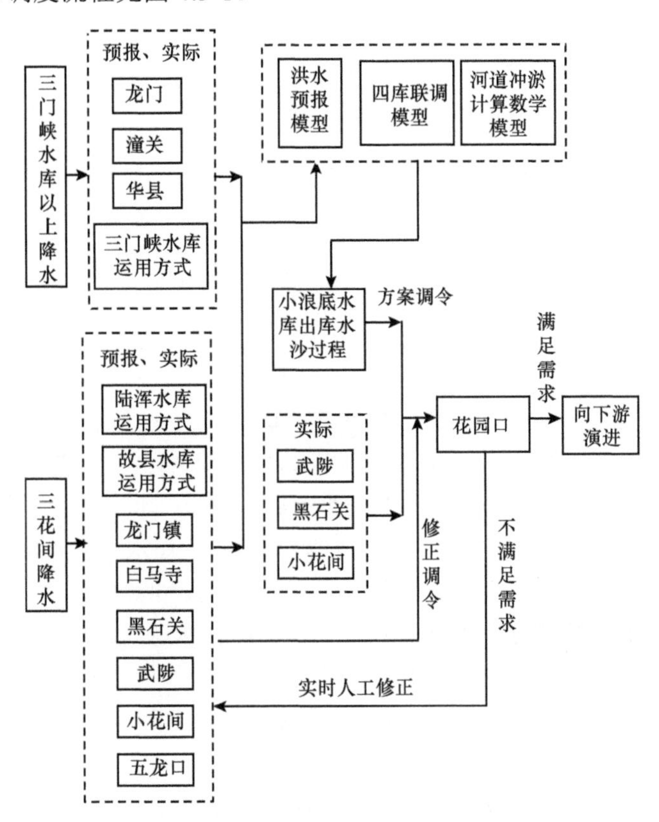

图 4.3-1　四库水沙联合调度流程

四、流量对接

根据预报的小浪底—花园口区间（简称小花间）洪水在花园口水文站的流量，绘制小花间预报流量过程和要求的调控流量过程的对照图，以此来反推小浪底水库的出库流量（小浪底—花园口区间的传播时间按 12～16h 计算），公式为

$$Q_{小} = Q_{调控} - Q_{小花} \tag{4.3-1}$$

式中，$Q_{小}$为小浪底水库的出库流量；$Q_{调控}$为调控流量；$Q_{小花}$为预报的小花间无工程控制区的来水流量（含故县、陆浑两水库的下泄流量）到达花园口水文站时的流量。

调控开始时段（0 时段），根据水文部门提供的 24h 小花间洪水预报过程，概化出小花间 16h 后（4 时段）的平均流量，用调控流量减去该平均流量，即为小浪底水库本时段的出库流量（对接流量），按此流量给小浪底水库建设与管理局下发调令。依此类推，根据滚动预报得出逐时段小浪底出库流量，并向小浪底水库建设与管理局滚动下发调令。

某一时段小浪底水库出库流量与小花间流量的对接见图 4.3-2。

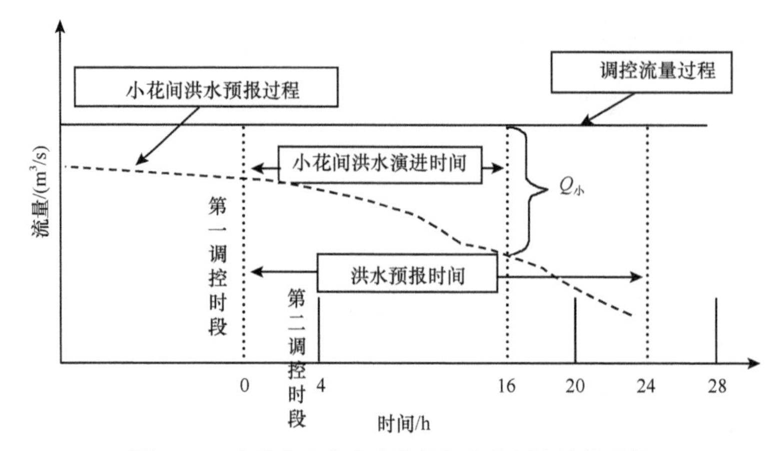

图 4.3-2　小浪底水库出库流量与小花间流量的对接

五、含沙量对接

根据黄河下游第一次洪水过程，黑在花（黑石关水文站流量过程传播至花园口水文站）、武在花（武陟水文站流量过程传播至花园口水文站）及小在花（小花间干流产生的洪水传播至花园口水文站）于花园口断面叠加后，花园口水文站含沙量在 5kg/m^3 以下。

三门峡水库多年的运用表明（张金良等，1999），在水库回水区经分选落淤后的细颗粒泥沙黏性较大，很难起动。为避免小浪底浑水水库细颗粒泥沙在调控退水期落淤在河槽内并固结，同时考虑小浪底水库调控初期出库含沙量高的特点（坝前淤积面高程为 182.2m），含沙量对接过程为前大后小，即前 1/3 时段按控制花园口水文站含沙量为 60kg/m^3、中间 1/3 时段按控制花园口水文站含沙量为 20kg/m^3、后 1/3 时段按控制花园口水文站含沙量为 10kg/m^3 进行对接。

按输沙量平衡原理进行分析计算，调控含沙量的公式为（黄河防汛总指挥部办公室，2002，2003）

$$(Q_1 \times \rho_1 + Q_2 \times \rho_2)/(Q_1 + Q_2) = \rho_3 \tag{4.3-2}$$

式中，Q_1 为预报的小花间洪水在花园口水文站的流量；ρ_1 为预报的小花间洪水在花园口水文站的含沙量，在初始计算中按 5kg/m^3 考虑，后期根据实测资料实时修正；Q_2 为要求的小浪底水库出库流量；ρ_2 为计算的小浪底水库出库含沙量；ρ_3 为要求的花园口水文站调控含沙量，如 60kg/m^3、20kg/m^3 等。

根据上式求出 ρ_2，将其修正后才能采用，公式为

$$\rho_{2采用} = \rho_2 - k \times \rho_2 \tag{4.3-3}$$

式中，k 为实测的小花间冲刷量与小浪底水库出库沙量之比，初始计算中按 10%考虑，后期按实测资料实时修正；$\rho_{2采用}$为最终采用的小浪底水库出库含沙量。据此向小浪底水库建设与管理局下发逐时段含沙量调令。

六、结语与展望

黄河调水调沙的调度方式是多种多样的，随着来水来沙条件、下游河道边界条件及

各水库工程边界条件的变化，其调度方式需要在实践中不断深化、调整，相关的技术支持也需要进一步深化研究。目前急需探讨解决的问题主要包括：①小浪底水库异重流调控的规律研究。小浪底水库现状库区形态下，异重流潜入、运行、坝前爬高与入库、出库水沙的关系，不同高程孔洞泄流的流量、分流比与异重流（坝前）厚度、流速分布、含沙量垂线分布之间的关系等。②小浪底浑水水库规律研究。研究浑水水库形成机理、持续时间、含沙量分布等的规律，以及不同高程孔洞泄流的流量、出库含沙量、分流比与浑水水库厚度、体积、含沙量垂线分布、形成时间之间的关系等。③三门峡、小浪底两水库壅水、降水排沙规律的研究（黄河勘测规划设计有限公司，1993）。④三门峡、小浪底两水库不同孔洞组合的出库含沙量规律的研究。⑤细颗粒泥沙在黄河下游河道输移规律的研究。研究不同流量级、不同河道边界条件下，异重流、浑水水库排沙（中值粒径一般为 0.008mm）时，下游河道的冲淤情况、冲淤临界含沙量、泥沙输移距离等规律。⑥水沙联调的流量、含沙量对接技术研究。⑦单库、二库、三库、四库、五库联调模型研究（含浑水调洪模型）等（张金良，2004）。

参 考 文 献

黄河防汛总指挥部办公室. 2002. 黄河调水调沙试验预案.

黄河防汛总指挥部办公室. 2003. 黄河四库水沙联合调度(调水调沙)预案. 郑州：黄河防汛总指挥部办公室.

黄河勘测规划设计有限公司. 1993. 小浪底水利枢纽工程初步设计报告. 郑州：黄河勘测规划设计有限公司.

张金良. 2004. 黄河水库水沙联合调度问题研究. 天津大学博士学位论文.

张金良，乐金苟，季利. 1999. 三门峡水库调水调沙(水沙联调)的理论和实践. 人民长江，(S): 28-30.

第四节　黄河中下游水库群水沙联合调控技术研究[①]

黄河是世界上最复杂、最为难治的河流，水少沙多、水沙异源、水沙关系不协调是最为突出的特征。黄河下游水患之所以严重，其主要根源是水少沙多导致河道严重淤积、萎缩。在长期治黄实践探索中，人们逐渐意识到必须在充分考虑黄河下游河道输沙能力的前提下，利用蓄水工程改变水流流态，调整天然水沙过程，充分发挥水流的自然输沙能力，使不适应的水沙关系变得协调，从而达到使黄河下游河道冲刷或不淤的目的（李国英，2002）。

一、黄河下游水沙调控指标

为塑造和谐的水沙关系，达到黄河下游河道冲刷或不淤的目的，必须确定一系列具有可操作性的指标。根据《维持黄河下游排洪输沙基本功能的关键技术研究》制定的水沙调控体系指标，在水沙调控过程中，流量应尽可能达到或接近黄河下游最大过洪能力，同时搭配相应的含沙量和持续时间。由此，可初步提出近期利用小浪底水库调控实现塑

① 作者：李永亮，张金良，魏军

造和维持黄河下游 4000m^3/s 的系列水沙调控指标，见表 4.4-1。在洪水发生漫滩时，转入防洪调度运用。

表 4.4-1　黄河下游洪水期、非洪水期花园口站水沙调控指标

时段	调控指标			备注
	调控流量/（m^3/s）	调控含沙量/（m^3/kg）	调控时间/d	
洪水期	2800	35	＞8	非漫滩洪水调控流量根据实际平滩流量确定，矩形峰；漫滩洪水过程按 $Q_{洪峰}/Q_{平均}$＞1.2 控制，且洪峰沙峰同步
	3000	40	＞8	
	3200	42	＞8	
	3400	44	＞8	
	3600	46	＞6	
	3700	47	＞6	
	3800	48	＞6	
	3900	49	＞5	
	4000	50	＞5	
	6000	130	＞5	
非洪水期	＜800	清水	—	

由表 4.4-1 可以推算出，黄河下游水沙关系调控措施实施的最小水量（即实施 2800m^3/s 的调控流量，历时大于 8d）应在 19.35m^3 以上，如果考虑目前黄河下游的漫滩流量 3600～3800m^3/s，所需最小水量应在 18.66 亿 m^3 以上（此时的实施过程保持在 6d 以上）。

二、黄河中游水库群建设现状

自河口镇至桃花峪为黄河中游，河段长 1206.4km，流域面积 34.4 万 km^2，占全流域面积的 45.7%，同时也是黄河泥沙的主要来源区，来沙量占全河总来沙量的 90%以上。目前，黄河中游干支流上已建成的水库主要有万家寨、三门峡、小浪底、故县和陆浑水库，陆浑水库和故县水库建设在小浪底至花园口区间。黄河中游干支流水库运用水位及相应蓄水量见表 4.4-2。

表 4.4-2　黄河中游干支流水库运用水位及相应蓄水量

水库名称	洪水期				非洪水期	
	前汛期水位/m	相应蓄量/亿 m^3	后汛期水位/m	相应蓄量/亿 m^3	最高蓄水位/m	相应蓄量/亿 m^3
万家寨	966	3.26	970	3.99	980	6.41
三门峡	305	0.53	305	0.53	318	4.34
小浪底	225	20.08	248	51.21	275	109.30
故县	524	4.70	534.3	6.40	548	10.10

注：其中万家寨、三门峡、小浪底三座水库的数据为 2006 年 4 月实测值

三、水库群联合调度运用模式

由水沙关系调控措施实施的最小水量对来水组合进行分析，所需水量组成主要可分

为黄河河口镇以上来水、河口镇至龙门区间来水、渭河来水、小浪底至花园口区间来水、水库蓄水五部分，其他部分的来水对水沙调控整体影响不大。当前 4 种来水的不同组合与万家寨、三门峡、小浪底、故县和陆浑等水库蓄水的可调总水量满足要求时，即可实施水沙联合调控。黄河下游水沙调控流程见图 4.4-1。

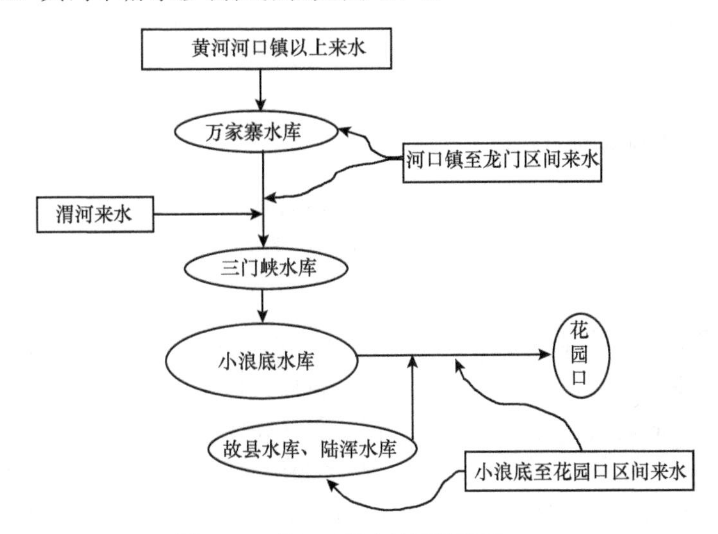

图 4.4-1　黄河下游水沙调控流程

结合水库调度现状和可调水量分析，从图 4.4-1 可以看出，小浪底水库为黄河干流进入下游河道水沙关系调控的关键控制性工程，所有进行黄河下游河道水沙关系调控的措施必须围绕小浪底水库的调度运用展开。

对万家寨、三门峡、小浪底、故县和陆浑水库联合调度运用，建立黄河中游水库群的水沙联合调控运用公式，有

$$R = R_{小} + \beta_1 R_{万} + \beta_2 R_{三} + \beta_3 R_{故} + \beta_4 R_{陆} \tag{4.4-1}$$

式中，β_1、β_2、β_3、β_4 根据不同的来水方式，取值分别为 0 或 1；$R_{小}$、$R_{万}$、$R_{三}$、$R_{故}$、$R_{陆}$ 分别代表小浪底、万家寨、三门峡、故县和陆浑水库。

由于黄河上游龙羊峡水库和刘家峡水库陆续建成投入运用，黄河上游来水年内径流分配发生了变化，也就是说黄河河口镇以上来水在全年的过程变得比较平缓。因此在全河水沙调控开始之前，或者黄河上游未发生较大洪水时，河口镇以上来水在黄河下游水沙调控水量组成中只是一个重要组成部分，暂不起决定性作用。因此，对于黄河下游水沙调控的水量，应重点分析河口镇至龙门区间来水、渭河来水、小浪底至花园口区间来水、水库蓄水的组合。

当以河口镇至龙门区间来水为主，或者以河口镇至龙门区间和渭河同时来水为主时，β_1、β_2 为 1，β_3、β_4 为 0，即小浪底、万家寨、三门峡三座水库联合调度进行黄河下游水沙调控。

当以渭河来水为主时，β_2 应为 1，β_1、β_3、β_4 为 0，即小浪底、三门峡两座水库联合调度进行黄河下游水沙调控。

当以小浪底至花园口区间来水为主，或者以小浪底至花园口区间和渭河来水同时为

主时，β_2、β_3、β_4为 1，β_1为 0，即小浪底、三门峡、故县、陆浑四座水库联合调度进行黄河下游水沙调控。

当以水库蓄水为主时，视水库蓄水情况，确定 β_1、β_2、β_3、β_4的取值，从而选择合适的水库调度运行方式。当河口镇至龙门区间、渭河、小浪底至花园口区间同时来水时，β_1、β_2、β_3、β_4为 1，即小浪底、万家寨、三门峡、故县和陆浑五座水库联合调度进行黄河下游水沙调控。

四、水库群联合调度运用实施

以龙门站代表龙门以上区间来水，以华县站代表渭河来水，以长水、武陟、黑石关、小花（小浪底至花园口河段，下同）干流代表小浪底至花园口区间来水，对花园口站来水组成进行分析。

根据预报和实测的龙门、潼关、华县等水文站流量过程，三门峡水库的调控运用方式，龙门、长水、武陟、黑石关、小花干流等站（区间）的流量（含沙量）过程，陆浑水库、故县水库的调控运用方式，并结合花园口站流量对接模型和含沙量模型的分析计算结果，推算出满足花园口站水沙调控指标的小浪底出库水沙过程，据此对小浪底水库进行出库流量和含沙量调度。当小浪底水库出库含沙量过小难以满足调度要求时，以最大出库含沙量来调控水沙过程（李国英，2002）。

在维持黄河下游河槽排洪输沙基本功能的水沙调控过程中，由于黄河上游水库和万家寨水库调度下泄水量传播到三门峡水库的时间较长，因此只考虑潼关站洪水过程和小浪底、三门峡、陆浑、故县四座水库的调度，以实现花园口站流量调控指标。

根据花园口站洪水水量来源组成分析，花园口站洪水主要由小浪底水库泄水、黑石关来水和武陟来水三部分组成，同时黑石关来水又可表示为长水站来水、龙门镇来水和区间加水三部分，由此可建立如下关系式：

$$Q_{花t1} = \alpha_2 Q_{小t2} + \alpha_3 Q_{黑t3} + \alpha_4 Q_{武} + Q_{小花干r(修正)} \quad (4.4\text{-}2)$$

$$Q_{黑t3} = \alpha_5 Q_{长t5} + \alpha_6 Q_{龙t6} + Q_{伊洛间r(修正)} \quad (4.4\text{-}3)$$

式中，α_2、α_3、α_4分别为小浪底站、黑石关站和武陟站来水组成花园口站洪水的权重；α_5、α_6分别为长水站和龙门镇站来水组成黑石关站洪水的权重；$Q_{花t1}$、$Q_{小t2}$、$Q_{黑t3}$、$Q_{武}$、$Q_{长t5}$、$Q_{龙t6}$分别为 t_1、t_2、t_3、t_4、t_5、t_6时刻花园口站、小浪底站、黑石关站、武陟站、长水站、龙门镇站的洪水流量；$Q_{小花干r(修正)}$、$Q_{伊洛间r(修正)}$为不同流量级别下区间加水的修正值。

由于洪水传播时间存在不确定性因素，相同洪水的传播时间可能会不同，每次洪水组成花园口站洪水的权重会略有不同，因此采用神经网络模型算法对α_2、α_3、α_4、α_5、α_6进行优化计算，选取满意值。

运用神经网络建立模型，将 2002～2005 年各站历史洪水资料作为学习样本，建立花园口站流量对接模型。利用神经网络建立 3 个输入 1 个输出的两层 BP 网络，将 2002～2004 年花园口流量大于 2300m^3/s 的资料作为输出，流量的时间间隔为 4h，进行网络训练，训练样本共 359 个，网络训练完成后对 2005 年水沙调控期间花园口流量大于 2300m^3/s 的过程进行预报。经分析计算可以得出，小浪底 14h 前、黑石关 10h 前、武陟 6h 前的流量作为输入资料计算结果较优。网络的输入分别为早于花园口流量的 14h 前小浪底流量、10h 前黑石关流量、6h 前武陟流量，输出为花园口流量，共 135 个样本，预报结果见表 4.4-3。

表 4.4-3 神经网络流量对接模型预报结果

平均误差/%	最大误差/%	<10%的个数	<15%的个数	>10%的个数	>15%的个数	>20%的个数	>30%的个数
7.12	36.98	107	126	28	9	3	1
占总数的百分数/%		79.26	93.33	20.74	6.67	2.22	0.74

在模型应用中，根据固定输出流量和黑石关、武陟的流量，调整小浪底的输入流量，即固定花园口流量为 2600m^3/s 以上，调整小浪底的下泄流量，充分利用黑石关和武陟的来水，实现花园口流量大于 2600m^3/s 的目标。另外，在模型实际应用时需要预知黑石关和武陟的流量，黑石关最少需提前 10h，武陟最少需提前 6h。对于两站的未来流量，可以通过神经网络模型或其他方法进行预报。

除了对各时段流量、含沙量进行实时修正，还必须对花园口站已出现的水沙过程进行滚动监控，计算出调控开始至当前花园口站水沙过程的平均流量、平均含沙量，以便检验是否到达预期目标。如果出现较大偏差，则在后期的调度中给予补救，最终使整个过程的平均值达到要求的量值。

（一）调度过程分析

可以概括为“无控区清水负载，小浪底补水配沙，花园口实现对接”。即根据实时水情和水库蓄水情况，利用小浪底水库将中游洪水调控为含沙量较高的浑水；通过调度故县水库和陆浑水库，使伊河、洛河、沁河的清水对浑水进行稀释，冲刷入海。并且使小浪底水库下泄的浑水与小花间清水在花园口站对接（李国英，2002）。

（二）调度过程控制

满足黄河下游用水需求的小浪底出库流量计算公式为

小浪底出流 = 豫鲁饮水 + 河道损失 + 利津生态用水 − 小花间加水 − 东平湖出水

为做到精细调度，应根据水文滚动预报，向三门峡、小浪底、陆浑、故县等水库特别是小浪底水库不间断地下发调令。

向小浪底水库下发的调令以时段制给出时段平均流量、平均含沙量，一次给出时段数根据小花间流量变幅大小确定，当变幅较大时，一般一次给出 1 个或 2 个时段，小花间流量较为平稳时，一次可给出 3 个甚至更长时段。

对陆浑、故县、三门峡三座水库的调度相应简化，可给出自某时刻开始按什么方式或按多大流量控制运用。

当要求小浪底水库的流量较小、含沙量较高、浑水层厚度较大时（调控初期），由排沙洞和机组进行组合，排沙洞轮流排沙。反之，当要求的流量较大、含沙量较低、浑水层厚度较小时（调控中后期），以明流洞和机组为主，利用排沙洞微调来满足要求。

组合模式的流量和含沙量的计算公式分别为

$$Q_{出库}=Q_{排沙}+Q_{机组}+Q_{明流}$$

$$S_{出库}=(Q_{排沙}S_{排沙}+Q_{机组}S_{机组}+Q_{明流}S_{明流})/Q_{出库}$$

针对机组过流的流量变量，用排沙洞进行补充，使出库均匀化，以合理的流量组合调控出库适配含沙量，即流量、含沙量双变量对接调控运用。

小浪底水库的沙量主要来自潼关上游河段，在进行水库水沙调控时，花园口站沙量主要来自小浪底水库排沙。

五、2005 年黄河下游水沙调控分析

（一）水沙调控目标

2005 年水沙调控目标是：进入汛期后，使万家寨水库、三门峡水库、小浪底水库降至汛限水位，在确保滩区安全的前提下，尽可能增大下游主槽的行洪排沙能力，力争使平滩流量在相对较短的时期内达到 4000～5000m^3/s，同时尽量减少小浪底库区淤积。

（二）2005 年汛初各河段干滩流量预估

采用 2005 年 4 月实测大断面资料，运用多种方法对下游河道各断面 2005 年汛前的平滩流量进行分析论证，黄河下游各河段平滩流量为：花园口以上为 5000m^3/s，花园口—夹河滩为 4000m^3/s 左右，夹河滩—高村为 3500m^3/s 左右，高村—艾山为 3200m^3/s 左右，艾山以下大部分为 3300m^3/s 以上，其中彭楼—陶城铺河段的杨集和孙口断面附近平滩流量分别为 3050m^3/s 和 3000m^3/s，是平滩流量最小的两个局部河段。

（三）水沙调控指标选取

2005 年水沙调控控制花园口流量除了满足提高黄河下游河槽排洪输沙基本功能的调控指标要求，还应同时满足以下要求：①控制下游河道水流不漫滩：②使下游主槽发生全线冲刷；③兼顾下游引水。根据下游河道当时过流能力分析成果，下游河道当时最小平滩流量达到 3000m^3/s。

综合考虑，2005 年水沙调控以控制花园口流量 3000m^3/s 为宜，控制小黑武（小浪底、黑石关、武陟三站）含沙量小于 35kg/m^3，随着水沙调控的进行和下游平滩流量的恢复，结合水沙调控期间的监测情况，调控流量可逐步增加，控制小黑武含沙量小于 40kg/m^3。

六、2005 年黄河下游水沙调控过程

根据 2005 年汛前小浪底水库蓄水情况和下游河道的状况，2005 年水沙调控生产运行过程分为两个阶段：第一阶段是在中游不发生洪水的情况下，利用小浪底水库下泄一

定流量的清水，冲刷下游河槽，同时，逐步加大小浪底水库的泄放能量，确保水沙调控生产运行的安全，同时通过逐步加大流量，提高冲刷放率；第二阶段是在小浪底库水位降至 230m 时，利用万家寨水库和三门峡水库蓄水及三门峡库区非汛期拦截的泥沙，通过水库联合调度，塑造有利于在小浪底库区形成异重流排沙的水沙过程。

（一）黄河下游水沙过程

黄河下游花园口站以下各站受小浪底水库控泄和伊洛河来水的共同影响，于 2005 年 6 月 9 日至 7 月 3 日发生了一次持续洪水过程。其中，小浪底站 6 月 20 日 21 时最大流量为 3820m^3/s，最高水位为 136.75m，最大含沙量为 10.9kg/m^3。花园口站 6 月 24 日 16 时最大流量为 3550m^3/s，最高水位为 92.85m，7 月 1 日 8 时最大含沙量为 8.57kg/m^3。高村站 6 月 26 日 6 时最大流量为 3510m^3/s，最高水位为 62.93m，6 月 23 日 8 时最大含沙量为 11.3kg/m^3。利津站 7 月 3 日 6 时最大流量为 3090 时 m^3/s，最高水位为 13.31m，6 月 20 日 8 时最大含沙量 23.2kg/m^3。

（二）调控效果分析

计算结果表明，水沙调控期间下游河道冲刷量为 0.68 亿 t。其中，艾山—泺口河段为微淤，其他河段都是冲刷，其中孙口以上河段冲刷较多，占利津以上河段冲刷量的 89.3%，孙口以下河段冲刷量所占比例只有 10.7%。水沙调控期间，利津以上河段的冲刷效率为 0.0144t/m^3。

水沙调控期间，对水文站的监测断面做了测验。根据监测断面标准水位下的断面面积和主槽宽度的计算分析结果，小浪底监测断面变化很小；花园口监测断面在水沙调控洪水的洪峰流量附近面积最大，表明发生了“涨冲落淤”现象，主槽的宽度由 435m 展宽到 483m，展宽了 48m；夹河滩、高村和孙口监测断面在洪峰流量附近的面积最小，说明这三个断面也发生了“涨冲落淤”现象；艾山、泺口和利津断面也出现了“涨冲落淤”现象；除了花园口监测断面主槽展宽，其他监测断面主槽宽度在水沙调控期间变化不大。

排洪能力大小可以用同流量水位、水位面积关系等表示。2005 年水沙调控之后的第一场洪水，是“05 • 7”洪水，即小浪底水库 7 月 5 日至 9 日发生的洪水。将“05 • 7”洪水涨水期的沿程同流量水位和水沙调控洪水涨水期的沿程同流量水位进行比较可以看出，除夹河滩站以外，其他站的同流量水位均是下降的，其中泺口站的同流量水位下降最明显。

七、结语

2005 年水沙调控生产实践取得了明显效果。全下游河道共冲刷 0.68 亿 t，冲刷效率为 0.0144t/m^3。除夹河滩断面以外，其他站的同流量水位均是下降的，表明河槽过流面积增大，排洪能力增强。

参考文献

黄河防汛总指挥部办公室. 2003. 黄河四库水沙联合调度(调水调沙)预案. 郑州: 黄河防汛总指挥部办公室.
李国英. 2002. 黄河调水调沙. 人民黄河，24(11): 1-4.
李国英. 2004. 基于空间尺度的黄河调水调沙. 中国水利, (3): 15-19.
水利部黄河水利委员会. 2004a. 黄河调水调沙试验. 郑州: 水利部黄河水利委员会.
水利部黄河水利委员会. 2004b. 黄河首次调水调沙试验. 郑州: 水利部黄河水利委员会.

第五节 黄河下游中常洪水水沙调控技术研究[①]

黄河是中国第二大河，其输沙量、含沙量均为世界之最，是一条举世闻名的高含沙河流，在世界大江大河中是绝无仅有的。古人以“黄水一石，含泥六斗”来描述黄河的多沙状况。水少沙多造成下游河道淤积和主槽萎缩，小洪水条件下即可造成大范围漫滩。近年来，国家对黄河治理投入了大量人力、物力、财力，成效显著，然而水沙关系不协调问题仍未得到根本解决。

一、黄河的水沙问题

黄河下游水患之所以严重，其主要根源是水少沙多导致河道严重淤积。

水沙不平衡、水少沙多是黄河流域水沙关系的突出特点，主要表现在三个方面：一是水少沙多，黄河流域大部分属于干旱、半干旱大陆性气候，降水量和径流量较少，流域内多年平均径流量约为 $5.80\times10^{10}m^3$（席家治，1995），而黄河多年平均输沙量约为 1.6×10^9t。随着经济发展和人口增多，沿黄地带工农业用水及人民日常生活耗水逐渐增多。二是水沙异源，黄河泥沙中的 90%来自中游的黄土高原，内蒙古河口镇以上的来水量占下游来水量的 54%，来沙量占下游来沙量的 9%，三门峡以下伊河、洛河、沁河的来水量占 10%，来沙量占 2%，这两个地区是黄河水量的主要来源区；河口镇至龙门区间两岸支流的来水量占 14%，来沙量占 55%，龙门至潼关区间的两岸支流来水量占 22%，来沙量占 34%，这两个地区是黄河泥沙的主要来源区（张金良，2004）。三是天然水沙分布不均，主要集中在汛期 7～10 月，汛期水量约占全年水量的 60%，沙量更为集中，约占 85%甚至更高，且往往集中在几场洪水；水沙量年际变化也很大，沙量更为集中，往往集中在几个大沙年份。

二、黄河中下游调控工程现状

“增水、减沙、调水调沙”是对应解决黄河“水少沙多、水沙关系不协调”问题的三条有效途径。但要最大限度地发挥其作用，必须依靠完善的水沙调控体系联合运用。黄河水沙调控体系是指对黄河洪水、径流（包括南水北调西线工程调水量）、泥沙进行有效调控，是具有相互联系的干支流骨干水库工程体系。目前，黄河中下游已经建成三

---

① 作者：张金良，史玉品，魏向阳

门峡、小浪底、陆浑、故县等四座骨干工程，这四座工程建成以来，在黄河中下游防洪（包括防凌）、减淤、调水调沙和水量调度等方面发挥了巨大作用，有力地支持了沿黄地区经济社会的持续发展。

（一）水库联合调度防洪作用巨大

三门峡水库、小浪底水库和陆浑水库、故县水库的联合调度运用，显著削减了黄河下游稀遇洪水，使花园口断面100a一遇洪峰流量由29 200m^3/s削减到15 700m^3/s，1000a一遇洪峰流量由42 100m^3/s削减到22 600m^3/s，接近花园口站设防流量22 000m^3/s，大大减轻了黄河下游的防洪压力。

（二）减少了黄河下游河道的泥沙淤积

自1960年9月至1964年10月，三门峡水库拦沙45.37亿m^3，使黄河下游河道冲刷23亿t。第一次改建后到1970年7月，下游河道又回淤到建库前的情况。小浪底水库通过水库拦沙和调水调沙对下游河道发挥减淤作用，根据设计阶段分析，小浪底水库拦沙约100亿t，可使下游河道减淤76亿t左右，约相当于下游河道20年的淤积量。

（三）开展多种形式调水调沙塑造协调水沙关系

在长期的黄河治理实践中，逐步认识到通过大型水库的统一调度和控制运用改善水沙关系，对减缓下游河道淤积具有十分重要的作用。小浪底水库的建成运用，为实施调水调沙创造了条件。自2002年以来，黄河相继进行了三次大规模的调水调沙试验、五次调水调沙生产运行。在八次调水调沙过程中，干支流骨干水库发挥了关键性作用。

（四）调控工程的局限性

现有骨干工程在黄河防洪（防凌）、减淤、防断流、灌溉、供水等方面发挥了巨大的作用，促进了黄河的治理开发和流域及相关地区经济社会的发展。但是，现状骨干工程在调控黄河水沙方面还有很大的局限性，主要表现在：小浪底水库实施库区泥沙多年调节和部分年调节，延长拦沙运用年限非常艰难；小浪底水库拦沙库容淤满后，将不能长期维持下游一定过流能力的中水河槽等。

三、水沙调控技术研究

近几年来，黄河洪水预报、防洪调度工作得到了较快的发展。1997年底，中国与芬兰合作项目“黄河防洪减灾软件系统”建设完成。2001年7月以黄河中游地区中尺度数值降水预报模式研究、黄河中游地区卫星云图面平均降雨量估算研究、黄河三花间部分地区雷达观测雨量估算研究及短时天气预报研究、常规预报方法研究、系统综合平台开发应用研究等为主要内容的黄河水利委员会治黄专项项目“小花间致洪天气预报系统”正式投入运行。2002年7月黄河中下游洪水预报子系统通过了项目验收，2004开发的黄河防洪预报调度管理（耦合）系统等均通过验收。这些研究均把重点放在洪水预报及水量计算方面，泥沙问题并没有得到很好的解决。

在当前黄河中游水库群已经大部分投运的情况下，如何利用水库群的控制和调节，既能保持水库的有效库容，使枢纽的防洪、防凌、灌溉、供水、发电等效益得以充分发挥，又能塑造出合适的水沙过程，使下游河道河床稳定在“允许淤积量”内甚或有所冲刷，是水沙联合调度的研究范畴。2002 年以来连续几年的黄河调水调沙试验和生产运行对该问题进行了研究和探索。2006 年底黄河水利委员会组织河海大学、天津大学等联合开展了“十一五”国家科技支撑项目研究——“黄河中下游水沙调控关键技术研究”。该项目进行的研究主要包括以下几个专题：黄河水沙调控的技术瓶颈之一“黄河中游洪水泥沙预报”；实现预报与水沙调度耦合、水库调度与库区冲淤模型计算耦合、下游河道水沙演进与冲淤模型计算耦合的“水库群水沙联合调控模型”；通过排沙底孔或其他孔洞加装深入库区的管道，利用管道分段开口等方式构建深入库区的排沙廊道，使得坝前冲刷漏斗范围延伸，从而加大漏斗冲刷，达到人工加沙目的的“水工布置方式加沙技术”；研究小浪底水库异重流潜入、挟沙能力、沿程阻力与局部能量损失、干支流倒灌的“水库异重流输沙关键技术”；解决汛前调水调沙水库下泄清水或含沙量偏低造成输沙能力浪费的“深水加沙关键技术”；研究在水库不同的运用时段，明流均匀流排沙、壅水明流排沙及降水排沙规律的“水库明流排沙及降水冲刷研究”；研究水库群在不同的组合条件下，水沙调控目标及调度模式、洪水泥沙调度及场次洪水之间耦合与影响的“小浪底水库及库群水沙调度方式”。经过近两年的研究，这些专题都已经取得了初步的成果。

四、中常洪水水沙调控研究

为防止小浪底水库过快淤积，国家批准的黄河中下游的中常洪水常规调度方案是指当花园口站发生 4000～8000m^3/s 高含沙洪水时，小浪底水库将按进出库平衡运用。根据对潼关站不同典型洪水计算分析的结果，此种情况下，花园口站流量将达到 5000～9000m^3/s，黄河下游滩区将大面积进水，堤防偎水严重，防洪形势将十分严峻，而此时小浪底的水位仍然在 225m 左右，还有相当大的防洪库容。不仅是小浪底水库，陆浑水库、故县水库也存在类似的问题。因此，为了研究特殊的政治、社会条件下的调度方式，兼顾各方利益，我们尝试了利用小浪底水库及库群水沙调度方式研究成果对中常洪水进行水沙调控，供决策者参考。

（一）洪水类型及调度目标

通过对历史洪水统计分析，按照“上大、下大、上下较大、高含沙、低含沙”等组合，选择了上大型高含沙（9208）洪水、上大型低含沙（8107）洪水、上下较大型高含沙（9608）洪水、上下较大型低含沙（8308）洪水及下大型低含沙（8208）洪水，每场洪水通过缩放又分成 5000m^3/s、6000m^3/s、7000m^3/s、8000m^3/s 四个量级共 20 场典型洪水。按照水沙联合调控思想，以最大程度地减轻黄河下游防洪压力和滩区损失、力争水库和河道少淤积为目标。调控方式分为敞泄、控泄两种，利用现有水库、河道数学模型、预报调度耦合系统等进行了 40 个方案的洪水调度方案计算。

（二）洪水调度

现选择上大型高含沙（9208）8000m^3/s量级的洪水，详细分析其调度过程。

1. 降雨洪水情况

1992 年 8 月 7～8 日，在西起内蒙古鄂尔多斯的杭锦旗，东至山西的河曲，39°～40°N 地区先后降暴雨。暴雨中心有雨个，一个是内蒙古东胜，另一个是陕西神木的中鸡。8 月 7 日 22 时 40 分至 8 日 7 时 56 分，东胜降雨量为 108mm，中鸡为 97mm。8 月 9～10 日，雨区南移，陕西境内的延河、北洛河流域及泾河上游先后降暴雨，暴雨中心在北洛河上游的吴旗，降雨量为 78mm。8 月 11～13 日，雨区继续南移至泾河、渭河中游，暴雨中心景村站、黑峪口站的降雨量分别为 133mm 和 104mm。

受降雨影响，黄河北干流、泾河、渭河、洛河相继发生了洪水，黄河干流也发生了一次洪水过程，各主要站洪水特征值见表 4.5-1。

表 4.5-1　“92.8”洪水主要站洪水特征值表

水文站	流量		水位		含沙量	
	最大流量/（m^3/s）	出现时间	最高水位/m	出现时间	最大含沙量/（kg/m^3）	出现时间
龙门	7740	9 日 9:10	385.95	9 日 9:10	374	11 日 4:00
华县	3950	14 日 2:00	340.95	14 日 2:00	509	12 日 20:00
状头	3080	11 日 11:10	373.34	11 日 11:10	908	11 日 0:30
潼关	3620 4020	10 日 7:00 15 日 0:00	328.99	10 日 6:00	379	14 日 14:20
三门峡	4610	—	278.66	15 日 8:00	481	14 日 20:00
小浪底	4550	15 日 15:42	139.37	15 日 20:00	534	15 日 14:00
花园口	6430	16 日 19:00	94.33	16 日 18:00	454	16 日 2:00

2. 调度过程及结果

1）敞泄

调度方式：按照调度原则进行，四座水库全部敞泄。

结果分析：花园口站洪峰流量 7678m^3/s，三门峡水库最高水位 314m，陆浑水库最高水位 310m，故县水库最高水位 520m，小浪底水库最高水位 220m。

2）控泄

调度方式：小浪底水库按照先预泄，后控制下游河道不漫滩，然后降低水位排沙，最后回蓄的方式运用；三门峡水库按照敞泄方式运用；陆浑水库、故县水库按照本流域防洪方式运用。

调度过程：小浪底水库预泄时间为 7 月 18 日 2 时至 20 日 2 时两天时间，预泄流量为 3800m^3/s，预泄后小浪底的水位降至 210.57m；随后开始控泄，7 月 20 日 2 时至 8 月 14 日 0 时控泄流量为 3800m^3/s，小浪底库水位先升至 240.12m，然后降至 210.43m，14 日 0 时至 16 日 0 时控泄流量为 1500m^3/s，小浪底水库开始回蓄，16 日 0 时至 17 日 8

时控泄流量为800m³/s，小浪底库水位回升为212.11m。其间，三门峡水库敞泄运用，最高水位313.67m；陆浑水库、故县水库最高水位分别为310.00m、520.00m。

表4.5-2列出的是控泄方式下典型洪水的特征值。可以看出，5种类型20场洪水中除上大型高含沙洪水、下大型低含沙 6000m³/s 及以上量级洪水和上下较大型高含沙 6000m³/s 及以上量级洪水外，通过四库联合调度，大部分可将花园口站洪峰流量控制到 4000m³/s 以下，从而有效地减轻黄河下游的防洪压力和降低漫滩损失。

表 4.5-2　控泄方式下典型洪水调度过程特征值汇总表

洪水类型	典型年	洪水量级/（m³/s）	花园口站洪峰流量/（m³/s）	12天洪量/亿m³	三门峡水库水位/m	陆浑水库最高水位/m	故县水库最高水位/m	小浪底水库最高水位/m
上大型高含沙	9208	5000	4017	39.09	305	310	520	219.02
		6000	4018	39.39	306	310	520	223.11
		7000	4020	39.47	308	310	520	230.27
		8000	4017	39.4	314	310	520	240.12
上大型低含沙	8107	5000	3804	35.75	305	310	520	224
		6000	3804	36.34	306	310	520	222.55
		7000	3829	39.4	310	310	520	223.65
		8000	3815	39.4	315	310	520	239.62
上下较大型高含沙	9608	5000	3796	29.41	305	311	521	226.78
		6000	4260	34.77	305	312	521	230.1
		7000	4502	39.86	305	317	527	234.71
		8000	4895	39.13	305	312	522	226.61
上下较大型低含沙	8308	5000	3926	28.97	305	313	531	222.36
		6000	3802	33.99	305	313	530	226.41
		7000	3842	33.5	305	313	533	228.82
		8000	3929	37.65	305	313	533	232.71
下大型低含沙	8208	5000	3998	12.88	305	310	520	224.79
		6000	4233	18.28	305	311	522	224.78
		7000	4427	18.37	305	312	522	226.99
		8000	5771	20.43	305	312	523	226.77

（三）水库及下游河道冲淤

水库的冲淤计算采用水文水动力学数学模型，库容曲线采用2008年4月实测库容曲线，小浪底水库起调水位为220m。黄河下游河道的冲淤计算采用水动力学数学模型，河道地形条件采用2008年汛前实测大断面。

对所计算的不同典型年洪水过程，考虑敞泄和控泄两种方案，库区冲淤计算结果见表4.5-3。可以看出，一般情况下敞泄运用的排沙比大于控泄运用，相应库区少淤；敞泄运用方式下，排沙比一般随入库流量增大而增大，而控泄运用方式下，排沙比一般随入库流量增大而减小，因此一般两种运用方式入库流量越大，排沙比相差越大。对于 1983 年小浪底入库 5000m^3/s、6000m^3/s 流量级洪水过程和 1996 年小浪底入库 5000m^3/s 流量级洪水过程，控泄运用方式下，出库流量大于入库流量，因此控泄方案的排沙比略大于敞泄方案。

表 4.5-3　不同方案小浪底水库及下游河道冲淤计算结果表

典型洪水	方案		入库沙量/亿 t	出库沙量/亿 t	淤积量/亿 t	排沙比/%	模型计算下游冲淤量/亿 t		
	洪水量级/（m^3/s）	调控方式					槽	滩	全河段
8107	5000	敞泄	3.58	1.16	2.42	32	−0.655	0.032	−0.623
		控泄	3.58	1.13	2.45	32	−0.613	0.020	−0.593
	6000	敞泄	3.68	1.22	2.46	33	−0.697	0.028	−0.669
		控泄	3.68	1.15	2.53	31	−0.629	0.016	−0.613
	7000	敞泄	4.60	1.87	2.73	41	−0.959	0.168	−0.791
		控泄	4.60	1.65	2.95	36	−0.698	0.011	−0.687
	8000	敞泄	6.47	2.44	4.03	38	−1.368	0.236	−1.132
		控泄	6.47	1.68	4.79	26	−0.961	0.023	−0.938
8208	5000	敞泄	0.42	0.10	0.32	24	−0.274	0.040	−0.234
		控泄	0.42	0.03	0.39	7	−0.161	0.001	−0.16
	6000	敞泄	0.46	0.12	0.34	25	−0.312	0.045	−0.267
		控泄	0.46	0.11	0.35	24	−0.258	0.006	−0.252
	7000	敞泄	0.57	0.16	0.41	28	−0.411	0.048	−0.363
		控泄	0.57	0.10	0.47	18	−0.277	0.012	−0.265
	8000	敞泄	0.57	0.16	0.41	28	−0.483	0.087	−0.396
		控泄	0.57	0.10	0.47	18	−0.347	0.036	−0.311
8308	5000	敞泄	0.90	0.25	0.65	28	−0.615	0.021	−0.594
		控泄	0.90	0.35	0.55	39	−0.623	0.018	−0.605
	6000	敞泄	1.13	0.34	0.79	30	−0.767	0.039	−0.728
		控泄	1.13	0.39	0.74	35	−0.746	0.023	−0.723
	7000	敞泄	1.35	0.42	0.93	31	−0.840	0.052	−0.788
		控泄	1.35	0.41	0.94	30	−0.825	0.040	−0.785
	8000	敞泄	1.59	0.52	1.07	33	−1.075	0.079	−0.996
		控泄	1.59	0.41	1.18	26	−0.899	0.036	−0.863
9208	5000	敞泄	5.64	2.13	3.51	38	−0.580	0.055	−0.525
		控泄	5.64	1.95	3.69	35	−0.444	0.043	−0.401
	6000	敞泄	5.64	2.13	3.51	38	−0.580	0.055	−0.525
		控泄	5.64	1.94	3.70	34	−0.458	0.025	−0.433
	7000	敞泄	7.00	2.89	4.11	41	−0.947	0.251	−0.696
		控泄	7.00	1.99	5.01	28	−0.670	0.073	−0.597
	8000	敞泄	9.20	4.06	5.14	44	−1.209	0.309	−0.900
		控泄	9.20	3.28	5.92	36	−0.667	0.105	−0.562

续表

典型洪水	方案		入库沙量/亿 t	出库沙量/亿 t	淤积量/亿 t	排沙比/%	模型计算下游冲淤量/亿 t		
	洪水量级/（m^3/s）	调控方式					槽	滩	全河段
9608	5000	敞泄	2.80	0.96	1.84	34	−0.446	0.068	−0.378
		控泄	2.80	1.26	1.54	45	−0.421	0.049	−0.372
	6000	敞泄	3.89	1.42	2.47	37	−0.662	0.074	−0.588
		控泄	3.89	1.45	2.44	37	−0.478	0.054	−0.424
	7000	敞泄	5.51	2.30	3.21	42	−0.801	0.183	−0.618
		控泄	5.51	1.63	3.88	30	−0.557	0.066	−0.491
	8000	敞泄	6.13	2.66	3.47	43	−1.069	0.273	−0.796
		控泄	6.13	1.54	4.59	25	−0.653	0.069	−0.584

由表 4.5-3 可见，一般情况下，水库敞泄运用排沙比大于控泄运用排沙比，入库流量级越大，水库敞泄运用排沙比越大，控泄运用排沙比越小。水库提前预泄，降低坝前水位，可增大水库排沙比。典型洪水各方案的黄河下游河段均表现为冲刷，虽然敞泄方案进入黄河下游的沙量大于控泄方案，但相应进入下游的流量也大，因此敞泄方案的下游冲刷量大于控泄方案；当下游洪峰流量大于下游河段平滩流量时，洪水上滩，会造成滩地淤积，由于控泄方案该流量过程历时很短，滩地淤积量很小，因此敞泄方案的淤积量大于控泄方案，但滩地淤积也不大，均在 0.3 亿 t 以下。

五、结语与建议

（1）五种类型 20 场中常洪水中，除上大型高含沙洪水下大型低含沙 6000m^3/s 及以上量级洪水和上下较大型高含沙 6000m^3/s 及以上量级洪水外，通过四库联合调度，均可将花园口站洪峰流量控制到 4000m^3/s 以下。

（2）一般情况下，水库敞泄运用排沙比大于控泄运用排沙比，入库流量级越大，水库敞泄运用排沙比越大，控泄运用排沙比越小。水库提前预泄，可增大水库排沙比。

（3）无论何种洪水，水库控泄运用对减少水流漫滩的作用是显著的。例如，“82-8000”、“96-8000”洪水水库控泄运用，减少水流漫滩面积 442～474km^2。无论何种类型洪水，水库按敞泄或控泄运用，洪水的漫滩范围均随流量的增大而增大。

（4）通过水库群的优化调度运用，可以较好地控制花园口站的洪峰流量，有效地减轻黄河下游防洪压力和降低漫滩损失，但对水文预报的要求很高，应加强水文预见期和过程预报的精度研究，特别是泥沙预报研究。

（5）黄河下游河道二维数学模型计算所需时间较长，地形更新、处理复杂，实际工作中只能作为预警阶段计算和防洪部署使用，正式预报阶段难以满足防洪决策需求，应加强计算方法研究，简化或改进计算模型，适应快速决策要求。

（6）水沙调控方式随来水来沙条件、下游河道边界条件及各水库工程边界条件的变化而不断深化、调整，因此相关的技术研究也需要进一步深化。

参 考 文 献

王颖, 张永战. 1998. 人类活动与黄河断流及海岸环境影响. 南京大学学报(自然科学版), 34(3): 257-271.
席家治. 1995. 黄河水资源. 郑州: 黄河水利出版社.
张金良. 2004. 黄河水库水沙联合调控问题研究. 天津大学博士学位论文.

第六节　三门峡水库调水调沙（水沙联调）的理论和实践[①]

一、概述

（一）黄河流域的基本概况

黄河全长 5464km，流域面积 75.24 万 km^2。从黄河源区到内蒙古托克托的河口镇为上游，河道长 3472km；从河口镇到河南郑州的桃花峪为中游，河道长 1206km；桃花峪至黄河入海口为下游，河道长 786km，该河段河道约束在两岸大堤之间，是世界闻名的地上“悬河”。由于黄土高原土质疏松，地形破碎，暴雨频繁，水土流失极为严重，大量泥沙输入黄河，因此黄河成为世界上泥沙最多、含沙量最高的河流。

（二）三门峡水利枢纽简介

1. 三门峡枢纽工程概况

三门峡枢纽工程控制流域面积 68.84 万 km^2，占黄河全流域面积的 91.5%，来水量占总来水量的 89%，来沙量占总来沙量的 98%，是以防洪为主，兼有防凌、灌溉、供水、发电、减淤等综合功能的水库。库区范围包括黄河龙门以下干流及支流渭河、北洛河下游部分，潼关至大坝长 114km，为山区峡谷型水库，渭河、北洛河在潼关附近汇入黄河，交汇地带河床宽 10km 左右。而潼关河床宽突然缩窄到约 1km，形成天然卡口，对黄河干流、渭河及北洛河下游起着局部侵蚀基准面的作用。

枢纽大坝为混凝土重力坝，最大坝高 106m，主坝长 713.2m，坝顶高程 353m，溢流坝段 280m 高程设 12 个底孔，300m 高程设 12 个深孔。左岸 290m 高程设 2 条隧洞，电站坝段设 7 台机组和 1 条泄洪排沙钢管。其中，1～5 号机进口高程 287m，6 号、7 号机和钢管进口高程 300m，水库防洪运用水位 335m，相应库容 60 亿 m^3，枢纽电站装机 40 万 kW。

2. 三门峡水库来水来沙概况

入库年均水量 424 亿 m^3，年均沙量 16 亿 t、含沙量 37.7kg/m^3。水量年内分布很不平衡，汛期（7～10 月）水量占全年的 60%，非汛期（11 月至翌年 6 月）占 43%；沙量分布不平衡程度更甚于水量，汛期沙量占全年的 83%，主要集中来自几次较大洪水，非汛期沙量占 17%。此外，水沙量的年际变化很大，实测最大年水量 840 亿 m^3（1964 年），

① 作者：张金良，乐金苟，季利

最高含沙量911kg/m^3（1977年），建库后最大入库流量15 400m^3/s。随着人类活动（水土保持等）影响的加剧，入库水沙量从20世纪70年代起开始发生较明显的变化，随着来水量的减少，输沙量减少更多。

二、水库调水调沙的理论

修建在多泥沙河流上的水库与一般清水河流不同，黄河含沙量高、泥沙多，在调节径流的同时必须进行泥沙调节，亦即进行调水调沙，才能既保持一定的有效库容以发挥水库综合效益，同时又尽可能调整出库水沙搭配关系，有利于下游河道减淤。

（一）调水调沙控制淤积上延，防止水库"翘尾巴"

水库淤积上延现象，是多泥沙河流在淤积条件下河床自动调整的自然规律。在回水淤积和比降调整的相互作用下，水库回水末端和淤积末端不断上延，形成所谓的"翘尾巴"现象，引起上游淹没和浸没。调水调沙是指通过控制运用水位使淤积在库首的泥沙得以冲刷下移，以控制淤积上延。

（二）调水调沙以实现库区冲淤平衡

水库泥沙的大量落淤，必然减少兴利库容，影响水库设计效益的发挥。因此要有合理的水库运用方式，实行调水调沙，在非汛期抬高库水位蓄水兴利，在汛期洪量大、泥沙集中时则降低水位防洪，同时排沙冲刷库区河槽（包括非汛期淤积的泥沙），以保持库容，实现库区的冲淤平衡。

（三）调水调沙以减少下游河道淤积

调水调沙在冲刷库区淤积的泥沙出库时，要尽可能避免加重下游河道淤积。为此采取的办法是：将非汛期淤积的泥沙调节到汛期排出，改变黄河下游非汛期粗沙淤积河槽的局面；将汛期流量较小时期的泥沙，调节到流量较大时期排出，使水沙峰相适应，充分利用黄河下游河道大水带大沙的特点，以利于下游河道输送泥沙。

（四）调水调沙以减少过机泥沙

泥沙对机组过流部件的磨损会引起机组效率下降，使检修周期缩短；水轮机部件因泥沙影响会加剧震动，甚至会影响机组的正常运行。减轻泥沙对水轮机的磨损，除改进水轮机过流部件的曲线、改善材料质地（必要时加涂抗磨材料，选用合适机型）和在枢纽水工建筑物上设置适当的排沙防沙设施外，在水库运用方式上也必须采取措施（包括调沙库容和发电时段的选择）实施调水调沙，以减少过机泥沙，进而减轻水轮机磨蚀，在实践中其作用比前者更为重要。

三、三门峡水库调水调沙的实践

三门峡水利枢纽作为黄河下游的重要控制工程，为研究多泥沙河流的治理开发提供了一个极好的课堂和试验基地。

（一）水库运用方式的变化

三门峡枢纽工程兴建后，水库经历了“蓄水拦沙”、“滞洪排沙”及“蓄清排浑”3个运用时期。

1.“蓄水拦沙”运用（1960年9月至1962年3月）

水库1960年9月15日开始蓄水，1961年2月9日蓄至最高水位332.58m，1962年3月入库水量为717亿m^3、沙量为17.36亿t，有13%的泥沙以异重流形式排出库外。由于水库回水超过潼关，库区淤积严重，潼关高程（1000m^3/s水位）上升4.5m，335m高程以下库容损失约17亿m^3。

2.“滞洪排沙”运用（1962年4月至1973年10月）

这一运用期水库经历了以下两个阶段。

（1）原建规模期（1962年4月至1966年6月）。泄流建筑物只有原建的12个深孔，虽然水库敞开闸门泄洪排沙，水库的排沙比由原来的6.8%增大到63%，库区淤积有所缓和，但因泄流排沙设施不足，以及泄水建筑物高程分布不合理，在丰水丰沙的1964年，水库滞洪淤积仍十分严重。在此期间，水库淤积25.7亿m^3，且库区淤积不断向上游发展，两岸地下水位抬高，沿岸浸没盐碱面积增大。

（2）工程两次改建期（1966年7月至1973年10月）。为减缓水库淤积，先后进行了两次增建、改建。第1次增建了2条隧洞，改建4条发电引水铜管为泄流排沙管。第2次改建打开了8个原施工导流孔，并将1～5号发电铜管进口降至287m高程，装机进行发电。水库的泄流能力进一步提高，潼关以下库区冲刷4亿m^3，槽库容恢复到接近建库前水平，形成高滩深槽，潼关高程下降了近2m，潼关以上库区由上延造成的淤积问题也基本解决，为三门峡水库控制运用创造了条件。

3.“蓄清排浑”运用（1973年11月至今）

“蓄清排浑”运用即在来沙少的非汛期蓄水防凌、春灌、供水、发电，汛期降低水位防洪排沙，将非汛期淤积在库内的泥沙调节到汛期特别是洪水期排出。这种调水调沙的实践表明，在一般水沙条件下，潼关以下库区能基本保持冲淤平衡，遇不利的水沙条件，当年非汛期淤积还不能全部排出库外，有利水沙条件可能微冲或保持冲淤平衡。水库的冲淤特性还与水库各个时期的调度紧密相关，具体的控制指标是水库的运用水位，根据非汛期各运用阶段，结合来水来沙状况适当调整水库运用水位，控制淤积部位，可在汛期将非汛期淤积的大部分泥沙排出库外。

（二）水工泄流建筑物的抗磨蚀探索

黄河泥沙居世界各大河之首，高含沙水流对泄流建筑物造成极其严重的磨蚀，尤其以底孔为甚，最严重的2号底孔底板在工作门后形成多处大面积冲坑，最大坑深达20cm，钢筋裸露，导致进口门槽导轨无法使用。其原因是底孔进口高程低，过水流速大和含沙量高，运行历时长。

为此，在枢纽二期改建过程中采用辉绿岩铸石板、环氧砂浆、水泥石英砂浆和金属材料等多种抗磨材料。实践证明，在多泥沙河流上要使泄流建筑物一劳永逸不受磨损是不现实的，综合考虑，高强混凝土具有良好的抗磨性，能满足工程要求，施工又简单，造价也低廉，故选其作为抗磨的基本材料并大面积使用。环氧砂浆具有较高的黏结强度，便于与母材黏结，故对于底孔闸门槽后镶护钢板采用环氧砂浆抹面修复。对于其他局部有特殊要求的部位也辅以相适应的材料。上述抗磨蚀探索在工程运用中证明是有效的、成功的。

（三）汛期浑水发电试验

水库在“蓄清排浑”运用方式下，汛期的主要任务是防洪排沙。为充分利用黄河汛期水能资源，在对黄河水沙规律的进一步认识和水工建筑物进一步完善的基础上，从1989年开始了汛期浑水发电试验，在减少过机泥沙和筛选机组抗磨材料方面都获得了可喜的经验。

汛期水库入库含沙量高，又要排出非汛期淤积在库内的泥沙，以实现库内年度冲淤平衡，这就需要根据水沙规律，采取相对应的水库运用方式，在实现水库排沙的同时减少发电期的过机泥沙。在水库运用方式上采取的减少过机泥沙的主要措施有以下几种。

1. 选择发电时段

根据三门峡水库多年水沙资料分析，经过 10 年浑水发电试验的总结，将汛期水库运用分为 3 个阶段：汛初发电期、防洪排沙期和恢复浑水发电期。

20 世纪 70 年代以来，三门峡水库汛期平均来水量 190 亿 m^3，平均来沙量 8.2 亿 t。黄河主汛期为 7 月至 8 月。7 月、8 月两月入库水沙量分别占汛期的 48%和 71%，平均含沙量分别为 $59kg/m^3$ 和 $67kg/m^3$，而 9 月、10 月两月则显著降低。另外，汛期水库冲淤主要受流量和水面比降制约，这就自然形成了“大水排大沙”的规律，汛初一般降雨尚未北移，入库流量较小，如果排沙则必然形成“小水排大沙”，加重下游的淤积，此时可控制 305m 水位进行发电试验，时间约半个月；进入 7 月中旬后入库水沙明显增加，当出现 $3000m^3/s$ 洪水后，降低水位至 300m 泄洪排沙；8 月下旬后入库水沙趋于平稳，恢复发电试验直到汛末，其间如遇超过 $3000m^3/s$ 的洪水则停机降低水位排沙。

汛期发电时段总的原则就是：洪水排沙，平水发电，充分利用洪水时段泄洪排沙以实现库区冲淤平衡，平水时段（含沙量较低）安排发电试验。

2. 利用不同高程水工建筑物设施

枢纽工程布置了不同高程的泄水设施，根据泥沙垂线分布特点，开启高程较低的泄水建筑物进行分沙分流，对减少过机泥沙有一定的作用。10 年的观测资料表明，有底孔过流时过机含沙量较出库含沙量偏低 20%左右。在实际的发电运行期，根据机组运行情况和来沙特点，通过尽可能启用底孔泄流，达到降低过机含沙量和细化过机泥沙粒径的目的。

3. 利用调沙库容

调沙库容即在发电水位以下有一定的库容，暂时存蓄发电时入库的部分泥沙，使出库泥沙较天然情况有所减少，达到减少过机泥沙特别是减少粗颗粒泥沙的目的。调沙库容实际上就是利用洪水排沙，在一定发电水位下形成的一定规模的库容，实测资料表明，利用调沙库容可使过机含沙量较入库含沙量偏低40%左右。

总之，在确保水库防洪、减淤的前提下，通过选择适宜的发电时段、发挥高程最低的底孔分沙分流作用及利用调沙库容，可有效减少过机泥沙、细化泥沙粒径，达到减轻机组过流部件磨蚀破坏和增加发电效益的目的。

（四）水库调水调沙的新探索

进入20世纪90年代后，黄河水沙发生了急剧变化，同时小浪底水库即将投运。因此，三门峡水库“蓄清排浑”运用方式亦应做相应的调整，实现水库联合调度，更有利于下游防洪、防凌、灌溉、供水、减淤任务的完成。

1. 与小浪底水库联调，承担防洪、防凌任务

小浪底水利枢纽工程建成投运后，两库联合运用可使黄河下游防洪标准从目前不足100a一遇提高到1000a一遇，控制下游洪水流量在河道设防标准22 000m^3/s以内；小浪底水库的20亿m^{3}防凌库容与三门峡水库的15亿m^{3}防凌库容联合运用，通过控制河道流量，配合下游分凌等措施，将基本解除下游的凌汛威胁。

从长远来讲，三门峡和龙羊峡、刘家峡、小浪底及规划的大柳树、碛口、古贤等水利枢纽一起组成治黄总体规划中的七大骨干工程，可以在很大程度上解决黄河防洪和防凌问题，在相当长时间内显著减缓下游河道淤积；采用“蓄清排浑”调水调沙的运用方式，还可长期发挥减淤作用；同时利用七座水库的巨大库容，可以充分调节黄河水量，更好地发挥灌溉、供水、发电等综合效益。

2. 与小浪底水库联调，降低汛期排沙水位

小浪底水库建成投运后，下游河道减淤的任务主要由其完成。三门峡水库可以按照来水来沙的变化趋势和发电需要选择排沙流量与水位。当前随着11号、12号底孔的相继开启，枢纽工程泄流规模进一步加大。通过以往的实践和理论分析，小浪底水库投运后，如果来水进一步减少，为加速水库冲刷排沙，库水位可以降到290～295m（相应流量为1500m^3/s）甚至更低进行敞泄排沙。

3. 与小浪底水库联调，调整汛期发电水位

1969年“四省会议”确定的汛期发电水位为305m。随着枢纽工程的改建、运用管理技术的提高、泄流规模的扩大和水库运用方式的变化，调整汛期发电水位是可行的。水库不同运用时期泄流规模和排沙比变化见表4.6-1。

表 4.6-1　不同运用时期泄流规模和排沙比变化

时段	泄流规模/（m³/s）	排沙比/%	运用方式	排沙形式
1960 年 9 月至 1962 年 3 月	3080	14.9	“蓄水拦沙”	异重流
1962 年 4 月至 1969 年 12 月	6102	46	“滞洪排沙”	滞洪排沙
1970 年 1 月至 1973 年 10 月	9059	113	“滞洪排沙”	滞洪排沙
1973 年 11 月至 1998 年 11 月	8991	121	“蓄清排浑”	敞泄排沙
1998 年 11 月以后	9771	＞124	“蓄清排浑”	敞泄排沙

排沙比变化说明水库调沙能力进一步增强，而汛期水库冲刷的特点是沿程冲刷和溯源冲刷相结合，溯源冲刷范围一般发展到距坝 73～100km 的大禹渡至古夺断面。水库运用的实际资料表明，汛期水位变幅对近坝区的冲淤效果显著，大禹渡以上库区仍属自由河道，冲淤主要受水库来水来沙制约。也就是说，大禹渡断面以下库区淤积的泥沙水库能够控制，汛期水位可以调整。

因受上游龙羊峡水库和刘家峡水库的调节、沿途引水的增加及上中游水土保持的建设治理等因素影响，三门峡水库汛期水沙量都将大幅度减少，洪水次数减少，洪峰量级和洪量也将大幅减少，调整汛期发电水位更是成为可能。

现阶段汛期水位是发电的最低水位，基本上属径流发电，水库没有调蓄能力，造成大量水力资源的浪费。此外，为改善越来越严重的黄河断流现象，同样也有必要调整汛期水位。因此，为充分发挥三门峡水库综合效益，在不影响潼关河床高程的情况下应调整汛期发电水位，由 305m 调整至 307～308m，进入汛末平水期后可逐步蓄水至 312m。

总之，通过三门峡水利枢纽“蓄清排浑”调水调沙 20 多年的运用经验总结，结合黄河水沙条件变化、枢纽泄流设施变化与上下游水利工程的修建，尊重 1969 年陕、晋、豫、鲁“四省会议”确定的“合理防洪、排沙放淤、径流发电”水库运用原则，实事求是，尊重科学，在确保西安、确保下游防洪安全的前提下，在保持潼关河床高程基本稳定的条件下，水库运用方式必须调整，兼顾上下游利益，才可能发挥水库最大的综合效益。

四、实施水库调水调沙的条件

（一）非汛期有水可供调蓄，汛期有水可用于排沙

水库非汛期可供调蓄利用的能力主要受非汛期来水量的制约。具体到三门峡水库，非汛期 8 个月来水量为 160 亿～180 亿 m³ 时，占全年水量的 40%～50%，因此有水可蓄是实行调水调沙运用方式的一个必要条件；此外，全年泥沙要在汛期 4 个月内排出水库，排沙又要求一定的水量和较大的洪水流量，这也是调水调沙的另一个必要条件。

（二）水库地形条件应当基本上是峡谷型

非汛期泥沙绝大部分淤积在主槽以内，才能在汛期通过降低水位的溯源冲刷和洪水的沿程冲刷的联合作用排出水库。具体到三门峡水库，在距坝 114km 的潼关以下大部分地区，经过前期蓄水和滞洪运用已形成相对高滩深槽，而潼关以上汇流区库面宽、浅，一旦淤积不易冲刷恢复。因此，确定非汛期蓄水水位必须使回水不影响潼关以上地区，

才能做到控制淤积部位以便于汛期冲刷。减缓潼关河床高程的上升以限制淤积向上游发展也是三门峡水库调水调沙的特点。

（三）必须使各级水位有足够的泄量及操作灵活的启闭措施

三门峡水库改建后各级水位的泄流能力均有大幅度提高，特别是低水位的泄流能力。具备这一能力就能大大地降低洪水期水位，适应洪水排沙的要求，而对一般洪水尽量不进行滞洪，减轻库区淤积以充分利用下游河道的行洪输沙能力。

（四）枢纽必须具备与排沙相适应的泄流设施布设

由于对泥沙淤积库容和水轮机磨损的严重性认识不足，在枢纽水工建筑物中都没有布设排沙底孔或高程低于机组进口的泄流排沙设施，以致水轮机磨损和水库淤积严重。三门峡枢纽建成投运后，被迫重新打开施工导流底孔用于泄流排沙。根据这些经验教训，后来黄河干流上修建的一系列水电站，在水工建筑物布设上，都普遍设置了与排沙相适应的泄流设施。

（五）需要科学的精细调度和科学的勇敢探索

三门峡枢纽从建设到现在，始终处在认识—实践—再认识—再实践的过程，如泄流建筑物的增建、改建，汛期浑水发电试验，特别是水库运用方式由“蓄水拦沙”到“滞洪排沙”再到“蓄清排浑”的转变。正是经过科学的精细调度和科学的勇敢探索，才逐步总结出适应黄河水情、沙情的运用规律，丰富了调水调沙的理论和实践。小浪底工程建成投运后，三门峡水库运用方式将要调整，具体的调度还继续需要科学的勇敢探索。

五、结语

三门峡水库的实践说明，调水调沙是多泥沙河流保持长期有效库容和控制淤积上延的成功运用方式。要实现黄河水资源的综合利用，必须从防洪、防凌、灌溉、发电、供水和泥沙调节等各方面统筹考虑，这就是黄河的特点。三门峡水利枢纽调水调沙的不断实践和探索，为我国在多泥沙河流上水利工程的建设和管理谱写了新的篇章。

参 考 文 献

杨庆安，缪风举. 1994. 黄河三门峡水利枢纽运用研究文集. 郑州：河南人民出版社.

第七节　黄河2007年汛前调水调沙生产运行分析[①]

黄河2007年汛前调水调沙（总第六次）自6月19日9时开始，7月3日9时结束，在确保防洪工程和滩区安全及满足引黄供水需求的前提下，实现了进一步提高主槽过洪

① 作者：张金良，魏向阳，柴成果，赵咸榕，曲少军，陶新

能力、利用水库群水沙联合调度成功塑造异重流排泄库区泥沙、深化对水沙运动规律认识的三大预期目标，取得了圆满成功。

一、调水调沙背景

2006年汛后，黄河水利委员会继续按照洪水资源化和水沙联合调控思想，在完全满足下游工农业用水和河口生态用水等前提下，通过精细调度，为2007年汛前实施调水调沙储备了足够的水量。

调水调沙前（6月19日8时），万家寨、三门峡、小浪底3座水库汛限水位以上共计蓄水31.31亿m^3，其中小浪底水库汛限水位以上蓄水量为25.64亿m^3。根据当时水库的蓄水和用水情况，开展一次调水调沙，冲刷下游主槽、继续提高河道主槽过流能力是十分必要的，客观上也具备了调水调沙所要求的水量条件。

此外，存在的现实问题有：①黄河下游高村—孙口河段主槽平滩流量约为3600m^3/s，其中彭楼—国那里河段预估为3500m^3/s，是全下游主槽平滩流量最小的河段，黄河下游河道过流能力需要进一步提高；②2007年汛前小浪底库区干流的淤积形态发生了较为明显的变化，客观上具备人工塑造异重流排沙出库、延长小浪底水库使用寿命的条件；③黄河的水沙和河道冲淤变化十分复杂，小浪底水库的长期运行仍存在许多技术难题，需要继续探索。

二、调水调沙预案的确定

（一）指导思想和目标

（1）指导思想。通过联合调度万家寨、三门峡、小浪底等水库的水沙，减轻下游河道的防洪压力，合理使用黄河水资源，维持黄河健康生命。

（2）目标。①实现黄河下游河道主槽的全线冲刷，继续提高主槽的排洪输沙能力；②继续探索人工塑造异重流情况下水库群水沙联合调度的方式，尽最大努力减少库区淤积；③进一步深化对河道、水库水沙运动规律的认识。

（二）调控指标

（1）万家寨水库。在调水调沙运用前，水库蓄水至977m左右，6月22日前后，按1200m^3/s下泄3d，冲刷三门峡库区库尾泥沙，配合三门峡水库在小浪底库区塑造人工异重流。

（2）三门峡水库。在6月19日前，三门峡水库维持蓄水位318m。6月22日三门峡开始均匀下泄库区的蓄水，6月29日库水位降至312m时，加大流量至4000m^3/s下泄，直至泄空。在临近泄空时出库含沙量迅速增高，之后出现较大流量的高含沙水流，进入小浪底库区形成异重流。

（3）小浪底水库。自6月19日起开始加大下泄流量，即6月19日按控制花园口站流量为2600m^3/s下泄，6月20日按控制花园口站流量为3300m^3/s下泄，6月21～22

日按控制花园口站流量为3600m^3/s连续下泄2d后，增加调控流量至3800m^3/s连续泄放至6月24日，6月24日后仍按控制花园口站流量为3600m^3/s下泄。实时调度过程中，视下游河道洪水演进、河势变化、主槽水位高低及工程出险、引黄供水等情况适当加大或减小下泄流量，直至小浪底库水位降至汛限水位。

三、调水调沙过程

整个调水调沙调度过程分为调水期与排沙期两个阶段。

（一）调水期调度

小浪底水库（与西霞院水库联合调度）6月19日9时至28日12时，按照自然洪水先小后大的规律，从2600m^3/s增加到3300m^3/s、3600m^3/s、3800m^3/s、3900m^3/s、4000m^3/s下泄。其间（6月21日9时至28日12时），西霞院水库按敞泄运用。

（二）排沙期调度

（1）万家寨水库。6月22日18时至23日8时，万家寨水库按日平均出库流量1200m^3/s控泄；鉴于黄河上游有一次明显的洪水过程且洪量较大，为确保万家寨水库7月1日前降至汛限水位和满足小浪底水库塑造异重流的需要，6月23日8时起，万家寨水库按流量不小于1500m^3/s下泄3d，之后7月1日前降至汛限水位。

（2）三门峡水库。三门峡水库从6月19日8时开始加大流量下泄，逐步降低水位至313m；6月28日12时起，三门峡水库按4000m^3/s控泄，直至水库泄空后按敞泄运用；7月1日17时起，三门峡水库按400m^3/s下泄，转入汛期正常运用，控制库水位不超过305m。

（3）小浪底水库。6月28日12时至7月3日9时，按照自然洪水消落和涵闸冲沙需要，在异重流高含沙水流出库期间调减下泄流量，防止花园口站洪峰增值过大。出库水流先后经历了3600m^3/s、3000m^3/s、3600m^3/s、2600m^3/s、1500m^3/s控泄台阶。7月3日9时起，小浪底水库逐步回蓄，运用水位按不高于汛限水位225m控制；其间，西霞院水库按400m^3/s均匀下泄。调水调沙期间，小浪底水库共计泄水39.72亿m^3，小浪底至花园口区间来水0.45亿m^3，水库补水25.64亿m^3，进入黄河下游的水量为41.01亿m^3，利津入海水量为36.28亿m^3。

（4）人工异重流塑造过程。6月26日，万家寨水库下泄水流进入三门峡水库。27日8时，三门峡下泄流量达到1010m^3/s，于18时30分在小浪底库区HH19断面下游1200m处观测到异重流，异重流厚度为4.14m，最大流速为0.91m/s，最高含沙量为43.5kg/m^3，标志着异重流已在小浪底水库内产生。6月28日12时，黄河防汛总指挥部调度三门峡水库以4000m^3/s的大流量下泄，28日13时18分，三门峡水库下泄水流洪峰流量为4910m^3/s，下泄清水对三门峡至小浪底河段产生了强烈冲刷。28日23时48分，在小浪底库区HH15断面观测到异重流潜入，实测最大异重流厚度为10.8m，最大流速达到2.87m/s，最高含沙量为85.1kg/m^3。29日20时，高含沙异重流出库，小浪底站含沙量达14kg/m^3。6月30日10时，小浪底站实测最高含沙量达107kg/m^3，推算排沙洞出库含沙量达 230kg/m³，排沙一直持续到 7 月 2 日 16 时。

（三）河势、工情及险情

（1）整个下游除了少部分工程存在上提下挫现象，整体上河势较为稳定。

（2）截至 7 月 3 日，黄河下游滩区共有 33 处、75.48km 生产堤偎水，其中，河南河段共有 14 处生产堤偎水，偎水长度为 32.83km，偎水水深为 0.1～0.5m；山东河段共有 19 处、42.65km 生产堤偎水，偎水水深为 0.1～1.0m。

（3）黄河下游有 72 处工程累计出险 639 坝次，除河南河段的古城控导工程为较大险情外，其他均为一般险情。河南河段有 38 处工程出险 560 坝次，抢险用石 6.11 万 m³、铅丝 81.19t；山东河段有 34 处工程出险 79 坝次，抢险用石 1.24 万 m³、铅丝 10.03t。

四、试验效果

（一）黄河下游冲淤情况

6 月 19 日 9 时至 7 月 7 日 20 时河道水流演进结束，小浪底水库出库沙量为 0.2611 亿 t，利津站输沙量为 0.5240 亿 t，考虑河段引沙，小浪底—利津河段冲刷 0.2880 亿 t，见表 4.7-1。

表 4.7-1　调水调沙期间黄河下游各断面输沙量统计表　（单位：万 t）

水文站	起止时间	输沙量	断面间引沙量	断面间冲刷量
小浪底	6 月 19 日 8 时至 7 月 3 日 8 时	2611	—	—
黑石关	6 月 19 日 8 时至 7 月 3 日 8 时	—	—	—
武陟	6 月 19 日 8 时至 7 月 3 日 8 时	—	—	—
花园口	6 月 19 日 20 时至 7 月 4 日 20 时	3243	18.20	−517.20
夹河滩	6 月 20 日 8 时至 7 月 5 日 10 时	3491	32.84	−413.84
高村	6 月 20 日 23 时至 7 月 6 日 24 时	3655	18.27	−182.27
孙口	6 月 21 日 11 时至 7 月 6 日 12 时	4473	32.98	−850.98
艾山	6 月 21 日 14 时至 7 月 6 日 20 时	4575	60.71	−162.71
泺口	6 月 22 日 4 时至 7 月 7 日 7 时	4819	66.30	−310.30
利津	6 月 22 日 16 时至 7 月 7 日 20 时	5240	21.31	−442.31

（二）下游主槽过流能力变化

（1）水文站最高水位变化。本次调水调沙与 2006 年调水调沙相比，花园口站最高水位（表 4.7-2）仅偏高 0.01m、夹河滩站偏低 0.14m，相应流量分别增大 520m³/s、300m³/s；高村、孙口两站分别偏高 0.13m、0.14m，相应流量分别增大 260m³/s、280m³/s；艾山以下各站偏高 0.18～0.25m，相应流量平均增大 90m³/s。

表 4.7-2　各次调水调沙期间下游主要控制站最高水位及相应流量对比

项目		花园口	夹河滩	高村	孙口	艾山	泺口	利津
2007 年	最高水位/m	92.87	75.98	62.99	49.04	41.83	31.20	13.96
	对应流量/（m³/s）	4290	4100	4050	3980	3950	3930	3910

续表

项目		花园口	夹河滩	高村	孙口	艾山	泺口	利津
2006 年	最高水位/m	92.86	76.12	62.86	48.90	41.70	30.99	13.77
	对应流量/（m^3/s）	3770	3800	3790	3700	3830	3770	3610
2005 年	最高水位/m	92.85	76.92	62.95	48.89	41.43	30.50	13.27
	对应流量/（m^3/s）	3530	3490	3490	3490	3310	3120	2950
2004 年	最高水位/m	92.86	76.73	63.02	48.73	41.52	30.81	13.45
	对应流量/（m^3/s）	2970	2900	2970	2960	2950	2950	2950
2003 年	最高水位/m	93.17	77.27	63.52	48.88	41.75	31.07	13.93
	对应流量/（m^3/s）	2660	2630	2840	2770	2880	2840	2790
2002 年	最高水位/m	93.67	77.59	63.76	49.00	41.76	31.03	13.80
	对应流量/（m^3/s）	3130	3120	2960	2800	2670	2550	2500

（2）同流量水位变化。本次调水调沙落水期与涨水期相比，同流量水位都有不同程度的下降，3000m^3/s 同流量水位一般下降 0.14～0.16m。高村站下降最多，为 0.23m；其次为孙口和艾山两站，均下降 0.16m；夹河滩和利津两站水位略有抬升，但绝对值很小，分别为 0.03m、0.08m。

（3）平滩流量变化。根据水位流量关系线、生产堤偎水情况，经初步分析，黄河下游河道主槽最小平滩流量由调水调沙前的 3500m^3/s 增大到 3630m^3/s，在部分生产堤挡水的情况下，艾山以上河道主槽安全通过了 3980m^3/s 的最大流量。

（三）水库排沙

三门峡水库出库沙量 6012 万 t，小浪底水库异重流排沙 2611 万 t，排沙比达 43.4%，实现了调整三门峡库区、小浪底库区淤积形态的既定目标。

五、结语

（1）在人工塑造异重流方面进一步积累了经验。依靠水库蓄水和河道来水，充分利用自然的力量，通过精确调度万家寨、三门峡、小浪底等水利枢纽工程，在小浪底库区塑造人工异重流、调整淤积形态、加大小浪底水库排沙量等方面积累了新的经验。本次排沙量比前 3 次排沙量总和还多 948 万 t。

（2）加深了对下游河道水沙演进规律的认识。研究发现，当黄河中游发生高含沙洪水时，黄河小浪底—花园口河段多次发生洪峰增值现象，主要为河道受细颗粒泥沙影响、糙率发生变化所致。本次小浪底水库高含沙异重流出库后，将小浪底出库流量由 3600m^3/s 调减到 3000m^3/s，相应时段花园口出现了 4050m^3/s 的流量，成功地避免了花园口洪峰增值过大导致下游漫滩的可能，减轻了工程防守压力。

（3）为河道整治工程设计提供了原型观测数据。黄河下游河道整治工程设计标准为 4000m^3/s，本次调水调沙在小浪底水库以下出现了 4000m^3/s 左右的流量过程，为近 10 年来黄河下游出现的较大水沙过程。此过程对控导工程控制河势的能力进行了最接近设计值的检验，为下一步游荡型河道整治提供了原型观测数据。

（4）再次证明调水调沙作为扩大下游河道排洪能力、处理黄河泥沙、维持黄河健康生命的措施之一是行之有效的。2007 年黄河调水调沙虽然取得了河道排洪能力继续提高、人工塑造异重流成功等良好效果，但是随着调水调沙的持续进行，下游河道河床泥沙粗化，继续提高河道过流能力的难度将越来越大。

第八节　黄河调水调沙实践[①]

黄河问题的症结在于水少沙多、水沙关系不协调，相应的解决措施是增水、减沙与调水调沙，以塑造协调的水沙关系。长期的分析研究表明，黄河下游河道具有“泥沙多来、多排、多淤，少来、少排、少淤”的输沙特点（王开荣等，2002）。在一定的河道边界条件下，其输沙能力与来水流量的高次方（大于 1 次方）成正比，与来水含沙量也存在明显的正比关系。虽然黄河水沙关系严重不协调，但只要能找到一种合理的水沙搭配，水流就能尽可能多地将所挟带的泥沙输送入海，同时又不在下游河道造成明显淤积，还可显著节省输沙用水量。调水调沙是在充分利用河道输沙能力的前提下，利用水库的可调节库容，对来水来沙进行合理的调节控制，适时蓄存或泄放水沙，变不协调的水沙关系为协调的一种技术手段，可达到减轻下游河道淤积甚至冲刷下游河槽的目的（刘善建，2005），对黄河下游输沙规律的研究，逐步奠定了调水调沙的理论基础。特别是小浪底水利枢纽工程规划设计、国家“八五”和“九五”科技攻关、小浪底水库初期运用方式等研究成果的提出，使得调水调沙作为解决黄河下游水沙关系不协调关键措施之一的理念逐步形成。调水调沙最终要通过水库的调度运用来实现，相对于黄河来水，黄河中游的万家寨和三门峡等水库调节库容很小，无法单独承担调水调沙任务。小浪底水利枢纽工程的建成运用，使得开展大规模调水调沙成为可能。

一、指导思想和总体目标

（一）指导思想

通过水库联合调度、泥沙扰动和引水控制等手段，把不同来源区、不同量级、不同泥沙颗粒级配的不协调水沙关系塑造成协调的水沙关系，有利于下游河道减淤甚至全线冲刷，开展全程原型观测和分析研究，检验调水调沙调控指标的合理性，进一步优化水库调控指标，探索调水调沙生产运用模式，以利于长期开展以防洪减淤为重心的调水调沙运用，为新形势下践行可持续发展水利、促进人与黄河和谐相处奠定科学基础，为黄河下游防洪减淤和确定小浪底水库运行方式提供重要参数与依据，继而深化对黄河水沙规律的认识，探索黄河治理开发新途径。

（二）总体目标

检验、探索小浪底水库拦沙初期阶段运用方式和调水调沙调控指标；实现下游河道全

---

① 作者：张金良

线冲刷，尽快恢复下游河道主槽的过流能力；探索调整小浪底库区淤积形态和下游河道局部河段河槽形态；探索黄河干支流水库群水沙联合调度的运行方式并优化调控指标，以利于长期开展以防洪减淤为重心的调水调沙运用；探索黄河水库、河道的水沙运动规律。

在指导思想和总体目标下，每次又根据当年的实际情况，对调水调沙指导思想和总体目标略作调整。

二、调水调沙概况

（一）小浪底水库拦沙初期所处的特殊阶段及有关调水调沙的前期研究成果

小浪底水库拦沙初期，输沙率相对较小（李立刚，2005），但通过水库的合理调度，下游河道可能达到较高的冲刷效率，提高过流输沙能力。在不显著影响下游河道冲刷效率的前提下，水库尽可能利用异重流排沙，减缓拦沙库容的损失，也是调度运用中应考虑的重要问题之一。进入黄河下游的水沙关系严重不协调，使得黄河下游防洪和治理开发面临许多亟待解决的焦点问题，其中，尤以尽快恢复下游主槽的行洪排沙能力、缓解两岸滩区 181 万群众人水难以和谐相处和“二级悬河”危险局面为当务之急。综合考虑各方面的利弊，小浪底水库调水调沙应以保证下游河槽沿程全线冲刷、尽快恢复其行洪排沙的基本功能为前提。同时，为尽可能使小浪底多排沙出库，长期以来，黄河水利委员会联合国内其他科研单位和大专院校对小浪底水库的调水调沙运用开展了大量的分析研究，并根据水库拦沙初期运用的特点提出了水库调水调沙运用的调控指标。

1. 调控流量

调控流量是指水库调节控制花园口断面两极分化的临界流量。黄河下游为含沙量低于 20kg/m^3 的低含沙水流，随着花园口流量的增大，下游河道的冲刷发展部位下移。当花园口流量为 1000m^3/s 左右时，冲刷可发展到高村附近，高村以上冲刷较弱，高村以下微淤；当花园口流量为 1000～2600m^3/s 时，高村以上冲刷增强，冲刷逐步发展到艾山附近，艾山以下微淤；当花园口流量为 2600m^3/s 时，艾山至利津河段微冲；当流量高于 2600m^3/s 时，全下游冲刷，艾山至利津河段冲刷逐渐明显。考虑到小浪底水库初期运用时出库含沙量较低，一般为低含沙洪水，下游河道目前平滩流量较小，为了使各河段均能发生较为均匀的冲刷，尽可能提高下游河道的减淤效果，确定控制花园口断面调控流量为 2600～3700m^3/s（刘继祥等，2000）。

2. 调控库容

在以往研究成果的基础上，采用 1986～1999 年历年的实测水沙过程，按照 2000 年水利部审查通过的调水调沙方案，进一步进行分析计算，起始运行水位 210m、调控流量为 2600m^3/s 时，调控库容采用 8 亿 m^3 基本可以满足调水调沙运用要求。

3. 调水调沙下限运用水位

根据最低发电要求水位，5 号和 6 号机组要求小浪底库水位不能低于 205m，1 号至 4 号机组要求库水位不能低于 210m。综合分析，调水调沙下限运用水位采用 210m，虽然对小浪底水库的调水调沙已进行了深入研究并有大量的技术储备，但面对复杂多变的水沙条件、下游河道边界条件和全新的水库群水沙联合调度技术，以及黄河长治久安与区域经济、社会发展的矛盾，仍有许多问题需要通过科学试验特别是原型试验加以检验，通过试验总结其中各个环节的经验，深化对其关键技术问题的认识至关重要，因此，调水调沙生产实践与试验相辅相成，同样是极其重要的。

（二）调水调沙试验

根据多年的研究成果，2002～2004 年黄河水利委员会进行了 3 次调水调沙试验，根据不同来源区水沙条件、水库蓄水情况和工程调度原则，采用了 3 种不同的试验方案。

1. 首次试验

2002 年 5 月和 6 月，黄河上中游来水较近几年同期偏丰，截至 6 月底，小浪底库水位已达到 236.09m，水库蓄水量为 $43.41\times10^8m^3$，汛限水位 225m 以上水量为 $14.21\times10^8m^3$，汛限水位以上水量加上对未来几天的预估来水量，具备了调水调沙试验的水量条件。

综合考虑下游部分河段主槽过洪能力已不足 $3000m^3/s$ 的河道条件、水库的蓄水量和试验目标，确定该次试验的方案为控制花园口站流量不小于 $2600m^3/s$，时间不少于 10d，平均含沙量不高于 $20kg/m^3$，相应的艾山站流量为 $2300m^3/s$ 左右，利津站流量为 $2000m^3/s$ 左右。

2002 年 7 月 4 日上午 9 时，小浪底水库开始按调水调沙方案泄流，7 月 15 日 9 时小浪底出库流量恢复正常，历时共 11d，平均下泄流量为 $2740m^3/s$；下泄总水量为 $26.1\times10^8m^3$，其中河道入库水量 $10.2\times10^8m^3$，小浪底水库补水量 $15.9\times10^8m^3$（汛限水位以上补水 $14.6\times10^8m^3$）；出库平均含沙量为 $12.2kg/m^3$，花园口站 $2600m^3/s$ 以上流量持续 10.3d，平均含沙量为 $13.3kg/m^3$；艾山站 $2300m^3/s$ 以上流量持续 6.7d，利津站 $2000m^3/s$ 以上流量持续 9.9d。7 月 21 日，调水调沙试验水流全部入海。

2. 第二次试验

2003 年 8 月 25 日至 11 月初，黄河发生了历史上罕见的秋汛，至 2003 年 9 月 5 日 8 时，小浪底水库蓄水位已达 244.43m，相应蓄水量为 $53.7\times10^8m^3$，距 9 月 11 日以后的后汛期汛限水位相应蓄水量仅差 $6.2\times10^8m^3$，同时，在前期的调度中，三门峡水库采取了敞泄排沙运用，在小浪底水库形成了高程为 204.4m、厚度为 22.2m 的浑水层。

花园口调控指标确定为：①流量调控，以小花间来水为基流，控制小浪底出库流量在花园口站进行叠加，控制花园口站平均流量在 $2400m^3/s$ 左右；②含沙量调控，以伊洛河、沁河含沙量为基数，考虑小花间干流河道的加沙量，调控小浪底水库的出库含沙量，控制花园口站平均含沙量在 $30kg/m^3$ 左右。

9 月 6 日 9 时开始试验，9 月 18 日 18 时 30 分结束，历时 12.4d。小浪底水库下泄水量为 $18.25\times10^8m^3$，沙量为 0.74×10^8t，平均流量为 $1690m^3/s$，平均含沙量为 $40.5kg/m^3$；通过小花间的加水加沙，相应的花园口站水量为 $27.49\times10^8m^3$，沙量为 0.856×10^8t，平均流量为 $2390m^3/s$，平均含沙量为 $31.1kg/m^3$；利津站水量为 $27.19\times10^8m^3$，沙量为 1.207×10^8t，

平均流量为 2330m^3/s，平均含沙量为 44.4kg/m^3。

3. 第三次试验

为了实现第三次试验所要达到的目标，在黄河水库泥沙、河道泥沙、水沙联合调控等领域多年研究成果与实践的基础上，尽量利用自然力量，辅以人工干预，科学设计、调控水库与河道的水沙过程（李国英，2004），调度过程如下。

1）水库调度

第一阶段（6 月 19 日 9 时至 29 日 0 时）：控制万家寨库水位在 977m 左右；小浪底水库按控制花园口站流量 2600m^3/s 下泄清水，库水位自 249.1m 下降到 236.6m。

第二阶段（7 月 2 日 12 时至 13 日 8 时）：万家寨水库自 7 月 2 日 12 时至 5 日 24 时，出库流量按日均 1200m^3/s 下泄；7 月 7 日 6 时库水位降至 959.89m 之后，按进出库平衡运用。

三门峡水库自 7 月 5 日 15 时至 10 日 13 时 30 分，按照“先小后大”的方式泄流，起始流量为 2000m^3/s。7 月 7 日 8 时，万家寨水库下泄流量为 1200m^3/s 的水流在三门峡库水位降至 310.3m 时与之成功对接，如图 4.8-1 所示，此后，三门峡水库出库流量不断加大，当出库流量达到 4500m^3/s 后，按敞泄运用。7 月 10 日 13 时 30 分泄流结束，水库转入正常运用。

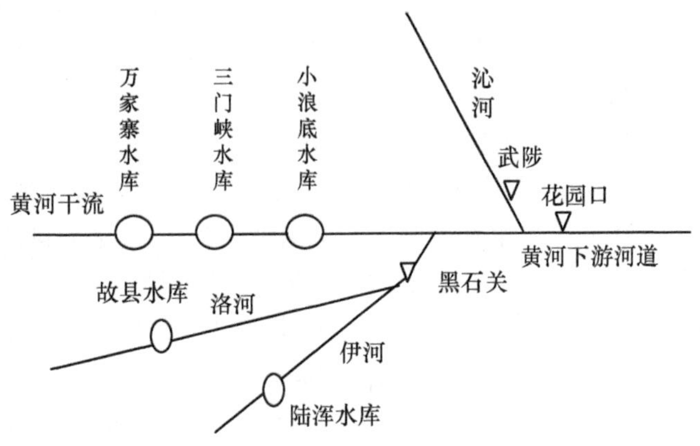

图 4.8-1 基于空间水沙对接的试验示意图

小浪底水库自 7 月 3 日 21 时起按控制花园口站流量 2800m^3/s 运用，出库流量由 2550m^3/s 逐渐增至 2750m^3/s，尽量使异重流排出水库。7 月 13 日 8 时小浪底库水位下降至汛限水位 225m，调水调沙试验中的水库调度结束。

2）人工异重流塑造过程

按照试验方案，人工异重流塑造分两个阶段。

第一阶段：7 月 5 日 15 时，三门峡水库开始按 2000m^3/s 流量下泄，小浪底水库淤积三角洲发生了强烈冲刷，库水位 235m 回水末端附近的河堤站（距坝约 65km）含沙量达 36～120kg/m^3，7 月 5 日 18 时 30 分，异重流在库区 HH34 断面（距坝约 57km）潜入，并持续向坝前推进。

第二阶段：万家寨水库和三门峡水库水流对接后冲刷三门峡库区淤积的泥沙，较高含沙洪水继续冲刷小浪底库区淤积三角洲，并形成异重流的后续动力，推动异重流向坝前运动。

7 月 8 日 13 时 50 分，小浪底库区异重流排沙出库，浑水持续时间约 80h，至此，首次人工异重流塑造获得圆满成功。

（三）调水调沙生产运行

1. 2005 年调水调沙

根据 2005 年汛前小浪底水库蓄水情况和下游河道的状况，2005 年调水调沙生产运行过程分为两个阶段。①预泄阶段（6 月 9～16 日）：在中游不发生洪水的情况下，利用小浪底水库下泄一定流量的清水，冲刷下游河槽，同时，逐步加大小浪底水库的泄放能量，确保调水调沙生产运行的安全，提高冲刷效率。②调水调沙阶段（6 月 16 日至 7 月 1 日）：在小浪底库水位降至 230m 时，利用万家寨水库、三门峡水库的蓄水及三门峡库区非汛期拦截的泥沙，通过水库联合调度，塑造有利于在小浪底库区形成异重流排沙的水沙过程，同时，在下游“二级悬河”最严重和局部平滩流量最小的杨集和孙口两河段实施人工扰沙。

2. 2006 年调水调沙

在调水调沙过程中，实施了万家寨、三门峡和小浪底水库群水沙联合调度。6 月 10～14 日为调水调沙预泄期，调水调沙自 6 月 15 日正式开始，至小浪底库水位降至汛限水位结束，调水调沙过程如下。

（1）调水期（6 月 15 日 9 时至 25 日 12 时）：6 月 10 日始，小浪底水库按 1500m^3/s、2000m^3/s、2600m^3/s、3000m^3/s、3300m^3/s、3500m^3/s、3700m^3/s 控泄；6 月 25 日 12 时，三门峡库水位降至 316m，小浪底库水位此时也降至 230m，进入排沙期。

（2）排沙期（6 月 25 日 12 时至 29 日 9 时）：水库调度及人工异重流塑造过程。

万家寨水库按迎峰度夏发电要求下泄，其中 21 日最大日均下泄流量 800m^3/s；即自 6 月 21 日 8 时至 22 日 8 时起，按日均流量 800m^3/s 下泄。

6 月 25 日 12 时起，三门峡水库分别按 3500m^3/s、3800m^3/s、4100m^3/s、4400m^3/s 台阶式控泄，当下泄能力小于 4400m^3/s 时，按敞泄运用，小浪底水库按 3700m^3/s、2600m^3/s、1800m^3/s 台阶式控泄至汛限水位 225m，之后按 800m^3/s 控泄 2d。

3. 2007 年汛前调水调沙

根据调水调沙目标，整个调水调沙调度分为调水期与排沙期两个阶段。

1）调水期

6 月 19 日 9 时至 28 日 12 时，小浪底水库（与西霞院水库联合调度）按照自然洪水先小后大的规律，流量从 2600m^3/s 增加到 3300m^3/s、3600m^3/s、3800m^3/s、3900m^3/s、4000m^3/s 下泄，其间（6 月 21 日 9 时至 28 日 12 时），西霞院水库按敞泄运用。

2）排沙期

6 月 22 日 18 时起，万家寨水库平均出库流量按 1200m^3/s 和 1500m^3/s 下泄 4d。6 月 28 日 12 时起，三门峡水库按 4000m^3/s 控泄，直至水库泄空。6 月 28 日 12 时起，小浪底水库出库水流先后经历了 3600m^3/s、3000m^3/s、3600m^3/s、2600m^3/s、1500m^3/s 的控泄台阶。

4. 2007 年汛期调水调沙

2007 年 7 月 29 日至 8 月 7 日，结合中游洪水处理进行了转入生产运行后第一次汛期调水调沙，也是该年度第二次调水调沙。

（1）三门峡水库自 7 月 29 日 16 时起，按敞泄运用。

（2）小浪底水库自 7 月 29 日 14 时起转入调水调沙，下泄流量控制在 2200～3000m^3/s，运用总历时 210h（7 月 29 日 14 时至 8 月 7 日 8 时），其间，最大出库流量为 3090m^3/s（8 月 5 日 8 时），出库总水量为 17.32×10^{8}m^3，最高出库含沙量为 177kg/m^3，据此推算出排沙洞出库含沙量为 226kg/m^3，出库总沙量为 0.459×10^{8}t。

（3）7 月 29 日至 8 月 2 日，故县水库启闭闸门 7 次，闸门运行时间 108h，水库下泄（长水站）总水量为 2.09×10^{8}m^3。

（4）陆浑水库在库水位达汛限水位以前按发电要求下泄，日均流量控制在 50m^3/s 并尽量平稳。

三、主要成果与认识

黄河调水调沙治河思想的探索与形成历经了几代治黄工作者数十年的艰辛努力。3 次试验运行和 4 次生产运行，取得了丰硕的成果，从多方面深化了对黄河水沙规律的认识，在黄河治理开发的多个方面得到了很多启示，取得的主要成果与认识如下。

1. 黄河下游主槽实现全线冲刷

如表 4.8-1 所示，3 次调水调沙试验运行进入下游的总水量为 100.41 亿 m^3、总沙量为 1.114 亿 t，实现了下游主槽全线冲刷，试验期入海总沙量为 2.568 亿 t，下游河道共冲刷 1.483 亿 t；4 次调水调沙生产运行进入下游的总水量为 174.48 亿 m^3、总沙量为 0.827 亿 t，实现了下游主槽全线冲刷，调水调沙期间入海总沙量为 2.234 亿 t，下游河道共冲刷 1.5361 亿 t。

表 4.8-1　黄河中下游 7 次调水调沙运行及效果对照

年份	模式	小浪底蓄水量/亿 m^3	区间来水量/亿 m^3	调控流量/（m^3/s）	调控含沙量/（kg/m^3）	入海水量/亿 m^3	入海沙量/亿 t	河道冲刷量/亿 t	备注
2002	基于小浪底水库单库调度为主	43.41	0.55	2600	20	22.94	0.664	0.3620	首次试验
2003	基于空间尺度水沙对接	56.10	7.66	2400	30	27.19	1.207	0.4560	结合 2003 年秋汛洪水处理试验（第二次试验）
2004	基于干流水库群水沙联合调度	66.50	1.10	2700	40	48.01	0.697	0.6650	第三次试验
2005	万家寨、三门峡、小浪底三库联合调度	61.60	0.33	3000～3300	40	42.04	0.613	0.6467	生产运行

续表

年份	模式	小浪底蓄水量/亿 m^3	区间来水量/亿 m^3	调控流量/（m^3/s）	调控含沙量/（kg/m^3）	入海水量/亿 m^3	入海沙量/亿 t	河道冲刷量/亿 t	备注
2006	三门峡、小浪底两库联合调度为主	68.90	0.47	3500～3700	40	48.13	0.648	0.6011	万家寨水库“迎峰度夏”（生产运行）
2007（汛前）	万家寨、三门峡、小浪底三库联合调度	43.53	0.45	2600～4000	40	36.28	0.524	0.2880	生产运行
2007（汛期）	基于空间尺度水沙对接	16.61	5.57	3600	40	25.48	0.449	0.0003	生产运行

在下游河道减淤或冲刷总量相同的条件下，主槽减淤或冲刷越均匀，恢复下游主槽行洪排沙能力的实际作用就越大。研究表明，山东窄河段的冲刷主要是较大流量的洪水产生的（许珂艳等，2003），黄河 3 次调水调沙试验，在分析研究以往成果的基础上，除实施流量两极分化外，还保证了较大流量的持续时间在 9d 以上，使得山东河段的主槽冲刷发展更加充分。根据试验资料统计，3 次调水调沙试验艾山至利津河段总冲刷量为 0.383 亿 t，占下游河道总冲刷量的 26%，突破了小浪底水库设计对山东河段的减淤指标，彻底消除了人们“冲河南，淤山东”的疑虑。

2. 黄河下游主槽行洪排沙能力显著提高，河槽形态得到调整

经过 3 次试验运行和 4 次生产运行，黄河下游主槽过流能力由之前的 1800m^3/s 恢复到 2007 年的 3700m^3/s 左右，洪水时滩槽分流比得到初步改善，“二级悬河”形势开始缓解，下游滩区“小水大漫滩”状况得到明显改善，同时，下游主槽过流能力提高，扩展了调水调沙流量、含沙量的调控空间，使得小浪底水库调水调沙的灵活性大大提高，扭转了小浪底水库因受主槽过流能力和滩区人水难以和谐相处的限制而对下游河道的减淤作用难以充分发挥的局面，为水库多排沙创造了有利的下游河道边界条件。

3. 成功塑造人工异重流，提高小浪底水库的排沙效率

黄河第三次调水调沙试验，根据对异重流规律的研究和前两次调水调沙试验的成果，首次提出了利用万家寨水库、三门峡水库的蓄水和河道来水冲刷小浪底水库淤积三角洲形成人工异重流的技术方案，通过对水库群实施科学的联合水沙调度，成功地在小浪底库区塑造出了人工异重流并排沙出库，标志着对水库异重流运行规律的认识得到了扩展和深化。历次调水调沙过程中，小浪底水库的排沙情况见表 4.8-2。

表 4.8-2　小浪底水库的排沙情况

年份	入库沙量/亿 t	出库沙量/亿 t	排沙比/%
2002	1.831	0.319	17.4
2003（汛期）	0.580	0.740	127.6
2004	0.432	0.044	10.2
2005	0.420	0.078	18.6
2006	0.230	0.084	36.5

续表

年份	入库沙量/亿 t	出库沙量/亿 t	排沙比/%
2007（汛前）	0.601	0.261	43.4
2007（汛期）	0.869	0.459	52.8

人工异重流的成功塑造及其所得到的各种技术指标，不仅为小浪底水库的排沙开创了一条崭新的途径，还为水库排沙提供了具体的技术参数（张金良等，2007），在小浪底水库今后长期的运用中，由于黄河水沙情势的变化，中等流量以上洪水出现的概率明显降低，充分利用这种人工异重流的排沙方式排泄前期的淤积物以减轻水库的淤积，对延长水库拦沙库容使用寿命具有重要意义，对未来黄河水沙调控体系的调度运行产生了深远的影响。

4. 调整了小浪底库区淤积形态，为实现水库泥沙的多年调节提供了依据

试验证明，在水库拦沙初期乃至拦沙后期的运用过程中，入库泥沙可以进行多年调节，即在调度过程中，泥沙淤积可超出设计平衡淤积纵剖面，暂时“侵占”部分长期有效库容，利用合适量级的洪水或借助人工塑造入库水沙过程，恢复暂时“侵占”的长期有效库容，做到“侵而不占”，如图 4.8-2 所示，这就增强了小浪底水库运用的灵活性和调控水沙的能力，对泥沙的多年调节和长期塑造协调的水沙关系意义重大。

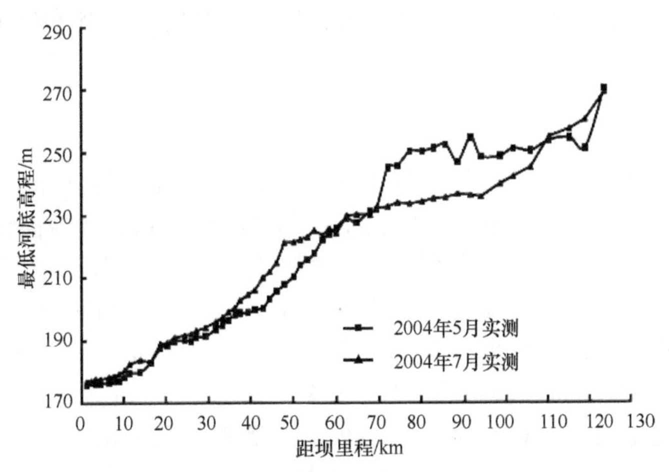

图 4.8-2　第三次试验前后干流最低河底高程对照

5. 尝试了“3 条黄河”联动的治黄新方法

黄河调水调沙过程中，实体模型、数学模型为调水调沙提供了大量技术支撑，而调水调沙获得的大量试验数据和分析研究成果又验证并促进了实体模型、数学模型模拟技术的改进与提高，预报调度耦合系统、工程险情会商系统、水文气象信息系统、水情信息会商系统、实时调度监测系统、远程视频会商系统、水量调度系统和涵闸远程监控系统等在调水调沙中得到了广泛应用，尝试了“数字黄河”、“模型黄河”和“原型黄河”联动治理黄河的新方法，显示了其广阔的应用前景。

四、结语

通过7次调水调沙，深刻认识到调水调沙是在现有水沙条件下改善黄河下游不协调水沙关系、塑造和维持一定规模中水河槽的关键措施之一，但由于受水量和工程调控能力制约，从长远看，建立完善的水沙调控体系，同时结合外流域调水是从根本上改善黄河不协调水沙关系的重大举措。

参考文献

李国英. 2004. 基于空间尺度的黄河调水调沙. 人民黄河，26（2）：1-4.
李立刚. 2005. 小浪底工程泥沙淤积的防治对策. 水电能源科学，23（6）：62-65.
刘继祥，安催花，曾芹，等. 2000. 小浪底水库拦沙初期调控流量分析论证. 人民黄河，22（8）：26-27.
刘善建. 2005. 调水调沙是黄河不淤的关键措施. 人民黄河，27（1）：1-2.
王开荣，李文学，郑春梅. 2002. 黄河泥沙处理对策的发展、实践与认识. 泥沙研究，（6）：26-30.
许珂艳，刘晓伟，李世明. 2003. 黄河首次调水调沙期间下游洪水特性分析. 西北水资源与水工程，14（4）：8-12.
张金良，练继建，万毅. 2007. 基于多库优化调度的人工异重流原型试验研究. 人民黄河，29（2）：1-2，5.

第九节　黄河古贤水利枢纽的战略地位和作用研究[①]

一、工程概况

古贤水利枢纽工程规划位置在黄河中游北干流碛口至禹门口河段下段、壶口瀑布上游10km处，左岸为山西省吉县，右岸为陕西省宜川县，控制流域面积489 948km^2。工程开发任务以防洪减淤为主，兼顾发电、供水和灌溉等综合利用。

规划枢纽正常蓄水位627m，死水位588m；总库容134.6亿m^3，其中防洪库容12.0亿m^3，调水调沙库容20.0亿m^3，拦沙库容93.6亿m^3。项目建议书阶段推荐的枢纽布置包括1座混凝土面板堆石坝、5条排沙洞、3条明流泄洪洞、1座开敞式溢洪道和引水发电系统等，且两岸分别预留了灌溉供水取水口。水电站总装机容量2100MW，多年平均年发电量64.09亿kW•h（黄河勘测规划设计有限公司，2015）。工程施工总工期9.5年。按2015年第一季度价格水平，工程静态总投资473亿元。2014年，古贤水利枢纽被列为国家重点推进的172项节水供水重大水利工程之一。

二、古贤水利枢纽在黄河治理开发中的战略地位

（一）黄河安澜是国家经济社会稳定、和谐发展的重要保障

黄河是中华民族的母亲河。黄河流域经济开发历史悠久，文化传承源远流长。黄河流域很长历史时期内一直是我国政治、经济、文化的中心区域，当前在我国经济社会发展的

① 作者：张金良

总体格局中仍然具有非常重要的战略地位。黄河下游地区人口密度为500～600人/km^2，一直是我国经济相对发达、生产力发展水平较高的地区，是黄河防洪的重点区域。黄河下游的安危，关系我国经济社会稳定发展的大局。黄河下游是举世闻名的地上悬河，目前黄河下游河道内临河滩面一般高出背河地面4～6m，部分河段达12m，且“槽高、滩低、堤根洼”的“二级悬河”形势不断发展，严重威胁大堤安全。下游大堤一旦决口，洪水泥沙灾害影响范围将涉及冀、鲁、豫、皖、苏五省的110个县（市），面积约12万km^2。洪水泛滥会对经济社会造成极大的破坏，洪水挟带的泥沙将淤高城市、农村地面，淤堵灌溉排水系统及淮河、海河河系，使大片良田沙化，黄淮海平原生态环境将遭受严重破坏，且将长期难以恢复。

有专家提出，自然情况下黄河是在黄淮海平原上摆动的，河道淤高、地上悬河是人为建设堤防约束河道摆动形成的，应采取诸如人工改道、分流等措施，让黄河尽量回归自然，避免河床淤积过高、堤防决口时灾害损失过大。但根据人工改道方案的初步研究，一次改道在河口三角洲顶点以上涉及河道面积约4200km^2，需占压基本农田约400万亩，迁移人口300万～400万人。因此，仅从占压基本农田面积和迁移人口看，实施黄河人工改道显然是不现实的。黄河安危事关大局，必须采取一切有效措施，在一个可预见的较长时期内，保障黄河现行河道安全稳定行河，岁岁安澜。

（二）维持黄河长治久安的防洪减淤措施

黄河难治的根本症结在于水少沙多、水沙关系不协调。为保证黄河下游堤防不决口、河道不改道，不仅要控制河道的淤积抬升，还要维持具有一定行洪排沙能力的中水河槽，尽量多地排沙入海，并有效控制河势，减少“横河”“斜河”顶冲大堤。解决的根本措施是减少和处理进入下游的泥沙。

总结多年的治黄实践，解决黄河的洪水泥沙问题，必须治水治沙并重，统筹安排，通过多种途径和措施，互相配合，按“拦、调、排、放、挖”综合处理和利用泥沙。

在黄土高原地区开展水土保持，是解决黄河泥沙问题的最根本措施。截至2007年底，已累计初步治理水土流失面积22.56万km^2，建成淤地坝9万多座，其中骨干坝5399座，年平均减少入黄泥沙4亿t左右。鉴于黄土高原地区治理难度巨大，除全面进行水土流失综合治理外，还要按照“先粗后细”的原则，优先对粗泥沙集中来源区进行治理。根据规划安排，在2030年要完成建设多沙粗沙区拦沙坝7065座，其中粗泥沙集中来源区要建成1827座中型拦沙坝，使2030年的水土保持年减沙量由目前的4亿t左右提高到6亿t左右。到21世纪中叶，水利水保措施年均减沙量将达到8亿t（水利部黄河水利委员会，2013）。

长期的水土保持实践表明，有以下两个问题值得高度重视：一是水土保持草林措施的作用与当年降雨条件密切相关，如遇持续干旱月份，草林减沙作用明显减弱，同一地方须反复实施草林措施；二是水土保持的淤地坝淤满后，其减沙作用将大幅度降低。

利用干支流骨干水库拦沙和联合调水调沙，塑造协调的水沙关系，提高河道中水河槽的过流能力和输沙能力，结合“调”和“排”多排沙入海，是处理黄河泥沙的主要方向。

三门峡水库建成于1960年，水库拦沙约65亿t，于20世纪60年代完成了水库拦沙。小浪底水库建成于2000年，总库容126.5亿m^3，其中拦沙库容约75.5亿m^3，自蓄水运用以来，下游河道实现了全线冲刷，中水河槽过流能力得到显著提高，目前水库已拦沙28亿m^3，预估2030年左右水库拦沙库容将淤满。

小浪底水库拦沙库容淤满后，其“拦”的作用将基本消失，由于缺乏中游水库的有力配合，其“调”的作用也将受到很大限制，届时即使考虑水利水保措施的减沙作用，下游河道仍将迅速淤积至小浪底水库投运之前的水平。由于水土保持和小浪底水库调水调沙的减沙速度不能满足控制黄河下游不淤积抬升的需要，因此必须建设中游骨干水库集中拦减入黄泥沙，并与小浪底水库联合调水调沙，减少下游河道的泥沙量，以保持下游河道在一个较长时期内不显著淤积抬升。

（三）古贤水利枢纽是黄河水沙调控体系的关键工程

根据国务院批复的《黄河流域综合规划（2012—2030年）》，黄河水沙调控体系以干流上的龙羊峡、刘家峡、黑山峡、碛口、古贤、三门峡、小浪底等骨干水利枢纽为主体，以干流上的海勃湾、万家寨水库及支流上的陆浑、故县、河口村、东庄等控制性水库为补充。其中，位于上游的龙羊峡、刘家峡、黑山峡和海勃湾等水利枢纽构成黄河水量调控子体系，通过联合运用，对黄河水资源进行优化配置，协调宁蒙河段水沙关系；位于中游的碛口、古贤、三门峡、小浪底和万家寨、陆浑、故县、河口村、东庄等水利枢纽构成黄河洪水、泥沙调控子体系，调节下游超标准洪水、拦减进入下游的泥沙、调水调沙，通过调水调沙塑造下游相对协调的水沙关系，减少下游河道淤积，维持下游中水河槽过流能力。

小浪底水库投入运用以来，通过水库拦沙和调水调沙运用，在减少河道淤积、恢复主河槽过流能力等方面发挥了重要作用。2002年以来，以小浪底水库为主进行了19次调水调沙，在拦沙和调水调沙的共同作用下，下游河道全线发生冲刷，累计将23.35亿t泥沙冲刷入海，主槽最小过流能力由1800m^3/s恢复到了4000m^3/s以上，对稳定河势、保障黄河防洪安全和滩区群众正常的生产生活发挥了巨大作用。

以小浪底水库为主的调水调沙治黄实践表明，利用水沙调控体系坚持不懈地调水调沙，对减少下游河道淤积、遏制主槽淤积萎缩、长期保持主槽适宜的行洪输沙能力具有巨大的作用，是行之有效的重大举措。然而，目前黄河水沙调控体系尚不完善，主要依靠小浪底水库调水调沙在泥沙调节方面存在很大的局限性，难以充分发挥对下游河道的减淤作用和主槽维持作用。

万家寨水库、三门峡水库调节库容较小，提供的水动力有限，若要使小浪底水库排沙比增大，同时遇合适的水沙条件冲刷库区淤积的泥沙，则小浪底水库需要降低运行水位，但水库较低水位运行时蓄水量很少，不能调节足够的水量以满足输送泥沙入海的流量过程要求；若要满足调水调沙所需水量，则要求水库蓄水较多，在中游发生高含沙洪水时，小浪底水库仅能依靠异重流排沙，不能充分发挥水流的输沙能力，不仅不能冲刷水库进行泥沙调节，还会造成大量泥沙在库区淤积，缩短水库拦沙库容的使用年限。

按目前的设计水沙条件预估，小浪底水库拦沙库容淤满后，仅利用10亿m^3的槽库容调水调沙，预估黄河下游年均淤积量仍为2.83亿～3.29亿t，河道年均淤积抬升0.071～

0.083m，通过小浪底水库拦沙和调水调沙得到的较好的河道形态又将逐步趋于恶化。因此，迫切需要在小浪底水库拦沙库容淤满前，在黄河中游干流建设一座控制性水库，与小浪底水库联合进行水沙调控，从根本上克服现状工程调水调沙的局限性，使有限的库容条件和水资源条件发挥最大的减淤效果。

黄河水沙调控体系中，在黄河北干流规划有碛口、古贤两大水库，近期迫切需要开工建设其一，以初步形成黄河水沙调控体系的工程布局。

从黄河洪水、泥沙地域分布特征来看，河口镇至龙门区间是黄河粗泥沙的主要来源区，也是黄河“上大洪水”的重要来源区之一。粗泥沙是河道淤积的主体，因此需要在该河段布置控制性骨干枢纽工程对粗泥沙进行调节控制。碛口水库位于古贤水库坝址上游 238km，与碛口水库相比，古贤水库具有以下优点。

（1）古贤水库控制黄河北干流洪水、泥沙的程度明显高于碛口水库。古贤水库可以控制黄河全部泥沙的 66%、粗泥沙的 80%，而碛口水库可以控制黄河全部泥沙的 39%、粗泥沙的 57%。

（2）与小浪底水库联合调水调沙，古贤水库提供的水动力条件明显优于碛口水库。古贤水库距小浪底水库 440km，碛口水库距小浪底水库 678km，古贤水库与小浪底水库联合调沙时，给小浪底水库提供的水动力条件受水流演进和河段的人为影响较小，明显优于碛口水库。

（3）古贤水库还可给小北干流有坝放淤提供基础条件。

（4）古贤水库处于黄河小北干流河段首部，是控制潼关高程最直接、最有效的枢纽工程，通过水库拦沙和调水调沙将从根本上改变进入潼关河段的不利水沙过程，使小北干流河段发生持续冲刷，从而使潼关高程显著降低、长期维持在较低水平，这对减轻渭河下游防洪压力具有重要作用。

因此，古贤水利枢纽在黄河水沙调控体系总体布局中的战略地位极为重要，是其他工程无法替代的。

三、古贤水利枢纽的重要作用

古贤水利枢纽投运后，与小浪底水利枢纽联合运行，可初步形成较为完善的黄河中下游水沙调控体系，对黄河安澜、保障和促进经济社会发展作用巨大。

（1）与小浪底水库联合运用，减轻下游河道淤积。古贤水库可拦沙 122 亿 t，有效减少进入下游河道的泥沙。在设计水沙条件下，与小浪底水库联合运用 60 年可减少黄河下游河道淤积量 79.33 亿 t，相当于现状工程条件下 33 年的淤积量。古贤水库拦沙完成后，仍然可利用其长期有效库容 20 亿 m^3 和小浪底水库长期有效库容 10 亿 m^3 进行调水调沙，使黄河中游水沙调控体系的功能长期、充分地发挥。

（2）与小浪底水库联合运用，可以较长期维持下游中水河槽的泄洪排沙能力。在设计水沙条件下，古贤水库投入运用后，与小浪底水库联合调水调沙，可使黄河下游中水河槽过流能力在 40 年内基本维持在 4000m^3/s 水平。

（3）降低潼关高程，提高渭河下游防洪标准。通过古贤水库拦沙和调水调沙运用，可使黄河小北干流持续冲刷，潼关高程最多可下降 1.98m，进而降低渭河下游河底高程，渭河下游溯源冲刷至泾河口以上，对恢复渭河下游河道行洪输沙功能、改善渭河下游严峻的防洪局面十分有利。

（4）减少小北干流、三门峡库区高滩区淹没损失，减轻三门峡水库淤积，有利于三门峡水库长期发挥削减下游洪水的作用。古贤水利枢纽基本上控制了河口镇至龙门区间的洪水，其对入库大洪水分级控制，可有效削减小北干流洪水，减轻三门峡水库滞洪负担，预计可减少滩库容损失 5.0 亿～7.5 亿 m^3。

（5）改善黄河金三角地区供水条件，为相关地区经济发展提供水源保障。古贤水库的兴建，通过坝上预留的取水口及地方配套工程，使得山西临汾、运城盆地和陕西渭北泾东的广大地区由高扬程抽水变为自流引水，极大改善上述地区的供水条件。

（6）为两岸经济发展提供优质电量。古贤水电站总装机 2100MW，多年平均发电量 64.09 亿 kW•h，对缓解陕西、山西两省电网调峰矛盾、减少环境污染具有重要作用，同时对实施“西电东送”将起到重要的支撑作用。

（7）基本解除壶口至潼关河段的冰凌灾害。古贤水库建成后，由于其对坝址以上的冰可进行拦蓄，冬季将不再有大量的流冰进入该河段，因此可基本消除由冰块壅塞形成冰坝的物质条件。同时水库拦沙和调水调沙作用将使小北干流河段河槽过流能力、输水能力大幅提高，基本解除该河段的冰凌灾害。

（8）为小北干流大规模放淤创造条件。小北干流两岸滩区可放淤量达 150 亿 t。古贤水库建成后，可人工塑造适合于放淤的水沙过程，进行“淤粗排细”，进一步减少进入黄河下游和小浪底水库的粗泥沙。

四、结语

古贤水利枢纽是黄河干流控制性骨干工程，在黄河水沙调控体系中具有承上启下的战略地位，对黄河下游长期的防洪安全和黄河治理实现长治久安及保障国家经济社会发展战略部署稳步推进极为重要，还可显著改善两岸供水条件，开发优质水能资源，保障区域供水安全、粮食安全和能源安全，社会、经济、环境和生态效益十分显著。古贤水利枢纽建设不但十分必要，而且非常紧迫。

参考文献

黄河勘测规划设计有限公司. 2015. 古贤水利枢纽项目建议书. 郑州：黄河勘测规划设计有限公司：93-128.

水利部黄河水利委员会. 2013. 黄河流域综合规划 2012—2030 年. 郑州：黄河水利出版社：128-141.

第五章　黄河下游生态治理研究

第一节　论黄河下游河道的生态安全屏障作用[①]

一、研究背景

（一）黄河下游河道

黄河下游干流河道总长786km。由于黄河水少沙多、水沙关系不协调，因此进入下游的泥沙大量淤积，下游河床已高出两岸地面 4～6m，局部河段达 10m 以上，成为淮河和海河流域的天然分水岭。

黄河下游河道经历了多次改道，历史上有“三年两决口，百年一改道”之说，决溢范围北抵天津，南达江淮，纵横约 25 万 km^2，包括冀、鲁、豫、皖、苏五省的黄淮海平原（黄河勘测规划设计有限公司，2009；水利部黄河水利委员会，2013）。据不完全统计，从公元前 602 年至 1938 年的 2540 年间，黄河下游决口泛滥的年份有 543 年，决口达 1590 次，经历了 5 次重大改道和迁徙。1855 年黄河在铜瓦厢决口改道后夺大清河入渤海，形成了黄河下游现行河道。

黄河下游河道形态上宽下窄（最宽处达 24km，最窄处为 275m），河道上陡下缓（河南河段约为 0.02%，山东河段约为 0.01%），排洪能力上高下低（花园口站设防流量 22 000m^3/s，孙口站设防流量 17 500m^3/s，艾山站设防流量 11 000m^3/s）。河道内分布着广阔的滩地，总面积约 3154km^2，约占河道总面积的 65%，涉及河南、山东两省 15 个市（地）43 个县（市、区），滩内耕地面积 22.7 万 hm^2，人口 180 余万人。

（二）黄河下游河道的生态安全屏障地位

黄河下游是举世闻名的地上悬河，洪水灾害历来为世人所瞩目，历史上被称为中国之忧患。根据历史洪水泛滥情况，按照现在的地形地物分析，现行河道向北决溢，洪水泥沙灾害影响范围包括漳河、卫运河及漳卫新河以南的广大平原地区；现行河道向南决溢，洪灾影响范围包括淮河以北、颍河以东的广大平原地区。黄河洪水泥沙灾害影响范围涉及冀、鲁、豫、皖、苏五省的 24 个市（地）110 个县（市、区），总土地面积约 12 万 km^2，耕地面积 0.093 亿 hm^2，人口约 1.3 亿人。就一次决溢而言，向北最大影响范围为 3.3 万 km^2，向南最大影响范围为 2.8 万 km^2。

黄河下游两岸平原人口密集，城市众多，铁路、公路纵横，能源等工业基地广布，也是全国重要的商品粮基地。按照洪水风险分析结果，如果北岸原阳以上或南岸开封附近及其以上堤段发生决口泛滥，那么受影响的人口将超过 2300 万人，受影响的耕地面积将超过 247 万 hm^2，直接经济损失将超过 1000 亿元。除直接经济损失外，黄河洪

---

① 作者：张金良，刘生云，李超群

水泥沙灾害还会造成十分严重的后果：大量铁路、公路及生产生活设施，治淮、治海工程，引黄灌排渠系都将遭受毁灭性破坏；泥沙淤塞河渠，良田沙化等，对经济社会发展和生态环境造成的不利影响长期难以恢复。1938 年，花园口黄河大堤人为决口，洪水挟带大量泥沙进入淮河，淤塞河道与湖泊，致使淮河流域连年发生水灾；洪水泛滥，豫东大地饥荒连年、饿殍遍野，造成 5400km^2 黄泛区，形成了“百里不见炊烟起，唯有黄沙扑空城”的凄惨景象。黄河决口势必打乱我国政治、经济、文化、生态发展战略部署，几十年的改革开放、生态文明建设成就将毁于一旦，是当今中华民族不能承受之重。

黄河下游的悬河河道是淮河水系和海河水系的分水岭。大洪水时向北决口将打乱海河水系，向南决口将打乱淮河水系，且由于多泥沙特性，洪水泥沙所到之处，淤塞河（湖）渠，良田沙化，将造成巨大的生态灾难。当前，下游河道实际上已成为黄淮海平原的生态安全屏障。

二、当前黄河下游作为生态安全屏障面临的挑战

人民治黄以来，特别是中华人民共和国成立后，党和国家对黄河下游治理投入了大量的人力、物力，通过多年不懈努力，形成了“上拦下排，两岸分滞”的防洪工程体系，初步形成了“拦、调、排、放、挖”综合处理泥沙措施（张金良，2017；水利部黄河水利委员会，2004；河南黄河河务局，2004；黄河勘测规划设计有限公司，2007），同时还加强了水文测报、通信、防洪指挥系统建设和人防体系建设，依靠这些工程措施和沿黄广大军民的严密防守，取得了 70 年伏秋大汛不决口的辉煌成就，扭转了历史上黄河频繁决口、改道的险恶局面，保证了黄淮海平原安全和全国经济社会的稳定发展，累计产生的防洪效益高达 46 715 亿元。但是，黄河是一条河性特殊、复杂难治的河流，国务院批复的《黄河流域综合规划（2012—2030 年）》及《黄河流域防洪规划》等对下游治理作出了规划部署，但由于黄河水沙情势变化和经济社会快速发展，黄河下游治理仍面临重大挑战。

（一）“二级悬河”对下游生态安全屏障的威胁依然严重

黄河下游河道不仅是地上悬河，还是槽高、滩低、堤根洼的“二级悬河”。目前，下游“二级悬河”严重的东坝头—陶城铺河段，滩唇高出大堤临河地面约 3m，最高达 5m，滩面横比降约为河道纵比降的 10 倍。一旦发生洪水，将增大主流顶冲堤防发生顺堤行洪甚至发生“滚河”的可能性。同时，下游 166km 游荡型河道河势尚未得到有效控制，“横河”“斜河”的发生概率较大，堤防冲决和溃决的危险增大。小浪底水库运用后，进入下游的稀遇洪水得到有效控制，同时通过水库拦沙和调水调沙遏制了河道淤积，河道最小平滩流量由 2002 年汛前的 1800m^3/s 恢复到目前的 4200m/s。但是，小浪底水库拦沙库容淤满后，若无后续控制性骨干工程，则已恢复的中水河槽行洪输沙能力将难以维持，下游河道复将严重淤积抬高。同时，“二级悬河”的不利态势仍将恶化，对下游生态安全屏障的威胁依然严重。

（二）防洪与生态经济建设之间的矛盾突出

黄河下游滩区不仅是行洪、滞洪、沉沙的区域，还是180多万滩区群众赖以生存的家园。长期以来，受国家经济实力和治黄科技水平的限制，滩区生态建设和沿黄经济发展的投入相对不足。按照国家批复的滩区居民搬迁规划，2020年后滩区居住群众仍高达140万人，特别是河南滩区仍有近80万人面临洪水威胁。洪水灾害频繁，安全设施严重不足，基础设施薄弱，加之许多惠农政策和项目不适用于滩区，导致滩区经济发展落后、群众生产生活条件差、收入水平低，形成了沿黄贫困带。以河南省台前县为例，2015年该县滩区农民人均纯收入4705元，约为同期该县农民人均纯收入（7434元）的63%，不及本省农民人均纯收入（10 853元）的一半。为保安全求发展，地方政府及滩区群众修建了生产堤。生产堤虽然可以减轻小水时局部滩区的淹没损失，但阻碍了滩槽水沙交换，加剧了“二级悬河”的发展，如下游主槽发生淤积的比例由1950～1985年的11%增大到1986～1999年小浪底水库运用前的72%，“二级悬河”发展迅速。2014年以来，河南、山东两省加大滩区精准扶贫的力度，地方政府引进的一些建设项目，如产业集聚区、光伏电站等，进一步加剧了对黄河防洪的影响。下游日益突出的人水矛盾与生态治理措施的不完善，已成为黄河下游治理发展的瓶颈。

（三）下游河道生态功能下降，生态服务能力不足

黄河下游两岸分布有郑州、开封、济南等30余座大中城市，涉及人口5000多万人，是河南、山东两省经济发展的中心地带。特别是近年来国家批准兴建中原城市群，打造以郑州、焦作、新乡、开封、许昌为一体的郑州大都市区，规划2030年总人口达到2200万人左右。随着城市规模扩张，生产、生活空间不断扩大，城市发展面临水土资源和生态空间的瓶颈制约。黄河下游河道宽阔，滩区耕地面积达22.7万hm^2，土地资源和生态空间资源十分宝贵。但是，下游滩区土地至今仍然是一家一户耕作，劳动效率低下，化肥、农药不当施用产生的污染加剧，耕作粗放导致水土流失，土壤沙化、盐碱化现象严重。同时，“二级悬河”得不到有效治理，滩面雨水冲沟近170条、总长超过840km，堤根汛期积水受淹，植被遭受严重破坏。下游河道生态功能下降，为沿黄城市提供生态服务的能力严重不足。

三、构建黄河下游生态安全屏障的措施

大量泥沙淤积在下游河道，使河道日益高悬，冲淤变化异常复杂，是黄河下游水患威胁严重又难以治理的根本原因。1986年龙羊峡水库投入运用以来，把汛期大量的水蓄起来到枯水期泄放利用，保障了经济社会发展用水需求，但使得黄河下游一般洪水洪峰流量大幅度减小，加上生产堤约束，导致下游河道主槽淤积加重，“二级悬河”迅速发育，使河道横比降远大于纵比降，一般洪水顶冲大堤平工段的概率增大，重大险情时有发生，极有可能酿成大灾。因此，迫切需要消除“二级悬河”的不利形态，构建黄河下游生态屏障，确保两岸生态安全。然而，在当前和今后的水沙条件下，依靠自然力量“淤

滩刷槽”的概率大大降低；依靠调水调沙塑造洪水“淤滩刷槽”，将人为造成滩区淹没损失，实施难度很大。要解决“二级悬河”横比降问题，必须借助于其他人为干预，消除“二级悬河”不利形态并彻底控制其进一步发展。为此，本节提出了新形势下的生态安全屏障构建措施，即结合现有技术，完善水沙调控体系，有效进行调水调沙，同时结合沿黄城市发展和滩区脱贫致富，开展滩区生态再造。

（一）坚持不懈地维持下游河道中水河槽

随着下游输沙水量减少，特别是输沙和造床作用较强的中常洪水和大洪水出现概率大幅度降低，下游河道淤积萎缩，平滩流量减小，作为排洪输沙主体的主槽行洪排沙能力将显著降低，从而加重“二级悬河”的不利河势。维持河道中水河槽，增强主槽对河势的控制能力，对减少洪水期滩区淹没损失和避免水流顺堤行洪具有重要作用。因此，要继续开展调水调沙，加快古贤水利枢纽建设步伐，长期维持下游河道中水河槽。

（1）继续开展调水调沙。2002 年以来，黄河水利委员会对小浪底水库与万家寨水库、三门峡水库进行联合调度，组织开展了 19 次黄河调水调沙，黄河下游河道得到全线冲刷。调水调沙期间，小浪底水库出库泥沙 6.6 亿 t，下游河道冲刷 4.3 亿 t，入海水量 640 亿 m^3，入海沙量 9.66 亿 t。通过小浪底水库拦沙和调水调沙，下游河道主槽平均下切 2.59m，最小过流能力由 1800m^3/s 恢复到 4200m^3/s，调水调沙效果十分显著。今后应进一步加强水库调度，不断优化调水调沙方案，维持主槽的行洪排沙能力。

（2）加快古贤水利枢纽建设步伐。协调黄河水沙关系必须建设完善的水沙调控体系，迫切需要在中游建设骨干控制性工程。古贤水利枢纽是黄河水沙调控体系的重要组成部分，该工程可控制黄河 80%的水量、66%的泥沙和 80%的粗泥沙，且距小浪底水库较近，在与小浪底水库联合拦沙和调水调沙、协调黄河下游水沙关系等方面具有独特的地理优势，在黄河水沙调控体系中具有承上启下的战略地位。目前小浪底水库已进入拦沙运用后期，考虑到古贤水库在处理黄河洪水、泥沙方面的重要作用和小浪底水库拦沙运用的时间限制及陕西、山西两省的一致意见，结合古贤水利枢纽前期工作及工程建设周期，应力推其早日开工建设。

（二）实施滩区再造与生态治理

在黄河下游河道“宽河固堤”的格局下，按照“洪水分级设防、泥沙分区落淤、滩槽水沙自由交换”的理念，通过改造黄河下游滩区，配合生态治理措施，形成不同功能区域，实现黄河下游和滩区防洪安全，支撑下游两岸经济快速发展，打造黄河下游生态廊道，连接沿黄城市群、构建黄河下游生态经济带（张金良，2017；水利部黄河水利委员会，2004；河南黄河河务局，2004；黄河勘测规划设计有限公司，2007）。

根据黄河下游水沙特性、河道地形条件、人口分布、区位条件等，针对性地进行河道整治，稳定主槽，其主要措施为：①结合“二级悬河”治理及低洼地整治，利用疏浚主槽泥沙对滩区进行再造；②将下游滩区由黄河大堤至主槽的滩地依次分区改造为“高滩”、“二滩”和“嫩滩”，各类滩地设定不同的洪水上滩设防标准，不足部分通过改造治理达标；③将滩区划分为生态居民安置区、高效生态农业（观光农业）区、生态湿地（嫩滩、主槽）三个功能区，实施分区治理，见图 5.1-1。

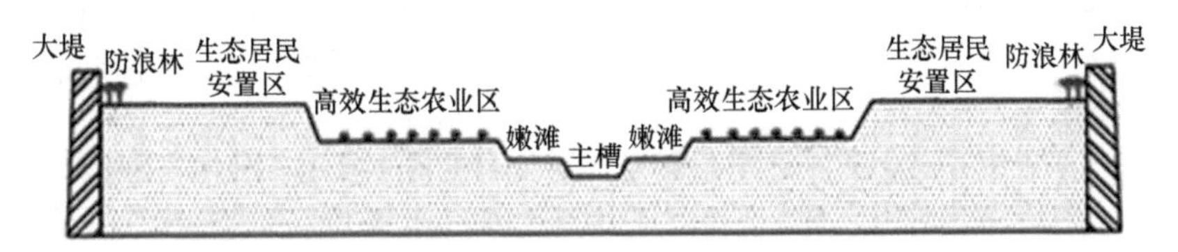

图 5.1-1　黄河下游滩区再造与生态治理典型断面示意图

（1）建设滩区居民生态宜居区。在黄河下游居民外迁规划实施后，滩区剩余人口 140 余万人，主要分布在河南省的焦作滩、原阳滩、封丘滩、长垣滩、濮阳滩、中牟滩和开封滩。根据居民安置需要，结合滩区地形，在临堤 2000m 以内按照 20～50a 一遇防洪标准和集中安置原则，采用淤筑“高滩”、局部围堤的安置方式建设特色小镇，适度建设生态水系和生态景观，以适应沿黄城市带居民旅游、休闲的需求，为滩区群众脱贫、发展创造空间。

（2）“二滩”塑造与生态治理。“二滩”为“高滩”与控导工程之间的区域，结合“二级悬河”治理按 5～10a 一遇防洪标准塑造，发展高效农业和观光农业，加快滩区群众脱贫致富，实现滩区可持续发展。现状“二滩”地势较低，洪水淹没概率较高，影响滩区土地开发利用。因此，需结合挖河疏浚，利用疏浚土方淤高“二滩”，为“二滩”生态治理创造条件。

（3）生态湿地建设。“嫩滩”主要为“二滩”以内的临河滩地，与主槽一起承担行洪输沙任务。对于面积较大的“嫩滩”，可建设生态湿地公园，在“自然、生态、野趣”的基础上，为城市居民提供舒适宁静的自然景观。

四、结语与展望

通过一系列措施的实施，黄河下游的生态治理将呈现较为理想的效果。

（1）形成下游生态安全屏障。塑造协调的水沙关系，长期维持中水河槽，改变“二级悬河”的不利形态，实现“洪水分级设防、泥沙分区落淤、滩槽水沙自由交换”，实施滩区再造与生态治理，形成黄河下游生态安全屏障。

（2）实现下游人水和谐共生。开展滩区再造与生态治理，使“高滩”防洪标准提高到 50a 一遇，解决滩区群众的洪水威胁；改变滩区传统农业结构，使“二滩”防洪标准提高并维持 5～10a 一遇，大大降低洪水漫滩淹没概率，发展高效现代农业，实现下游人水和谐共生。

（3）打造黄河下游生态经济带。统筹滩区生态治理和沿黄及滩区居民脱贫与持续发展，建设滩区生态农业、观光农业、生态湿地，打造黄河下游生态休闲旅游区、黄河特色旅游区、湿地保育区、滨河景观风貌等，形成 800km 以上生态长廊，为沿黄城市提供生态空间，助推沿黄城市群崛起。

参 考 文 献

河南黄河河务局. 2004. 黄河下游滩区生产堤利弊分析研究. 郑州: 河南黄河河务局: 145-170.
黄河勘测规划设计有限公司. 2007. 黄河下游滩区治理模式研究. 郑州: 黄河勘测规划设计有限公司: 18-87.
黄河勘测规划设计有限公司. 2009. 黄河下游滩区综合治理规划. 郑州: 黄河勘测规划设计有限公司: 3-8.
水利部黄河水利委员会. 2004. 黄河下游治理方略专家论坛. 郑州; 黄河水利出版社: 1-148.
水利部黄河水利委员会. 2013. 黄河流域综合规划(2012—2030 年). 郑州: 黄河水利出版社: 26-35.
张金良. 2017. 黄河下游滩区再造与生态治理. 人民黄河，39(6): 26-30.

第二节　黄河下游滩区再造与生态治理①

一、黄河下游滩区概况

黄河下游河道内分布有广阔的滩地，总面积为 3154km^2，占下游河道总面积的 65%以上。陶城铺以上河段滩区面积为 2624.9km^2，约占下游滩区总面积的 83.2%；陶城铺以下除平阴县、长清区有连片滩地外，其余滩地面积较小。

黄河下游河道 120 多个自然滩中，面积大于 100km^2 的有 7 个，50～100km^2 的有 9 个，30～50km^2 的有 12 个，30km^2 以下的有 90 多个。原阳县、长垣县、濮阳县、东明县和长清区自然滩的滩区面积均在 150km^2 左右，除长清滩位于陶城铺以下河段外，其余均位于陶城铺以上河段。黄河下游滩区既是行洪、滞洪和沉沙区，又是滩区人民生产生活的重要场所，滩区现有耕地 22.7 万 hm^2、村庄 1928 个、人口 189.52 万人（河南省 124.65 万人，山东省 64.87 万人）。滩区经济是典型的农业经济，农作物以小麦、大豆、玉米为主，受汛期漫滩洪水影响和生产环境及生产条件制约，滩区经济发展落后，并且与周边区域的差距逐步扩大。

二、滩区治理现状及其存在的问题

（一）治理现状

黄河下游堤防按防御花园口站 22 000m^3/s 洪水标准设防。“十三五”末，下游堤防加固全线完成，堤防整体抗洪能力大幅提高。

黄河特殊的水沙条件造就了下游河道宽、浅、散、乱的形态，以及主流游荡多变的河势。下游险工截至目前近半靠溜坝垛的改建加固已完成，近 1/3 的丁坝已完成改建加固，控导工程布点工程已经完成。通过河道整治，基本控制和初步控制河势的河道长度占下游河道总长的 86.7%。

1.“二级悬河”治理

黄河下游宽河段洪水期水流漫滩后，滩地过水不均，滩面冲刷形成许多串沟，堤根

① 作者：张金良

低洼常形成堤河，串沟过流集中，引流至堤河，造成顺堤行洪和滩内改道等河势的巨大变化。2001 年以来，先后在河南新乡原阳、封丘及山东滨州、德州开展了堤河治理试点工程，治理长度共计 31.17km，堤河淤填高程高于当地滩面 0.5m，通过疏浚河槽、淤填堤河及淤堵串沟，使滩地横比降大大减小，明显改变了试验河段“槽高、滩低、堤根洼”的不利局面，为治理顺堤行洪积累了经验。同时，通过淤填堤河改造低洼地，增加了滩区可耕地面积，提高了滩区群众经济收入，改善了当地的生产生活条件，深受当地政府支持和群众欢迎。

2. 滩区安全建设

黄河下游滩区安全建设主要有外迁、滩内就地就近修建村台安置和临时撤离三种安置措施。1998 年以前，安全建设投资主要靠群众负担，国家适当补助，总体数量较小。1998 年以后，国家加大了补助规模，截至 2018 年安全建设累计投资 29.96 亿元，其中国家累计投资 20.08 亿元。2014 年以来，陆续出台了中央和地方财政补助、群众自筹相结合的政策，河南、山东开展了滩区居民搬迁试点建设。目前第一期已搬迁人口 21 737 人，第二期 48 200 人的安全设施正在建设。

3. 黄河下游滩区运用补偿政策

2011 年国务院批准了黄河下游滩区运用补偿政策。按照财政部、国家发展和改革委员会、水利部联合制定的《黄河下游滩区运用财政补偿资金管理办法》（财农〔2012〕440 号），河南、山东两省分别印发了《黄河下游滩区运用财政补偿资金管理办法实施细则》，规范和加强了黄河下游滩区运用财政补偿资金的管理。实施黄河下游滩区运用补偿政策，对于保证黄河下游滩区群众的基本利益、改善滩区群众生产生活状况、解决黄河下游长治久安和滩区经济社会发展稳定之间的矛盾具有重要意义。

4. 滩区水利设施及管理

黄河下游滩区由河南、山东两省及各级地方政府建设、管理，黄河水利委员会按照两省的河道管理条例实施水政监督检查。从 1988 年 7 月至 1997 年 7 月中央利用国家土地开发基金 4 亿多元，安排了三期黄河下游滩区水利建设工程，扶持滩区发展农田灌溉、修建生产道路、进行低洼地土地改良和滩区排水工程建设。但由于滩区面积广大，很多农田还没有灌排设施。随着该项投资的中断及洪水淹没的影响，一些灌排渠系老化失修，不能发挥应有的作用。滩区内教育、医疗等基础设施薄弱，诸多政策惠及不到滩区，一些高效农业等投资项目不愿落户滩区，滩区群众不能像滩外群众一样享受惠农政策，进一步拉大了滩区内外的贫困差距。

（二）滩区治理存在的问题

中华人民共和国成立以来，黄河下游河道及滩区治理取得了很大成就，进行了 4 次堤防加高培厚，开展了河道整治及工程建设，开辟了东平湖、北金堤等分滞洪区，实施了滩区安全建设和“二级悬河”治理试验，研究了下游河道及滩区治理模式和补偿政策等（水利部黄河水利委员会，2013）。然而，由于黄河水沙情势变化和社会经济快速发展，滩区治理仍存在以下问题。

1. “二级悬河”态势威胁下游防洪安全

黄河下游河道呈槽高、滩低、堤根洼的特点，俗称“二级悬河”。目前东坝头至陶城铺 235km 河段“二级悬河”发育最为严重，滩唇一般高于黄河大堤临河地面 3m 左右，最高达 5m，滩面横比降达 10‰左右，而河道纵比降 1.4‰，如图 5.2-1 所示。同时，滩内分布堤河、串沟多达 167 条。一旦发生较大洪水，由于河道横比降远大于纵比降，滩区过流比增大，增加了主流顶冲堤防、顺堤行洪甚至发生“滚河”的可能性，严重危及堤防安全。例如，2002 年 7 月 7 日濮阳河段漫滩洪水集中冲刷串沟，形成顺堤行洪，严重威胁堤防安全，给滩区群众造成了重大损失。

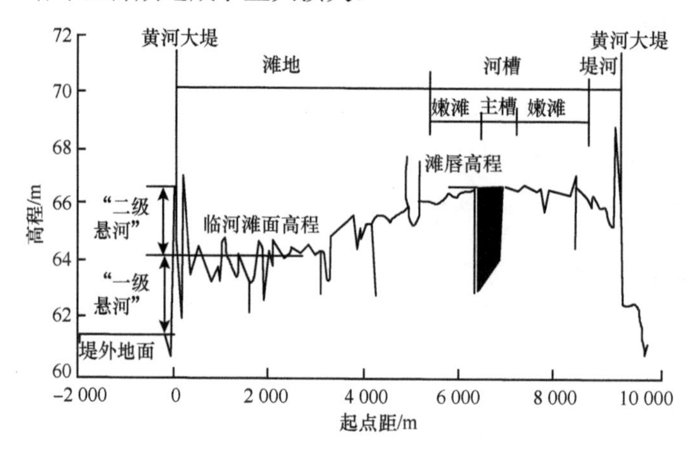

图 5.2-1　黄河下游悬河横断面示意图

小浪底水库投入运用后，虽然下游河道最小平滩流量恢复至 4000m^3/s 以上（黄河防汛抗旱总指挥部办公室，2016），但滩地横比降远大于河槽纵比降的不利形态未得到有效改变，“二级悬河”形势依然严峻，对黄河下游防洪安全构成威胁。

2. 游荡性河势尚未有效控制，威胁滩区及堤防安全

黄河下游河道宽、浅、散、乱，河势游荡多变，历史上一场洪水主流摆幅最大可达 10km 以上。洪水落水时主流瞬息万变，时常出现“横河”“斜河”，直冲大堤，中、小洪水也会造成堤防决口。

3. 滩区安全建设滞后，居民缺乏安全保障

长期以来滩区安全建设资金投入不足，建设进度缓慢。国家发展和改革委员会批复的山东、河南两省黄河滩区居民搬迁规划实施后，到 2020 年，山东省滩区 60.62 万居民安全建设全部完成，而河南省将完成 24.3 万人外迁，仍有约 91 万人的安全问题没有解决。国家尚没有进一步的支持政策，安全建设项目的进一步推动受到制约。

4. 滩区经济社会发展与治河矛盾突出

由于滩区洪水灾害频繁，安全设施严重不足，基础设施薄弱，加之许多惠农政策和项目不适用于滩区，经济发展速度与潜力很小，滩区长期处于单一、分散、低效的农业经济状态，群众生产生活条件差，收入水平低，滩内外经济发展差距日益增大，与全面建成小康社会的要求相距甚远。

随着经济社会的快速发展，滩区群众脱贫致富的愿望越来越强烈，为防止小洪水漫滩，对生产堤毁而复修、破而复堵，甚至越修越强。生产堤虽然可以减轻小水时局部滩区的淹没损失，但却阻碍了滩槽水沙交换，进一步加剧了“二级悬河”的发展，大水时反而加重了滩区的灾情，更不利于下游防洪。

2014 年以来，河南省将“三山一滩”（大别山、伏牛山、太行深山区、黄河滩区）作为扶贫开发的重点，加大滩区精准扶贫的力度，地方政府希望引进项目、开发滩区土地资源。在区域经济发展和滩区群众脱贫致富的强烈要求下，下游滩区洪水泥沙处理与经济社会发展矛盾日益突出，已成为黄河下游治理的瓶颈。

5. 沿黄生态城市群生态需求与滩区现状矛盾突出

黄河下游两岸分布有郑州、开封等 30 余座大中城市，涉及人口 5000 多万人，贯穿河南、山东两省经济发展的中心地带。随着城市规模的扩张，原有生态空间被不断挤压，城市生态空间普遍缺乏。

目前黄河下游滩区已划定 2 个国家级和 3 个省级自然保护区（河南黄河湿地国家级自然保护区、河南新乡黄河湿地鸟类国家级自然保护区、开封柳园口省级湿地自然保护区、河南郑州黄河湿地省级自然保护区和濮阳县黄河湿地省级自然保护区），滩区有丰富的湿地生态资源，对保障国家生态安全具有重要作用。近年来，地方政府对滩区生态治理高度关注，个别滩区零星发展了小规模观光休闲农业，系统生态治理尚未开展。发挥下游河道对沿黄城市发展的生态支撑作用，满足沿黄人民日益增长的优美生态环境需求，对滩区治理提出了更高的要求。

三、黄河下游滩区治理相关研究

黄河下游长期以来以“善淤、善徙、善决”著称于世，历史上洪水泛滥频繁，两岸人民受灾深重。人民治黄以来，对黄河下游进行了大规模的治理，初步形成了以中游水库、下游堤防、河道整治、分滞洪区等工程为主体的防洪工程体系。

针对黄河下游滩区治理问题，20 世纪八九十年代就有专家开展了有关研究并取得了成果（郝步荣等，1983；李殿魁，1997），2004 年黄河水利委员会先后在北京、开封召开了黄河下游治理方略研讨会，对黄河水沙变化、调水调沙与水库调度、下游河道与滩区治理及滩区政策等进行了广泛而深入的探讨（水利部黄河水利委员会，2004）。随后，有针对性地开展了大量研究，取得了《黄河下游滩区生产堤利弊分析研究》（河南黄河河务局，2004）、《黄河下游滩区治理模式研究》（黄河勘测规划设计有限公司，2007b）、《黄河下游滩区洪水淹没补偿政策研究总报告》（黄河下游滩区洪水淹没补偿政策研究工作组，2010）、

《黄河下游滩区治理模式和安全建设研究》（黄河勘测规划设计有限公司，2007a）等一系列成果。2007 年在《黄河流域综合规划》编制阶段开展的“黄河下游河道治理战略研究”等有关专题（黄河勘测规划设计有限公司和黄河水利科学研究院，2009），围绕宽河、窄河治理战略，针对生产堤废、留问题做了大量工作，提出了宽河固堤、废除生产堤全滩区运用的治理模式，并以此形成了“稳定主槽、调水调沙、宽河固堤、政策补偿”的黄河下游河道治理战略，并纳入《黄河流域防洪规划》及《黄河流域综合规划（2012—2030年）》，得到国务院批复，成为今后一定时期指导黄河下游河道和滩区治理的基本依据。

2012 年，“十二五”国家科技支撑计划项目“黄河水沙调控技术研究及应用”，单独列“黄河下游宽滩区滞洪沉沙功能及滩区减灾技术研究”课题开展研究（黄河水利科学研究院，2012），提出了未来宽滩区推荐运用方案，即保留生产堤，对于花园口站洪峰流量在 6000m^3/s 以下的洪水，通过生产堤保护滩区不受损失；对于花园口站洪峰流量超过 6000m^3/s 的洪水，全部破除生产堤，发挥宽滩区的滞洪沉沙功效。

2012 年，水利专家组考察下游河道，提出了“稳定主槽、改造河道、完建堤防、治理悬河、滩区分类”的治理思路，该思路是通过采取措施稳定主槽、改造河道，建设二道堤防，并进行“二级悬河”治理，在新的防洪堤与原有黄河大堤之间的滩区上将标准提高后的道路等作为格堤，形成滞洪区，当洪水流量大于 8000m^3/s 时，可向新建滞洪区分滞洪，对滩区进行分类治理，解放除新建滞洪区以外的滩区。2013 年黄河水利委员会联合中国水利水电科学研究院、清华大学等单位，开展了“黄河下游河道改造与滩区治理”研究工作。

四、黄河下游滩区再造与生态治理方案

考虑新时期治水思路和滩区经济发展新要求，充分吸纳黄河下游滩区治理成果，结合黄河水沙、防洪条件变化及滩区治理面临的问题，经研究分析，提出黄河下游滩区再造与生态治理方案。

（一）主要依据

我国对各类防护对象实施按洪水标准设防。黄河下游滩区的功能是行洪、滞洪、沉沙，为适应黄河多泥沙的河流特性，下游的河道形态是上宽下窄（最宽处达 24km，最窄处 275m），河道是上陡下缓（河南河段约为 0.02%，山东河段约为 0.01%），排洪能力上大下小（花园口站 22 000m^3/s，孙口站 17 500m^3/s，艾山站 11 000m^3/s）。利用宽河段滞洪（超过滞洪能力时启用分洪区）处理洪水，利用广大滩区沉沙落淤（较高含沙洪水上滩落淤后，较低含沙水流沿程演进归槽，适应山东河段比降缓、输沙能力弱的河道特性），据此，广大滩区既是处理洪水泥沙的重要场所，又是群众赖以生存的家园。加快推进生态文明建设是新时期的国家重要战略。

（二）指导思想

坚持以人为本、人水和谐与绿色发展理念，在保持下游河道“宽河固堤”的格局下，针对黄河水沙情势变化及治理工程开发布局，通过改造黄河下游滩区，配合生态治理措

施，形成黄河下游居民安置区、高效生态农业区及行洪排沙等不同功能区域，实现滩区“洪水分级设防、泥沙分区落淤、滩槽水沙自由交换”，保障黄河下游长期防洪安全，构建黄河下游生态廊道，推动滩区群众快速脱贫致富。

（三）方案思路

在黄河下游河道“宽河固堤”的格局下，按照“洪水分级设防、泥沙分区落淤、滩槽水沙自由交换”的理念，改造黄河下游滩区，结合生态治理措施，建设不同功能区域，实现黄河下游和滩区防洪安全，支撑下游两岸经济快速发展，打造黄河下游生态廊道，连接沿黄城市群，构建黄河下游生态经济带。

结合黄河下游河道的地形条件及水沙特性，充分考虑地方区域经济发展规划，对滩区进行功能区划，利用泥沙放淤、挖河疏浚等手段，将下游滩区由黄河大堤向主槽的滩地依次分区改造“高滩”、“二滩”和“嫩滩”，各类滩地设定不同的洪水上滩设防标准（具体设防流量标准可结合不同河段上滩流量综合分析确定），不达标部分通过改造治理达标。“高滩”区域也可称为高台，结合滩区地形，在临堤1～2km划定淤高，作为居民安置区，解决群众安居乐业问题，部分区域也可建设生态景观，其防洪标准达20a一遇；“二滩”为高滩与控导工程之间的区域，高于“嫩滩”，结合“二级悬河”治理，改变“二级悬河”不利形态，发展高效生态农业、观光农业等，该区域上水概率较高，承担滞洪、沉沙功能；“嫩滩”为“二滩”以内临河滩地，可建设湿地公园，与河槽一起承担行洪输沙功能。

（四）主要任务

滩区生态治理任务主要包括稳定河槽、控制河势的防洪保安工程与滩区生态治理两大部分建设内容。其中，防洪保安工程主要包括控导新续建工程、控导加高加固工程及险工改建工程；滩区生态治理主要包括生态移民建镇（包括“高滩”淤筑、生态水系建设及移民安置等）、“二滩”及“嫩滩”的塑造。

1. 稳定河槽、控制河势

《黄河流域防洪规划》安排的工程尚未完成，当前黄河下游部分河段河势没有得到有效控制。游荡多变的河势不仅对沿黄大堤和滩区人民生命财产安全构成威胁，还影响下游多座引黄涵闸的供水安全。本次规划险工改建加固567道，控导工程新续建38.57km，控导工程加高加固1080道，防护坝工程133道。

2. 生态移民建镇

生态移民建镇是指通过在黄河大堤临河侧淤筑“高滩”，作为滩区群众的安居场所，建设内容主要包括“高滩”淤筑及移民安置等。

参照《黄河下游滩区综合治理规划》，村台按防御花园口站20a一遇洪水为标准。本次规划沿临河侧淤筑“高滩”（台）按防御20a一遇洪水标准设计，即台顶高程为20a一遇水位加1.5m超高。

根据当前滩区的实际情况，提出本次安全建设方案拟定的原则：对20a一遇洪水无淹没风险的人口不安排措施；根据河南省两期迁建试点及《河南省黄河滩区居民迁建规划》的实施情况，考虑到外迁安置的难度越来越大，本次不再考虑外迁；封丘倒灌区居住人口多，大部分地区洪水淹没风险相对较低，为推动区内经济发展，把倒灌区调整为防洪保护区，对倒灌区进行封堵，彻底解决区内群众的防洪安全问题；对于淹没水深大（20a 一遇洪水淹没水深 3m 以上）的高风险区，考虑到洪水对围堤安全的影响大及围堤修建后群众生产生活不便等，主要结合“二级悬河”治理，临堤淤筑联台安置群众。

按照以上原则，安全建设拟采用对封丘倒灌区进行封堵、临堤淤筑联台共 2 种措施。

1）封丘倒灌区封堵

封丘倒灌区（图 5.2-2）位于黄河下游左岸新乡市境内，东起贯孟堤，西至红旗总干渠，南依黄河大堤，北靠太行堤，黄河发生大洪水时由入黄口门处沿天然文岩渠倒灌入内。倒灌区共涉及封丘、长垣 33.21 万人，居住人口集中。

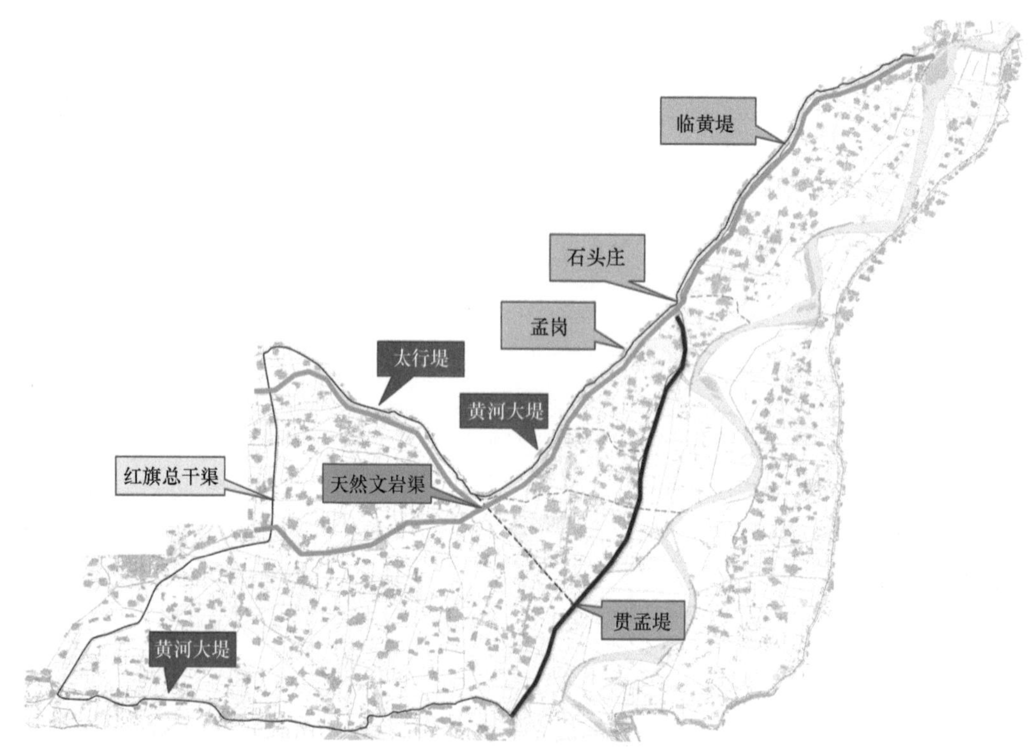

图 5.2-2　封丘倒灌区封堵安置示意图

封堵工程自封丘贯孟堤设防段末端起，沿长垣贯孟堤及防洪堤，至长垣卢岗前马寨村，左转沿马寨串沟折向西北，与天然文岩渠右堤相接，在天然文岩渠上修节制闸 1 座与左岸大堤连接，使倒灌区形成封闭区域。封堵工程全长 22.9km，封堵工程堤防设防标准同黄河大堤，即防御花园口站 22 000m^3/s 洪水，堤防级别为 1 级，为防止黄河洪水沿天然文岩渠倒灌，建设控制闸 1 座。

2）临堤淤筑联台

扣除封丘倒灌区封堵安置的 33.21 万人，对其他滩区群众提出临堤淤筑联台的安置方案。

在“高滩”沿堤建设大型社区，实施生态移民建镇。滩区居民拥有原土地使用权，原村庄拆迁后的土地经过复垦，由村委会统一开发使用。根据生态移民人口安置规模分析，本次规划“高滩”安置区主要分布在面积较大的滩区，结合滩区地形条件和人口安置需求，自上而下，河南段高滩区分别为左岸原阳滩、长垣滩、习城滩、陆集滩、清河滩和右岸中牟滩、开封滩，山东段高滩区分别为东明滩、葛庄滩、左营滩、平阴滩、长清滩、利津滩等。“高滩”共安置滩区居民 91.58 万人，共淤筑“高滩”面积 7326 万 m^2，淤筑高台工程量 3.83 亿 m^3。

本次“高滩”主要规划为居民安置区，提高滩区群众居住防洪标准，解决“安居”问题，给群众生产生活提供更好的保障。同时结合滩区群众发展需求，开展生态治理工程建设，发展生态观光旅游业等，实现滩区群众“安居乐业，富裕发展”。规划结合各安置区乡镇特色，将“高滩”居民安置区建设成为生态旅游型特色小镇、风情特色型特色小镇、历史文化型特色小镇、农业型特色小镇及新型社区等（图 5.2-3）。

3. “二滩”塑造与生态治理

“二滩”为“高滩”和“嫩滩”之间的区域，根据上述滩区生态治理总体布局，对“二滩”通过挖取主槽泥沙，淤高低凹滩区地面，发展高效农业、绿色牧业、观光采摘林果业。参考《防洪标准》（GB 50201—2014），农田的防护标准最低为 10a 一遇，但考虑到滩区是黄河下游行洪的场所，若治理标准过高，会对行洪安全产生一定影响，推荐“二滩”采用 5a 一遇洪水标准进行治理。

对“二滩”的塑造是结合了“二级悬河”治理、土地整理及生态修复同步完成的，“二滩”并不全部要按照标准断面进行全范围覆盖，根据“宜水则水、宜耕则耕”的原则进行规划，主要原则如下：“二滩”人口较少，洪水上滩损失不大的区域，“二滩”可以不再人工淤筑；自然保护区河段尽量不抽取泥沙，不对河道进行扰动，此河段“二滩”不淤积，尽量扩大保护区范围；按照原方案淤滩，淤积厚度在 0.5m 以下的地方不再淤滩；现状村庄密集的位置进行分块纵向条块淤积，条块中间段可不再淤滩；淤起的“二滩”条块阻断洪水顺堤方向演进；结合洪水风险图成果，淹没水深较大的区域，宜规划为湿地滩涂。

根据黄河下游滩区实际情况，共安排“二滩”淤筑面积 978.79km^2，共需淤筑土方量 7.6 亿 m^3。

4. “嫩滩”改造

“嫩滩”为“二滩”至河槽之间的临河浅滩，与河槽一起承担黄河下游行洪输沙的主要任务，也是黄河下游河道湿地的主要分布区。在塑造“高滩”和“二滩”时，通过人工机械放淤，将主槽河道泥沙淤至“高滩”和“二滩”，结合河道行洪需求，对有需求的“嫩滩”实施清淤，“二滩”与主槽之间的“嫩滩”形态随即形成。河南宽滩区较多，因此河南“嫩滩”地块较大且完整，其面积占滩区“嫩滩”总面积的 58%。山东“嫩滩”面积占滩区“嫩滩”总面积的 42%，其中东坝头—陶城铺段地块较完整，陶城铺渔洼段除长平滩以外，其他“嫩滩”地块零散且较小。

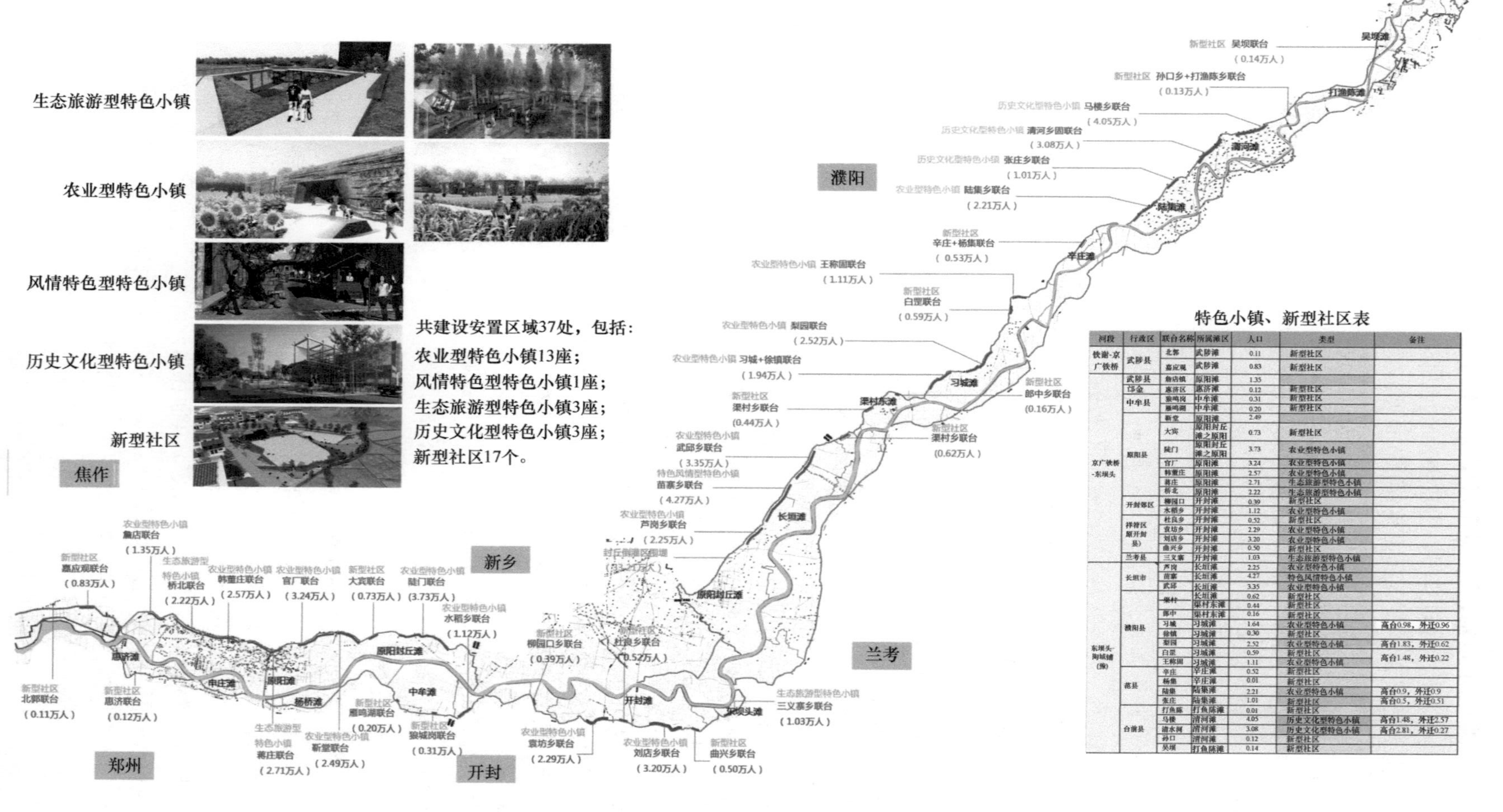

河段	行政区	联台名称	所属滩区	人口	类型	备注
铁谢-京广铁桥	武陟县	北郭	武陟滩	0.11	新型社区	
		嘉应观	武陟滩	0.83	新型社区	
京广铁桥-东坝头	武陟县	詹店镇	原阳滩	1.35		
	邙金	惠济区	惠济滩	0.12	新型社区	
	中牟县	狼鸣岗	中牟滩	0.31	新型社区	
		雁鸣湖	中牟滩	0.20	新型社区	
	原阳县	新堂	原阳滩	2.49		
		大宾	原阳封丘滩之原阳	0.73	新型社区	
		陡门	原阳封丘滩之原阳	3.73	农业型特色小镇	
		官厂	原阳滩	3.24	农业型特色小镇	
		韩董庄	原阳滩	2.57	农业型特色小镇	
		蒋庄	原阳滩	2.71	生态旅游型特色小镇	
		桥北	原阳滩	2.22	生态旅游型特色小镇	
	开封郊区	柳园口	开封滩	0.39	新型社区	
		水稻乡	开封滩	1.12	农业型特色小镇	
	祥符区（原开封县）	杜良乡	开封滩	0.52	新型社区	
		袁坊乡	开封滩	2.29	农业型特色小镇	
		刘店乡	开封滩	3.20	农业型特色小镇	
		曲兴乡	开封滩	0.50	新型社区	
	兰考县	三义寨	开封滩	1.03	生态旅游型特色小镇	
东坝头-陶城铺（豫）	长垣市	芦岗	长垣滩	2.25	农业型特色小镇	
		苗寨	长垣滩	4.27	特色风情特色小镇	
		武邱	长垣滩	3.35	农业型特色小镇	
	濮阳县	渠村	长垣滩	0.62	新型社区	
			渠村东滩	0.44	新型社区	
		郎中	渠村东滩	0.16	新型社区	
		习城	习城滩	1.64	农业型特色小镇	高台0.98，外迁0.96
		徐镇	习城滩	0.30	新型社区	
		梨园	习城滩	2.52	农业型特色小镇	高台1.83，外迁0.62
		白罡	习城滩	0.59	新型社区	高台1.48，外迁0.22
		王称固	习城滩	1.11	农业型特色小镇	
	范县	辛庄	辛庄滩	0.52	新型社区	
		杨集	辛庄滩	0.01	新型社区	
		陆集	陆集滩	2.21	农业型特色小镇	高台0.9，外迁0.9
		张庄	陆集滩	1.01	新型社区	高台0.5，外迁0.51
	台前县	打鱼陈	打鱼陈滩	0.01	新型社区	
		马楼	清河滩	4.05	历史文化型特色小镇	高台1.48，外迁2.57
		清水河	清河滩	3.08	历史文化型特色小镇	高台2.81，外迁0.27
		孙口	清河滩	0.12	新型社区	
		吴坝	打鱼陈滩	0.14	新型社区	

图5.2-3　河南段滩区特色小镇、新型社区分布示意图

“嫩滩”应维持自然形成的湿地生态，通过继续实施黄河调水调沙，建设完善的水沙调控体系、加强河道整治等，长期维持黄河下游河道中水河槽。由于“嫩滩”经常行洪，可通过适当修建通往“嫩滩”的道路，适度发展休闲旅游。结合已有的湿地自然保护区，塑造人工湿地，发展湿地旅游、科普教育、观光摄影等产业，并根据实际情况选择性开发湿地公园，由过去单纯的生态修复转变为多元利用。“高滩”、“二滩”和“嫩滩”三滩效果示意图见图 5.2-4。

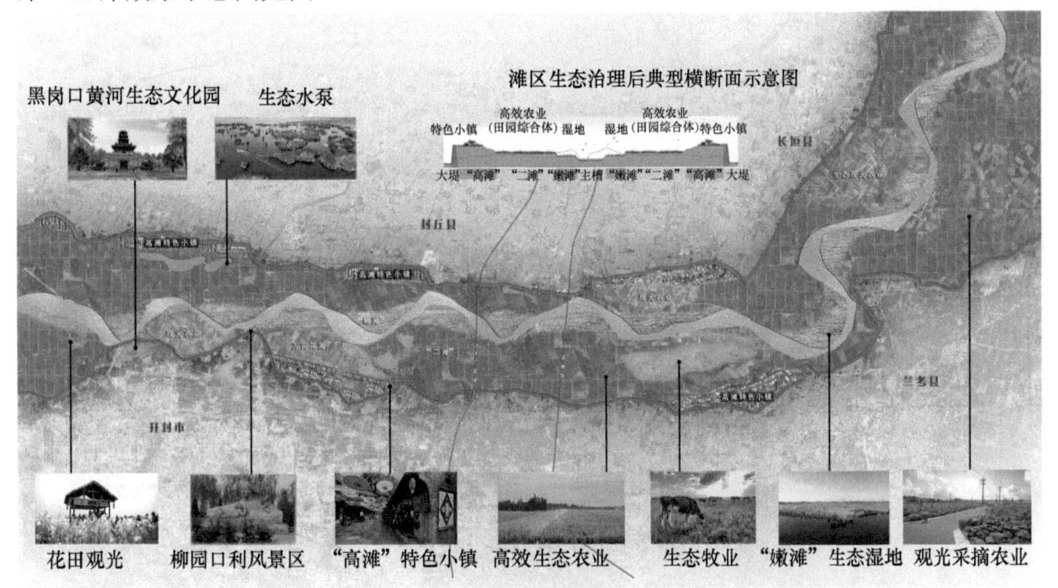

图 5.2-4　黄河下游滩区生态治理效果示意图（以开封滩为例）

5. 生态治理发展模式

“高滩”发展模式：本研究在解决滩区居民“安居”问题的同时，对沿黄地区与滩区群众的发展需求及各安置区乡镇特色进行分析，将“高滩”居民安置区打造成为生态旅游型特色小镇、风情特色型特色小镇历史文化型特色小镇、农业型特色小镇及新型社区等，促进滩区发展生态观光旅游业。

“二滩”发展模式：黄河下游滩区（主要包含已淤筑“二滩”区域和现状“高滩”与“嫩滩”之间的“二滩”区域）现状主要以小规模农户经营的传统农业为主，农业产业化、组织化程度不高，农民科技文化素养较低。本研究认为在滩区居民集中迁至“高滩”安置后，“二滩”区域面积广阔，便于组织化集中管理，且防洪标准提高为农业发展提供了适当保障，应抓住国家农业供给侧改革、土地流转政策等机遇，改变过去单纯以追求产量为主、小规模农户经营的方式，转到数量、质量、效益并重的发展方式，转到依靠科技、依靠提高劳动者素质的轨道上来，打造具有独特优势的现代化规模化农业基地；同时应充分把握好城乡居民消费转型升级、对休闲观光体验、科普教育等需求越来越大的机遇，发挥郑州滩、原阳滩、开封滩、长垣滩等滩区紧邻城市、交通便利、客源充足的优势，融合农业生态保护、观光休闲体验等功能，发展更高业态的农业休闲观光产业。此外，结合城市发展所需的生态空间要求，借助邻近黄河水资源的优势，城市周边滩区可建设城市生态水系、发展生态公园、打造城市居民“后花园”。

“嫩滩”发展模式：“嫩滩”紧邻黄河河道且经常行洪，水系资源丰富，是黄河下游河道湿地的主要分布区，应维持自然形成的湿地生态，注重生物多样性、湿地生态系统保护，通过实施生态修复、湿地建设、水生物保护等措施，结合“二滩”“高滩”生态再造治理，构建河、滩、田、林等复合生态空间，形成河南、山东两省生态屏障带。此外，在紧邻城市的“嫩滩”区，充分利用优越的自然条件和丰富的湿地资源，结合“高滩”生态旅游小镇、“二滩”休闲观光农业、生态公园等打造，建设兼具生态保护与景观游憩功能的黄河生态湿地公园，使其成为城市生态空间的一部分，依据“高滩＋二滩＋嫩滩”整体城市生态观光休闲带打造，助力沿黄地区生态旅游发展。

黄河下游各河段及滩区各功能组成部分开展生态治理后，滩区形成了“高滩”＋“现状二滩”＋“嫩滩”、“现状二滩”＋“嫩滩”、“二滩”＋“嫩滩”、“高滩”＋“二滩”＋“嫩滩”和“高滩”＋“嫩滩”等 5 种治理模式，在各治理模式下结合滩区区位特点、沿黄地区经济社会发展等不同要求，分析提出城市生态观光及乡村生态修复两种生态发展模式，见表 5.2-1。

表 5.2-1　黄河下游滩区生态再造与治理模式表

滩区具体治理模式	滩区生态发展布局	涉及滩区	生态发展模式
“高滩”＋“现状二滩”＋“嫩滩”	生态旅游小镇（或新型社区或特色小镇）+休闲观光农业（或生态公园）+湿地公园	原阳滩、中牟滩、开封滩	城市生态观光模式
“现状二滩”＋“嫩滩”	现代规模化农牧业基地+湿地修复保护	封丘滩	乡村生态修复模式
	休闲观光农业（或生态公园）+湿地公园	惠济滩	城市生态观光模式
“二滩”＋“嫩滩”	现代规模化农牧业基地+湿地修复保护	东坝头滩、渠村东滩、兰考滩、辛庄滩、打渔陈滩、菜园集滩、牡丹滩、董口滩、鄄城西滩、鄄城东滩、梁山赵堌堆滩	乡村生态修复模式
“高滩”＋“二滩”＋“嫩滩”	历史文化特色小镇（或）新型社区+现代规模化农业基地+湿地公园	长垣滩、清河滩	城市生态观光模式
	农业特色小镇（或新型社区）+现代规模化农业基地+湿地修复保护	习城滩、陆集滩、东明滩、葛庄滩、东营滩、银山滩	乡村生态修复模式
“高滩”＋“嫩滩”	新型社区+湿地修复保护	平阴滩、高青滩、利津滩	乡村生态修复模式
	新型社区+湿地公园	长清滩、滨州滩	城市生态观光模式

注：“现状二滩”为不需要淤筑的现状滩区，“二滩”为需要进行生态淤筑治理的滩区

（五）投资匡算及实施效果

1. 投资匡算

黄河下游滩区生态治理工程规划安排建设项目主要包括河道整治工程建设、生态移民建镇（含“高滩”淤筑）、“二滩”治理工程及经济发展的一些项目等。考虑到经济发展项目投资主要是地方政府根据市场需求，通过招商引资的途径解决，本次规划考虑前三项投资。规划总投资 951 亿元，其中，河道整治工程建设投资 61 亿元，生态移民建

镇投资 700 亿元（包括“高滩”淤筑 95 亿元，移民安置 605 亿元），“二滩”治理工程投资 190 亿元。分近期、远期实施，近期主要安排河道整治工程建设、生态移民建镇、试点滩区“二级悬河”的淤筑及城市近郊滩区治理等内容，远期主要是安排除近期实施后剩余“二滩”的塑造。近期、远期投资分别为 786 亿元、165 亿元，分别占总投资规模的 83%、17%。

2. 实施效果

实施黄河下游滩区生态治理，将进一步完善黄河下游防洪减淤体系，形成点轴发展的黄河下游生态经济带，可实现黄河下游防洪保安、生态文明建设与落实国家精准扶贫政策的有机结合，为黄河下游两岸和滩区经济社会可持续发展提供防洪安全、生态安全保障，规划预期效果十分显著。

1）实现千百年来黄河下游长治久安的治河梦

黄河下游滩区生态治理实施后，“二级悬河”的不利形态得以改变，游荡多变的不利河势得到控制，“横河”“斜河”得到控制，顺堤行洪问题得到解决，主槽过流能力大大提高，黄河下游与滩区的防洪工程体系进一步完善，整体防洪安全程度得到大幅度提高，其与黄河水沙调控体系和下游防洪工程共同作用，可实现黄河下游长治久安。

2）滩区居民实现安居乐业

黄河下游滩区生态治理实施后，安置滩区居民的“高滩”防洪标准达到 20～50a 一遇，标准内洪水群众的生命财产安全得到有效保障；依托乡镇集中安置居民，为滩区发展提供了空间；“二滩”防洪标准提高到 5a 一遇，滩区观光、休闲等高效农业生产模式建立，农业生产结构得以调整，土地资源得到合理开发利用；滩区淹没补偿政策有效落实，进一步保障了滩区发展。滩区居民安居乐业，与全国人民一道共享小康社会的建设成就。

3）形成黄河下游生态经济带

黄河下游两岸分布有郑州、开封、济南等 30 余座大中型城市，通过滩区生态治理，建设沿黄湿地景观，结合生态农业、观光农业、湿地，打造黄河沿岸生态经济带、生态休闲旅游区、黄河特色旅游区、湿地保育区、滨河景观风貌等，形成超过 800km 的生态长廊，为沿黄城市提供生态空间，提升城市发展质量和竞争力，同时为保障黄淮海平原生态经济安全提供有力的支撑。

4）实现治河与惠民双赢

滩区生态治理的实施，使滩区滞洪、沉沙功能得到充分发挥，滩区群众的安全与发展问题得到解决，下游治理与滩区安全和发展的矛盾得到破解，治河与惠民双赢的治河目标得以实现。

总之，规划项目实施后不仅减免了滩区洪水灾害所带来的直接经济损失，还对保障黄河下游两岸经济社会持续发展、改善生态环境及提高滩区经济发展发挥了巨大作用。

实施滩区生态治理，滩区种植高效规模化农业等可产生农业直接效益 68 亿元；通过打造黄河沿岸生态经济带、生态休闲旅游区可产生旅游效益约 400 亿元；同时通过滩区原有村庄搬迁后土地复垦及有关土地整理为城市建设土地流转创造了有利条件，每年节余建设用地土地指标效益约 300 亿元；以此为基础，可新增就业岗位 50 万个，产生经济效益约 300 亿元，效益共计约 1068 亿元。扣除节余建设用地指标收益，滩区 195 万居民可实现人均年增收约 4 万元，有力支撑滩区居民脱贫致富奔小康。

紧抓国家实施生态文明建设、中原城市群发展、郑州建设国家中心城市等历史机遇，与滩区沿黄城市群生态空间需求相结合，为郑州、焦作、新乡、开封、濮阳等城市黄河沿线地区的发展提供优良条件，变黄河天堑为黄河生态走廊，促进黄河两岸经济融合。项目实施同时可带动沿线及周边城市交通与基础设施改造、周边土地升值及相关产业发展，参照生态环境部“水十条”实施影响预测评估结果，直接贡献与间接贡献之比为 13∶87，除本项目直接效益 1068 亿元外，估算可拉动周边城市 GDP 增长约 7000 亿元，使滩区成为黄河沿线地区新的经济增长极，促进滩区经济社会快速发展的同时实现治河和惠民的双赢。

五、实施黄河下游滩区再造与生态治理的重大意义

（1）是新时期黄河下游滩区治理的重要方向。黄河治理与国家的政治、社会、经济、技术背景等密切相关。20 世纪 90 年代中期，国家提出了实施可持续发展战略，黄河水利委员会针对黄河出现的防洪、断流、水污染等问题，提出了“维持黄河健康生命”的治河理念，在这一理念指引下，开展了“三条黄河”建设，并进行了黄河调水调沙探索与实践。2012 年 5 月，中国共产党第十八次全国代表大会从新的历史起点出发，作出“大力推进生态文明建设”的决定；2015 年 5 月，中共中央国务院颁布了《关于加快推进生态文明建设的意见》。遵照党中央、国务院指示，顺应经济社会发展的需求，黄河水利委员会党组提出了“维护黄河健康生命，促进流域人水和谐”的治黄思路。黄河下游滩区再造与生态治理就是把滩区治理放到区域经济社会发展全局和生态文明建设大局中去谋划，让滩区更好地服务于区域经济社会和生态发展，打造绿水青滩，改善区域生态环境，更好地造福滩区和沿黄广大人民群众，最终实现滩区人水和谐共生，实现滩区及两岸经济社会绿色、协调、可持续发展。滩区再造与生态治理符合国家发展战略，是新时期黄河下游滩区治理的重要方向。

（2）是助推中原经济区发展的客观需求。2011 年以来，国务院陆续印发了《关于支持河南省加快建设中原经济区的指导意见》《关于大力实施促进中部地区崛起战略的若干意见》，国家发展和改革委员会印发了《关于促进中部地区城市群发展的指导意见》《中原城市群发展规划》等，要求加快转变农业发展方式，发展高产、优质、高效、生态、安全农业，重点培育休闲度假旅游等特色产品，实施乡村旅游富民工程，建设黄河文化旅游带，建设黄河中下游沿线生态廊道……在符合有关法规和黄河防洪规划要求的前提下，合理发展旅游、种植等产业，打造集生态涵养、水资源综合利用、文化旅游、滩区土地开发于一体的复合功能带。

（3）是助推中原经济区发展，提升中原城市群整体竞争力的客观需求。黄河下游滩区土地、光热资源丰富，但经济发展落后。滩区区位优势不但无法发挥，而且受其所困，经济发展总量和质量远落后于周边地区，拖慢中原经济区加快建设的步伐。实施滩区再造与生态治理，将根据不同滩区区位优势，突出防洪安全的保障作用，积极发展休

闲旅游服务业，大力发展高效农业，开发利用好滩区土地和黄河水资源，调整传统小农经济结构，促进滩区经济快速发展，构建区域发展的生态屏障。

（4）是精准扶贫，促进区域可持续发展的重大举措。2011 年，中共中央国务院印发了《中国农村扶贫开发纲要（2011—2020 年）》，提出将坚持扶贫开发与推进城镇化、建设社会主义新农村相结合，与生态建设、环境保护相结合，充分发挥贫困地区资源优势，发展环境友好型产业，增强防灾减灾能力，促进经济社会发展与人口资源环境相协调。实施滩区再造与生态治理，实施滩区扶贫搬迁，开展堤河及低洼地治理，调整生产结构，发展特色产业和高效农业，从根本上解决滩区群众脱贫致富问题，是统筹沿黄两岸城乡区域发展、保障和改善滩区民生、缩小滩区与周边发展差距、促进滩区全体人民共享改革发展成果的重大举措，也是推进滩区扶贫开发与区域发展密切结合，促进区域工业化、城镇化水平不断提高的根本途径。2014 年以来，河南省将“三山一滩”（大别山、伏牛山、太行深山区、黄河滩区）作为扶贫开发的重点，滩区再造与生态治理对于河南省实施精准扶贫、精准脱贫具有重要意义。

（5）是维护黄河健康生命、实现人水和谐的根本途径。黄河下游滩区具有自然和社会双重属性，河道治理由河务部门负责，滩区安全与发展由地方政府负责，目前涉及滩区治理的规划基本都是立足于解决洪水、泥沙问题，涉及解决滩区经济发展问题的较少。要破解治河与滩区发展的矛盾，推动滩区治理不断前行，就需要转变治河思路，重视滩区的社会属性，把治河与解决滩区群众最为关心的安全与发展问题紧密结合起来。

黄河下游滩区再造与生态治理方案，维持了黄河下游河道“宽河固堤”的治理格局，保留了黄河下游滩区水沙交互和滞洪、沉沙功能，洪水泥沙问题得到控制，同时紧抓国家实施生态文明建设和中原城市群发展的历史机遇，合理开发和利用滩地水土资源，通过对滩区进行功能区划、修建人工湖泊或生态湿地、种植农作物等，发展休闲观光旅游业和高效农业，促进滩区经济社会的快速发展，实现治河与惠民的双赢。

六、结语与建议

（一）主要结论

（1）黄河下游滩区总面积 3154km^2，现有耕地 22.7 万 hm^2，村庄 1928 个，人口 189.52 万人。目前黄河下游“二级悬河”发育，威胁防洪安全。另外，由于滩区安全建设滞后，因此群众缺乏安全保障，生活水平较低，随着滩区内外经济社会发展的差距逐渐增大，滩区发展和治河的矛盾日益突出。

（2）基于水沙基本理论和国家发展战略提出的黄河下游滩区再造与生态治理方案，既保留了黄河下游滩区水沙交换和滞洪、沉沙的功能，又解决了滩区群众的安全和发展问题，实现了治河与经济发展的有效结合，符合国家推进生态文明建设的要求，对精准扶贫、脱贫与助推中原经济区快速发展具有重要意义。

（二）方案实施建议

黄河下游滩区再造与生态治理方案符合国家经济社会发展战略，对于滩区群众快速脱贫致富、促进流域生态文明建设具有重要作用。建议尽快开展黄河下游滩区再造与生态治理方案研究工作，全面调研下游滩区经济、人口及生态指标的本底值，研究下游滩区功能区划分、滩区生态治理模式、滩区再造方案、治理措施及治理效果评价、安全与保障措施等关键问题。同时，在下游不同河段选取典型滩区试点，深入研究并编制试点河段实施方案（可研方案），开展治理试验，积累经验，并逐步向全下游河道推广。

参 考 文 献

郝步荣, 徐福龄, 郭自兴. 1983. 略论黄河下游的滩区治理. 人民黄河，5(4): 7-12.

河南黄河河务局. 2004. 黄河下游滩区生产堤利弊分析研究. 郑州: 河南黄河河务局: 145-170.

黄河防汛抗旱总指挥部办公室. 2016. 2016 年汛前黄河调水调沙预案. 郑州: 黄河防汛抗旱总指挥部办公室: 9-13.

黄河勘测规划设计有限公司. 2007a. 黄河下游滩区治理模式和安全建设研究. 郑州: 黄河勘测规划设计有限公司: 61-134.

黄河勘测规划设计有限公司. 2007b. 黄河下游滩区治理模式研究. 郑州: 黄河勘测规划设计有限公司: 18-87.

黄河勘测规划设计有限公司. 2009. 黄河下游滩区综合治理规划. 郑州: 黄河勘测规划设计有限公司: 3-8.

黄河勘测规划设计有限公司, 黄河水利科学研究院. 2009. 黄河下游河道治理战略研究报告. 郑州: 黄河勘测规划设计有限公司: 68-153.

黄河水利科学研究院. 2012. 黄河下游宽滩区滞洪沉沙功能及滩区减灾技术研究. 郑州: 黄河水利科学研究院: 30-100.

黄河下游滩区洪水淹没补偿政策研究工作组. 2010. 黄河下游滩区洪水淹没补偿政策研究总报告. 郑州: 黄河水利委员会: 15-25.

李殿魁. 1997. 关于黄河治理与滩区经济发展的对策研究. 黄河学刊, (9): 35-42.

水利部黄河水利委员会. 2004. 黄河下游治理方略专家论坛. 郑州: 黄河水利出版社: 1-148.

水利部黄河水利委员会. 2013. 黄河流域综合规划(2012—2030 年). 郑州: 黄河水利出版社: 26-35.

第三节　黄河下游河道形态变化及应对策略
——“黄河下游滩区生态再造与治理研究”之一[①]

一、黄河下游河道形态演变过程

黄河是中华民族的母亲河，哺育了灿烂辉煌的华夏文明，黄河又是世界上最为复杂难治的河流，以“善淤、善决、善徙”闻名于世，历史上黄河下游频繁的洪水灾害给沿岸人民带来了深重的灾难。据统计，从公元前 602 年至 1938 年的 2540 年间，下游河道决口达 1590 次（胡一三，1996），经历了 5 次重大改道和迁徙，有“三年两决口，百年一改道”之说，决溢纵横面积约 25 万 km^2，涉及冀、鲁、豫、皖、苏五省。黄河下游现行河道是 1855 年黄河在铜瓦厢决口改道后夺大清河入渤海而形成的。

① 作者：张金良，刘继祥，万占伟，鲁俊

黄河干流河道在河南省孟津县白鹤镇由山区进入平原，于山东省东营市垦利区注入渤海，全长878km。由于黄河水少沙多、水沙关系不协调，因此进入下游的泥沙大量淤积，河床逐年抬高，现状河床一般高出背河地面4～6m，局部河段在10m以上，比两岸平原高出很多，是举世闻名的地上悬河，也成为淮河水系和海河水系的天然分水岭。黄河大洪水一旦向北决口将打乱海河水系，向南决口将打乱淮河水系，且由于黄河的多沙特性，洪水泥沙所到之处将使河（湖）渠淤塞、良田沙化，造成巨大的生态灾难。黄河下游河道已成为黄淮海平原的生态安全屏障，具有重要的战略地位。

黄河下游两岸平原人口密集，城市众多，铁路、公路纵横，能源等工业基地广布，还是全国重要的商品粮基地。根据黄河下游防洪保护区洪水风险分析成果(陈卫宾等，2017)，仅北岸封丘以上或南岸开封以上堤段发生决口泛滥，淹没影响人口就将分别达到约2600万和2300万，淹没耕地分别达293.3万hm^2和246.7万hm^2，造成巨大的直接经济损失。除经济损失外，黄河洪水泥沙灾害还会毁坏公路、铁路及生产生活基础设施，破坏生态环境，对经济社会可持续发展和生态环境保护造成长期难以恢复的不良影响。因此，保证黄河下游河道长期安全稳定行河是确保黄淮海平原生态安全的迫切需要。

二、现状下游河道形态及成因

（一）“一级悬河”形态及成因

黄河下游为强烈堆积性河段，横贯于华北平原之上，目前的黄河下游河道是不同历史时期形成的，孟津县白鹤镇至郑州市京广铁路桥为禹王故道；京广铁路桥至兰考县东坝头为明清故道；东坝头以下是1855年黄河在铜瓦厢决口后，水流流向由东南改道东北，穿运河夺大清河以后形成的。

由于黄河水沙异源、水少沙多、水沙关系不协调，因此黄河挟带中游的大量泥沙在下游河道不断淤积。而两岸大堤的存在约束了摆动范围，限定了泥沙淤积空间，导致下游河床不断抬升，使河床滩面高程高出大堤背河地面高程，形成地上悬河，即“一级悬河”（王联鹏等，2012）（图5.3-1）。

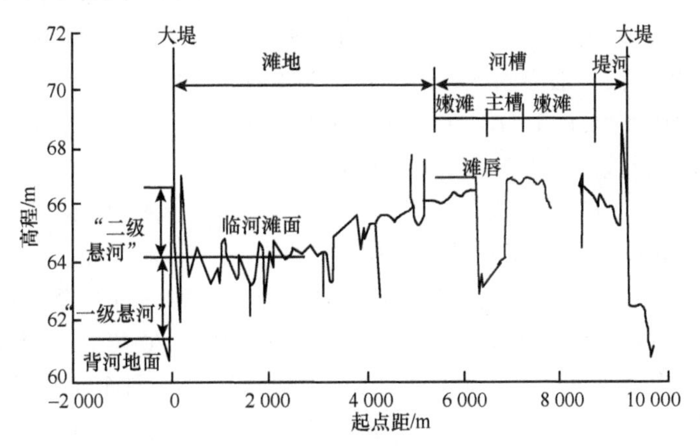

图5.3-1　黄河下游悬河形态（杨小寨断面）

黄河干流白鹤镇至东坝头河段行河年限较长，“一级悬河”问题较为突出，河道内滩地高出两岸地面 4～6m，局部为 10m 以上；东坝头至陶城铺河段临河滩面高出两岸地面 2～3m，最高为 5m；陶城铺以下河段滩面高出两岸地面 2～4m，最高为 7.6m。

（二）“二级悬河”形态及成因

在“一级悬河”形成的同时，由于河道内淤积横向分布不均，邻近主槽的“嫩滩”附近淤积厚度大，远离主槽的滩地淤积厚度小，堤根附近淤积厚度更小，因此滩唇高程、河槽平均河底高程高于两边滩地高程，形成了“槽高、滩低、堤根洼”的“二级悬河”形态（胡一三和张晓华，2006）（图 5.3-1）。目前，黄河下游京广铁路桥至东坝头长 131km 的河段“二级悬河”轻微发育，东坝头至陶城铺长 235km 的河段“二级悬河”发育最为严重，滩唇一般高出黄河大堤临河地面 3m 左右，最高达 5m，滩面横比降约为 0.1%，而河道纵比降为 0.014%，横比降远远大于纵比降。“二级悬河”的不利形态一是增大了形成“横河”“斜河”及滩区发生“滚河”的可能性，容易引起洪水顺堤行洪，增大冲决堤防的危险；二是容易造成堤根区降雨积水难排，内涝会导致农作物减产甚至绝收，土地盐碱化则加重土地改良负担。

大量研究表明，来水来沙条件和河床边界条件（赵勇，2002；杜玉海等，2004；张仁，2003；曾庆华，2004；齐璞，2002）是形成黄河下游“二级悬河”的重要因素。汛期进入下游的流量减小，尤其是漫滩大洪水出现概率降低，导致河道淤积主要发生在河槽内，“嫩滩”附近淤积厚度大，远离河槽的滩地淤积厚度小，河床形态恶化，“二级悬河”发育。滩区群众修建生产堤限制了洪水漫滩沉沙范围，阻碍了滩槽水沙充分交换，从而加剧了“二级悬河”的发展。

1. 水少条件变化是“二级悬河”形成的主要原因

1950 年 7 月至 1960 年 6 月，黄河来水量较丰，黄河下游漫滩洪水发生次数较多，花园口站洪峰流量大于 10 000m^3/s 的漫滩洪水就有 6 次。该时期滩区阻水建筑少，河槽和滩地之间特别是主槽和“嫩滩”之间没有明显的分界，洪水漫滩次数较多。洪水漫滩后，由于滩槽水流阻力不同，而下游河道平面形态宽窄相间，因此滩槽水流泥沙容易产生横向交换，宽河段一般会出现“淤滩刷槽”现象。该时段下游河道主槽年均淤积量为 0.82 亿 t，滩地年均淤积量为 2.79 亿 t，虽然滩地年均淤积量大于主槽年均淤积量，但由于滩地面积大，因此河槽与滩地几乎同步抬升。

1960 年 9 月三门峡水库投入运用，水库经历了“蓄水拦沙”、“滞洪排沙”和“蓄清排浑”3 个运用阶段，不同阶段水库运用方式差异较大，对水沙条件的改变也不同，相应地对下游河道冲淤及河床形态演变的影响也不同。1960 年 9 月至 1964 年 10 月进入下游的水量较丰，年均水量为 587.4 亿 m^3，年均沙量较 1950 年 7 月至 1960 年 6 月减少 12 亿 t，且汛期日均流量大于 4000m^3/s 的天数较 1950 年 7 月至 1960 年 6 月增加 20d 左右，水沙条件较为有利，该时期黄河下游河道累计冲刷泥沙 23.12 亿 t，年均冲刷泥沙 5.78 亿 t，到 1964 年 10 月下游河道平滩流量恢复至 8000m^3/s，下游主槽过流能力强，且受三门峡水库调节削峰影响，下游未发生漫滩洪水，“二级悬河”尚未发育。

1964 年 11 月至 1973 年 10 月，黄河下游年均水量较 1950 年 7 月至 1960 年 6 月减少 62 亿 m^3，近年来，沙量仅减少 1.87 亿 t，汛期日均流量大于 2000m^3/s 的天数比 1950 年 7 月至 1960 年 6 月减少 15d，水沙关系较 1950 年 7 月至 1960 年 6 月更不协调。该时期三门峡水库虽经初期改建，但泄流规模仍不足，遇大洪水时水库自然滞洪削峰作用仍很大，例如，1970 年 7 月潼关站洪峰流量为 10 200m^3/s，经水库调节后出库洪峰流量为 5380m^3/s。水库滞洪削峰改变了自然来水来沙过程，降低了水流漫滩概率，下游经常出现“大水带小沙，小水带大沙”的不利水沙组合。该时期下游河道快速淤积，年均淤积 4.39 亿 t，其中河槽年均淤积 2.94 亿 t（为 1950 年 7 月至 1960 年 6 月的 3.6 倍），占全断面淤积量的 67%，造成中水河槽大幅度萎缩，又由于 1958 年河槽两岸修有生产堤，一般洪水漫滩后，淤积限制在两岸生产堤之内，因此部分河段开始出现“二级悬河”的不利局面。

1973 年 11 月至 1986 年 10 月，三门峡水库非汛期下泄清水，汛期排泄全年泥沙。该时期来水来沙条件较为有利，出现了 1975～1976 年、1981～1985 年丰水时段，三门峡水库经两次改建后泄流规模明显增大，1976 年和 1982 年花园口站最大洪峰流量分别为 9210m^3/s、15 300m^3/s，洪水期间下游河道发生淤滩刷槽，该时期下游主槽累计冲刷泥沙 4.7 亿 t，滩地累计淤积 14.0 亿 t，全断面淤积泥沙 9.3 亿 t，下游河道槽冲滩淤，平滩流量明显增大，至 1986 年平滩流量达到 6000m^3/s。该时期滩地横比降虽然有所增大，但还不是很突出。

1986 年龙羊峡水库投入运用至小浪底水库下闸蓄水，受降雨和水库调节等人类活动影响，进入黄河下游的年水量和汛期水量均大幅减少，且由于来自上游的低含沙洪水被削减，因此黄河下游中常洪水出现的概率大幅降低，持续时间大幅缩短，汛期日均流量大于 2000m^3/s 的天数比 1950 年 7 月至 1960 年 6 月减少 50d，大于 4000m^3/s 的天数减少 13.7d，黄河下游河道中水河槽淤积严重，1986 年 10 月至 1999 年 10 月黄河下游河道年均淤积 2.28 亿 t，其中河槽年均淤积 1.62 亿 t。与 1950 年 7 月至 1960 年 6 月相比，全断面淤积量占来沙量的比例由 20%增加到 30%，河槽淤积比例由 23%增加至 72%。随着黄河下游主槽过流断面持续萎缩，平滩流量明显减小，至 1999 年汛前河道最小平滩流量已不足 3000m^3/s。滩槽淤积分布不均匀，使得“二级悬河”迅速发育。

1999 年 11 月小浪底水库投入运用，通过水库拦沙和调水调沙运用，下游河道淤积状态有所缓和，主槽过流能力得到逐步恢复。至 2016 年 10 月，小浪底水库累计淤积泥沙 32.6 亿 m^3，黄河下游利津以上河道累计冲刷泥沙 27.6 亿 t，河槽平滩流量逐步由 2002 年汛前的 1800m^3/s 增大到 4000m^3/s。该时期由于黄河来水量较小，且小浪底水库控制了中常洪水不漫滩，因此滩地很少上水淤积，滩地横比降远大于河槽纵比降的“二级悬河”不利形态未得到有效解决。

黄河下游各时期水沙特征和年均冲淤量见表 5.3-1，累计冲淤过程见图 5.3-2。

表 5.3-1　黄河下游各时期水沙特征和年均冲淤量

时段	进入下游（小黑武）年均水沙		汛期各流量级年均出现天数/d			下游河道年均冲淤量/亿 t			时段末平滩流量
	水量/亿 m^3	沙量/亿 t	<2000m^3/s	2000～4000m^3/s	>4000m^3/s	主槽	滩地	全断面	/（m^3/s）
1950 年 7 月至 1960 年 6 月	492.3	17.95	53.6	53.6	15.9	0.82	2.79	3.61	6000

续表

时段	进入下游（小黑武）年均水沙		汛期各流量级年均出现天数/d			下游河道年均冲淤量/亿 t			时段末平滩流量/（m^3/s）
	水量/亿 m^3	沙量/亿 t	＜2000m^3/s	2000～4000m^3/s	＞4000m^3/s	主槽	滩地	全断面	
1960 年 9 月至 1964 年 10 月	587.4	6.08	31.0	56.0	36.0	−5.78	0	−5.78	8500
1964 年 11 月至 1973 年 10 月	430.5	16.08	68.3	40.7	14.0	2.94	1.45	4.39	3400
1973 年 11 月至 1980 年 10 月	395.2	12.30	69.6	38.7	14.7	0.02	1.79	1.81	5000
1980 年 11 月至 1986 年 10 月	464.9	8.42	50.0	45.0	28.0	−0.80	0.25	−0.55	6000
1986 年 10 月至 1999 年 10 月	275.9	7.70	103.4	17.5	2.2	1.62	0.66	2.28	3000
1999 年 11 月至 2016 年 10 月	254.1	0.60	110.4	12.5	0.1	−1.62	0	−1.62	4200

注：小黑武指小浪底、黑石关、武陟三站

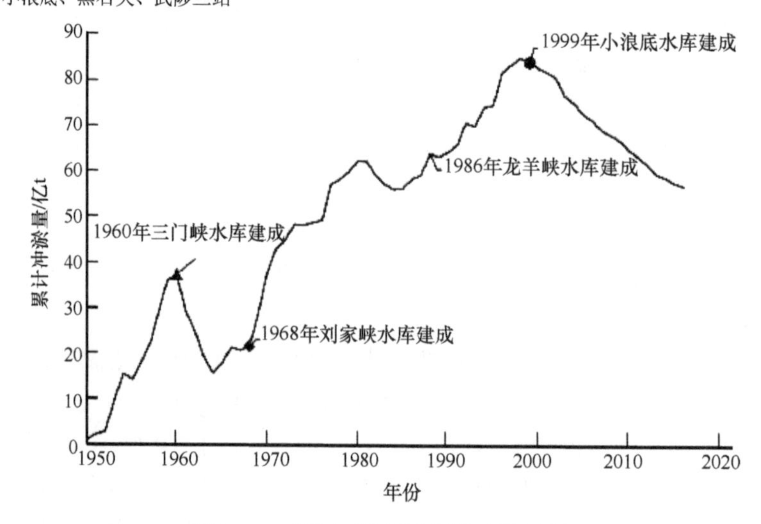

图 5.3-2　黄河下游河道累计冲淤过程

2. 滩区群众修建的生产堤加快了“二级悬河”的发展

黄河下游滩区既是行洪、滞洪、沉沙的重要场所，又是滩区群众赖以生存的家园。随着滩区的社会经济发展，滩区滞洪、沉沙与群众生命财产安全之间的矛盾日益突出，滩区群众为了生命财产安全修建了大量的生产堤。生产堤的存在一方面增大了漫滩流量，在一定程度上保障了滩区群众的生产安全，但另一方面影响了河道正常的滩槽水沙交换，对滩区滞洪、沉沙作用产生了一定的影响。

1960 年以后，滩区开始较大规模修筑生产堤，其间虽有几次较大的破除行动，但生产堤长度一直保持在 580km 左右。1986 年以后黄河来水量较小，生产堤建设不断向河槽逼近，对洪水产生了很大影响，使得中常洪水基本不出槽，泥沙在河槽内落淤，过流能力迅速降低。1987 年至小浪底水库投入运用前，下游河道滩地淤积量仅占全断面总淤积量的 29.3%，较 20 世纪 50 年代减小了将近 50%。

有关单位研究了破生产堤方案和废除生产堤方案对下游冲淤的影响（黄河勘测规划设计有限公司，2010），结果表明，相同来水来沙条件下，废除生产堤方案较破生产堤方案下游河道淤积量增大 12%，两方案纵向各河段分配比例变化不大，但横向滩槽分配比例变化较大，滩地淤积量比例由破生产堤的 54.2%增大为废除生产堤的 70.1%，废除生产堤方案的主槽淤积量减少、淤积厚度减小，主槽河底与滩地高差更大，有利于改善“二级悬河”的不利局面。自 20 世纪 80 年代以来，由于黄河来水量偏小，加之河道整治工程建设力度加大，因此工程控导河势能力增强，滩岸坍塌现象减少，河道内的“嫩滩”被两岸群众大量开垦种植，甚至种植了大量的高秆作物，许多地方还种植了片林。这些“嫩滩”上的种植物增大了过水断面糙率，增加了河道行洪的阻力，也明显减小了主槽的过流面积，进一步降低了河道的排洪和输沙能力，导致洪水传播时间延长、同流量水位升高，同时进一步加大了河槽的淤积速度，加快了“二级悬河”的发展。

三、“宽河”“窄河”两种治理方式之争

黄河安危事关大局，在漫长的治河历程中产生了许多治河思想与治河方略。远古时期，“洪水泛滥于天下”，共工率众“壅防百川，堕高堙庳”，而后鲧“障洪水”未果，禹采用“因水之流”“疏川导滞”之法，终获成功；春秋时期，管仲提出筑堤防洪、除害兴利，被齐桓公采纳并实施，这是关于黄河下游修筑堤防的最早记载；战国时期，黄河下游堤防规模进一步扩大并连贯为一体，当时堤距较宽，有“做堤去河二十五里”之说。西汉末期，随着河床淤高，黄河不断决口泛滥，贾让提出了治河三策：上策是扩宽河道，中策是在黄河狭窄河段分水，下策是在已经形成的狭窄河道上加固堤防。鉴于当时的历史背景，贾让的上、中两策未被采纳，但体现了宽河固堤思想。东汉明帝派王景治河，建设千里堤防，整修汴渠，达到了“河汴分流，复其旧迹”，堤距相当宽，上段荥阳一带堤距 10～20km，两岸堤防内有足够的面积可容纳洪水和沉积泥沙，“左右游波，宽缓而不迫”，河床淤积抬高极慢，基本上符合贾让治河三策中的上策，王景治河后河道近千年未发生改道。明朝时期，万恭、潘季驯提出黄河治理的根本问题在于泥沙，认为治理黄河不宜分流，需用堤防约束合流，使之入海，实现“淤不得停，则河深，河深则永不溢”，潘季驯明确提出了“束水攻沙”的治河方略，主要措施为建设堤防束水。清朝靳辅、陈潢进一步发展了“束水攻沙”思想。清朝末期，经宋朝、明朝、清朝初期治理的故道（史称明清故道）比降逐渐减缓，河道泥沙淤积严重，黄河决口改道频繁，1855 年黄河在河南兰考铜瓦厢决口，黄河发生大改道（迁徙），行河约 700 年的明清故道废弃，形成由利津入海的现行河道。

1946 年治黄以来，在几十年的治黄实践中，治黄者不断总结经验、修订治黄规划、深化和探讨对黄河规律性的认识，坚持治水治沙并重。黄河下游治理按照“宽河固堤”的治理方略进行了大规模治理，保障了黄河下游的防洪安全和社会稳定发展。

近年来，随着黄河流域经济社会的快速发展，滩区群众脱贫致富的愿望越来越强烈，加之黄河实测水沙情势的变化，黄河下游河道治理方略再次引起专家的关注（李文学和李勇，2002；韦直林，2004；李永强等，2009；张红武等，2011；牛玉国等，2013；王保民和张萌，2013；何予川等，2013；齐璞等，2003；宁远等，2012），有专家对下游河道“宽河固堤”方案产生了质疑，提出了“窄河固堤”方案。窄河方案的主要思路是

在黄河下游宽河段缩窄两岸大堤堤距，“解放”下游现有部分滩区，使黄河下游洪水不再淹没宽河段两岸滩区。

针对“宽河”“窄河”治河方略问题，黄河水利委员会组织编制了《黄河流域综合规划（2012—2030年）》，对“宽河固堤”“窄河固堤”进行了分析比较（黄河勘测规划设计有限公司和黄河水利科学研究院，2009），认为在上游骨干水库相继建成投入运用且水库发挥拦沙作用时期内，窄河方案夹河滩、高村、孙口三断面的水位增幅分别是宽河方案的1.4倍、2.6倍和1.4倍；水库拦沙库容淤满后，进入下游的泥沙增加，窄河方案的年淤积厚度明显高出宽河方案的，是水库拦沙时期淤积速度的3倍，夹河滩、高村、孙口三断面的窄河方案水位增幅分别是宽河方案的1.3倍、3.6倍和1.2倍。无论是宽河方案还是窄河方案，都不能遏制下游河道淤积抬升的趋势，窄河方案将更加剧“二级悬河”的不利态势，泥沙处理才是黄河下游治理的关键所在，下游滩区仍需长期发挥滞洪、沉沙作用。2013年国务院批复的《黄河流域综合规划（2012—2030年）》明确下游河道治理方略（水利部黄河水利委员会，2013）为“稳定主槽，调水调沙，宽河固堤，政策补偿”。

2012年，“十二五”国家科技支撑计划项目“黄河水沙调控技术研究及应用”开展了“黄河下游宽滩区滞洪沉沙功能及滩区减灾技术”的课题研究（黄河水利科学研究院，2012），提出了未来宽滩区的推荐运用方案，即保留生产堤，对于花园口站流量小于6000m^3/s的洪水，通过生产堤保护滩区不受损失；对于花园口站流量超过6000m^3/s的洪水，全部破除生产堤，发挥宽滩区的滞洪沉沙功能。

2012年，宁远带领专家考察黄河下游河道，提出“稳定主槽、改造河道、完建堤防、治理悬河、滩区分类”的治理思路（宁远等，2012）。2013年，黄河水利委员会联合中国水利水电科学研究院、清华大学等单位开展了“黄河下游河道改造与滩区治理研究”项目，重点研究适应未来水沙变化且有利于提高河道输沙能力的防护堤治理方案的可行性，该研究提出的防护堤设防标准为长垣滩20a一遇洪水、长清滩和平阴滩为30a一遇洪水、其他滩区为10a一遇洪水；高村以上河段平均堤距4.4km，高村—陶城铺河段平均堤距2.5km，陶城铺—北店子河段堤距2.1km，北店子以下维持现状黄河大堤堤距。初步研究结果表明，在古贤水库、小浪底水库拦沙结束进入正常运用期进行联合调水调沙的作用下，且未来黄河年来沙为8亿t情况下，下游河道年均淤积量为1.59亿～1.69亿t，建设防护堤减淤约11%，对水位的影响在±1.0m以内；未来黄河年来沙为6亿t情况下，下游河道年均淤积量为0.74亿～0.92亿t，建设防护堤减淤约13%，对水位的影响在±0.8m以内；未来黄河年来沙为3亿t情况下，下游河道年均淤积量为–0.27亿～0.05亿t，下游河道可达到冲淤基本平衡，对水位的影响在±0.5m以内。未来黄河年来沙为6亿t和8亿t情况下，下游河道仍以淤积抬升为主，淤积的泥沙主要堆积在防护堤内，由于容沙区域减小，因此泥沙淤积厚度较现状方案增大，“二级悬河”将进一步发展，对防洪形势极为不利。

2016年，国家重点研发计划项目“黄河下游河道与滩区治理研究”重点研究了黄河下游河势稳定控制和河槽行洪输沙能力提升技术、滩区规模与综合治理技术等，项目研究正在进行中。

当前黄河下游“宽河”“窄河”治理争议的关键点在于对未来黄河洪水泥沙的预判。近年来，受气候变化和人类活动影响，黄河来水量、来沙量明显小于多年平均值，来沙量减小更为明显，但对造成来沙量锐减的原因及各影响因素的影响程度，目前尚未达成共识，对未来黄河来沙量的预测也存在分歧。因此，对黄河下游河道的治理方案仍存在争议。

四、黄河下游生态治理新思路

为适应新时期治水思路和生态文明建设的新要求，在充分吸纳黄河下游河道治理成果的基础上，结合黄河水沙、防洪条件变化及滩区治理面临的问题，从解决黄河下游不利的“二级悬河”淤积形态、保障防洪安全、促进滩区经济发展的根本要求出发，经研究分析，提出黄河下游生态治理新思路：在保持黄河下游河道“宽河固堤”的格局下，结合黄河下游河道地形条件及水沙特性，考虑地方区域经济发展规划，对滩区进行功能区划，分为生态居民安置区、高效农业区等；利用泥沙放淤、挖河疏浚等手段，将下游滩区由黄河大堤至主槽的滩地依次分区改造为“高滩”、“二滩”和“嫩滩”，各类滩地设定不同的设防标准。“高滩”作为生态居民安置区，解决群众防洪安全问题，通过淤填堤河进一步提高堤防防洪能力；“二滩”为“高滩”与控导工程之间的区域，发展高效农业、观光农业等；“嫩滩”则被用来修复、维护湿地生态，与河槽一起承担行洪输沙的功能（图 5.3-3）。

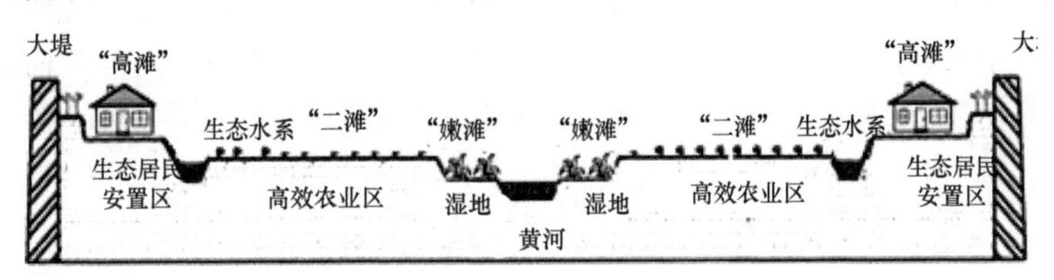

图 5.3-3　黄河下游生态治理典型断面示意图

黄河下游生态再造方案在基本不影响下游滩区滞洪、沉沙功能的情况下，彻底消除“二级悬河”的不利形态，更有利于下游防洪及河道输沙，与黄河水沙调控体系和下游防洪工程共同作用，可实现黄河下游长治久安。通过改造黄河下游滩区，配合生态治理措施，形成生态居民安置区、高效农业区等不同功能区域，实现滩区“洪水分级设防、泥沙分区落淤、滩槽水沙自由交换”，滩区群众的安全与发展问题得到解决，可推动滩区群众快速脱贫致富，实现治河与惠民双赢。同时，通过滩区生态治理，建设沿黄生态景观，打造黄河沿岸生态经济带，可为沿黄城市提供生态空间，提升城市发展质量和竞争力，为区域经济持续发展提供动力。

五、结语

（1）黄河以善淤、善决、善徙闻名于世，历史上黄河下游洪水灾害频繁，有“三年两决口，百年一改道”之说，1855 年黄河在铜瓦厢决口改道后夺大清河入渤海，形成了黄河下游现行河道。现状下游河道河床普遍高出两岸地面 4～6m，是举世闻名的地上悬河，为淮河水系和海河水系的天然分水岭，也是黄淮海平原的生态安全屏障，具有重要的战略地位。

（2）黄河水沙异源、水少沙多、水沙关系不协调的根本特性，导致大量泥沙在下游河道淤积，而两岸大堤的存在约束了水沙摆动范围，限定了泥沙淤积空间，导致河道不断淤积抬升，使河床滩面高程高出大堤背河地面高程，形成“一级悬河”。白鹤镇至东坝头河段“一级悬河”问题突出，滩地一般高出两岸地面 4～6m，局部达 10m 以上。

（3）黄河下游“二级悬河”是水沙和河床边界条件共同作用的结果。20 世纪 60 年代以来，受人类活动影响，进入黄河下游的水沙过程极为不利，主槽和“嫩滩”大量淤积，滩唇高程和主槽河底高程明显抬高，致使滩唇高、大堤临河滩面低的“二级悬河”不断发展；生产堤的存在减少了漫滩洪水期滩槽水沙交换次数，生产堤至大堤间的滩地淤积量减少，加剧了“二级悬河”的发展。

（4）当前对黄河下游河道治理存在“宽河”“窄河”之争，针对宽河固堤、窄河固堤、防护堤等问题，黄河水利委员会联合相关单位开展了大量研究论证工作，认为泥沙处理是黄河下游治理的关键所在，下游滩区仍需长期发挥滞洪、沉沙作用，窄河固堤、防护堤等方案将会加剧“二级悬河”的不利态势，不利于黄河长治久安。

（5）为适应新时期治水思路和生态文明建设新要求，在充分吸纳黄河下游河道治理成果的基础上，经论证提出了黄河下游生态治理新思路。黄河下游河道生态治理可实现滩区“洪水分级设防、泥沙分区落淤、滩槽水沙自由交换”，保障黄河下游长期防洪安全，构建黄河下游沿黄城市生态空间，推动滩区群众快速脱贫致富，实现治河与惠民双赢。

参 考 文 献

陈卫宾, 郭晓明, 罗秋实, 等. 2017. 黄河下游防洪保护区洪水风险分析. 中国水利, (5): 56-58.
杜玉海, 毕东升, 陈海峰. 2004. 黄河山东段二级悬河的危害及防治措施. 人民黄河，26(1): 6-8.
何予川, 崔萌, 刘生云, 等. 2013. 黄河下游河道治理战略研究. 人民黄河, 35(10): 51-53.
胡一三. 1996. 中国江河防洪丛书: 黄河卷. 北京: 中国水利水电出版社: 18-23.
胡一三, 张晓华. 2006. 略论二级悬河. 泥沙研究, (5): 1-9.
黄河勘测规划设计有限公司. 2010. 黄河下游滩区综合治理规划. 郑州: 黄河勘测规划设计有限公司: 58-102.
黄河勘测规划设计有限公司, 黄河水利科学研究院. 2009. 黄河下游河道治理战略研究报告. 郑州: 黄河勘测规划设计有限公司: 1-153.
黄河水利科学研究院. 2012. 黄河下游宽滩区滞洪沉沙功能及滩区减灾技术研究. 郑州: 黄河水利科学研究院: 30-100.
李文学, 李勇. 2002. 论“宽河固堤”与“束水攻沙”治黄方略的有机统一. 水利学报, 33(10): 96-102.
李永强, 陈守伦, 刘筠. 2009. 提高黄河下游输沙能力的复式河道整治方案探讨. 水力发电学报, 28(2): 121-127.
宁远, 胡春宏, 张红武, 等. 2012. 黄河下游河道与滩区治理考察报告. 郑州: 黄河水利委员会: 1-65.
牛玉国, 端木礼明, 耿明全, 等. 2013. 黄河下游滩区分区治理模式探讨. 人民黄河, 35(1): 7-10.
齐璞. 2002. 黄河下游小水大灾的成因分析及对策. 人民黄河, 24(7): 2-13.
齐璞, 孙赞盈, 刘斌, 等. 2003. 黄河下游游荡性河道双岸整治方案研究. 水利学报, 34(3): 98-106.
水利部黄河水利委员会. 2013. 黄河流域综合规划(2012—2030 年). 郑州: 黄河水利委员会: 88-102.
王保民, 张萌. 2013. 黄河下游滩区不同分区治理模式辨析. 人民黄河, 35(9): 38-40.

王联鹏, 李家东, 葛雷. 2012. 黄河下游“二级悬河”典型河段近期治理工程环境影响研究. 环境科学导刊, 31(6): 94-98.
韦直林. 2004. 关于黄河下游治理方略的一点浅见. 人民黄河, 26(6): 17-18.
曾庆华. 2004. 黄河下游二级悬河治理途径的探讨. 泥沙研究, (2): 1-4.
张红武, 张俊华, 钟德钰, 等. 2011. 黄河下游游荡型河段的治理方略. 水利学报, 42(1): 8-13.
张金良. 2017. 黄河下游滩区再造与生态治理. 人民黄河, 39(6): 24-33.
张仁. 2003. 关于二级悬河治理对策的几点认识//黄河水利委员会. 黄河下游二级悬河成因及治理对策. 郑州: 黄河水利出版社: 164-170.
赵勇. 2002. 黄河濮阳河段二级悬河状况及治理措施. 人民黄河, 24(12): 14-15.

第四节　不同治理模式下黄河下游水沙运行机制研究——“黄河下游滩区生态再造与治理研究”之二①

一、概述

黄河干流河道自河南省孟津县白鹤镇由山区进入平原，于山东省东营市垦利区注入渤海，河段全长878km，平面上具有上宽下窄的特点（图5.4-1）。艾山以上宽河段的河宽远远大于一般河段，大部分在5km以上，最宽处达到24km，以艾山为卡口形成类似于平原水库的滞洪、沉沙场所。黄河下游现有的堤防、滞洪区等河防工程布局建立在滩区滞洪削峰、沉沙落淤的基础上，滩区是黄河下游防洪减淤体系的重要组成部分，关系黄河下游整体防洪大局。黄河下游滩区现有河南、山东两省15个市45个县（市、区）的189.52万人，耕地22.67万hm^2，村庄1928个，是广大群众赖以生存的家园，是“人水共享的空间”。受特殊地理环境等因素制约，黄河下游滩区群众长期受漫滩洪水威胁。据不完全统计，1949～2017年滩区发生不同程度的漫滩洪水31次，累计受灾919.43万人，受淹耕地174.97万hm^2。滩区滞洪、沉沙和防洪保安需求之间长期存在矛盾，这是黄河下游滩区有别于其他河流滩区的重要特点。

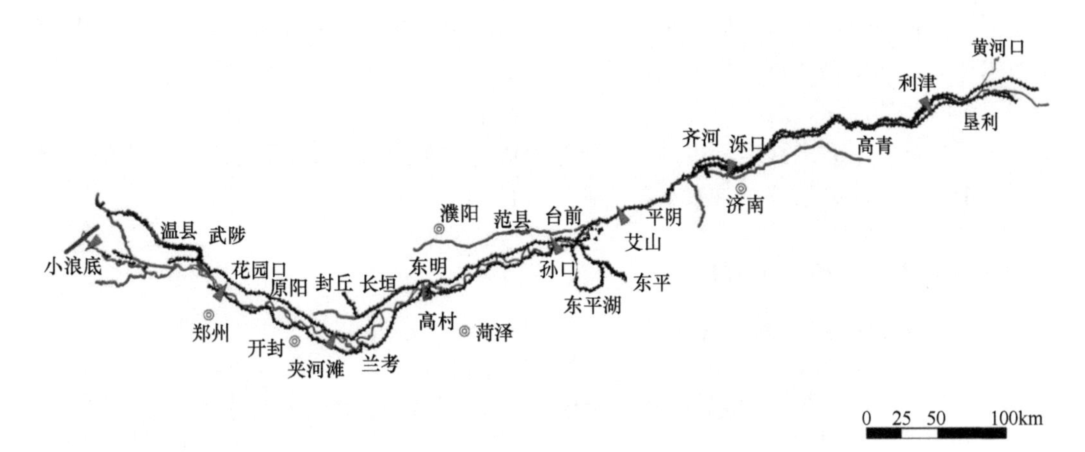

图5.4-1　黄河下游河道位置示意图

① 作者：张金良，刘继祥，罗秋实，陈翠霞

人民治黄 70 年来对黄河下游进行了系统的治理：黄河下游临黄堤防先后进行了 4 次大规模加高培厚(包括标准化堤防建设)，建成 1371km 黄河大提(其中标准化堤防 923km)；修建了三门峡、小浪底、陆浑、故县和河口村等干支流水库；开展了河道整治，修建控导工程 238 处、坝垛 5125 道，险工 218 处、坝垛 6401 道；开辟了东平湖、北金堤等分滞洪区，初步形成了“上拦下排，两岸分滞”的下游防洪工程体系。在完善防洪工程体系的同时，还实施了滩区安全建设和“二级悬河”治理试验，开展了大量研究工作，取得了“宽河固堤”(水利部黄河水利委员会，2010)、“分区运用”(王渭泾等，2006；牛玉国等，2013)、“窄河固堤”与“滩区再造和生态治理”（张金良，2017）等大量研究成果，例如，“十二五”国家科技支撑计划项目“黄河水沙调控技术研究及应用”提出了未来保留生产堤，对花园口站 $6000m^3/s$ 以下洪水，通过生产堤保护滩区不受损失，对花园口站超过 $6000m^3/s$ 的洪水，全部破除生产堤，利用宽滩区滞洪、沉沙；张红武等（2016）提出了“稳定主槽、改造河道、完建堤防、治理悬河、滩区分类”的治理思路，并组织开展了“黄河下游河道改造与滩区治理”研究；国务院批复的《黄河流域综合规划（2012—2030 年）》提出了宽河固堤、废除生产堤、全滩区运用的治理模式，形成了“稳定主槽、调水调沙，宽河固堤、政策补偿”的黄河下游河道治理方略（水利部黄河水利委员会，2010）；张金良（2017）提出了采用“洪水分级设防、泥沙分区落淤、滩区分区改造治理开发”的新思路，利用泥沙放淤、挖河疏浚等手段，将下游滩区由黄河大堤至主槽之间的滩地依次分区改造形成“高滩”、“二滩”和“嫩滩”，分别解决居民安置、农业生产、行洪输沙等问题。

目前黄河下游滩区仍存在河道行洪与滩区群众防洪保安全矛盾突出、“二级悬河”威胁防洪安全、滩区安全建设滞后、经济发展明显落后于周边地区等诸多问题，滩区治理模式和治理方向仍存在争议。不同治理模式下的黄河下游河道水沙运行机制，尤其是宽河道滞洪、沉沙，是影响黄河下游防洪安全和河道治理的基本问题。20 世纪五六十年代，黄河下游滩槽水沙交换顺畅，滩槽同步淤高，河道形态演变良好；20 世纪 70 年代以来，滩区居民为了防洪保安全而修建了大量的生产堤，阻碍了滩槽水沙交换，导致大量泥沙淤积在主槽和“嫩滩”，下游河道形态恶化，呈现“槽高、滩低、堤根洼”的“二级悬河”不利态势，严重威胁黄河下游防洪安全。随着社会经济发展，人类活动对黄河下游水沙运行的影响将进一步加强，采用实测资料分析、数学模型计算等多种手段分析黄河下游滩区的滞洪、沉沙作用，构建黄河下游水沙演进和冲淤计算模型，研究不同治理模式下的黄河下游水沙运行机制，既能够深化对复杂河道演变规律的认识，又能从理论层面指导未来滩区治理，具有重要的科学价值和现实意义。

二、滩区滞洪、沉沙作用分析

（一）滩区的滞洪削峰作用

实测典型洪水黄河下游主要控制断面洪峰流量统计见表 5.4-1。根据 1954 年、1958 年、1977 年和 1982 年 4 场典型洪水分析，黄河下游发生大洪水期间，下游河道尤其是艾山以上宽河道起到较大的滞洪削峰作用。1958 年和 1982 年花园口洪峰流量分别为 $22\ 300m^3/s$ 和 $15\ 300m^3/s$，相应的孙口洪峰流量分别为 $15\ 900m^3/s$ 和 $10\ 100m^3/s$，分别削峰 29%和 34%，花园口至孙口河段槽蓄量分别为25.9亿 m^3、24.5亿 m^3，相当于洛河故县水库和伊河陆浑水库的总库容，起到了明显的滞洪作用，大大减轻了山东窄河段的防洪压力。

表 5.4-1　实测典型洪水黄河下游主要控制断面洪峰流量　（单位：m^3/s）

洪水年份	花园口	高村	孙口	艾山	利津
1954	15 000	12 600	8 600	7 500	7 220
1958	22 300	17 900	15 900	12 600	10 400
1977	10 800	5 060	4 700	4 600	4 130
1982	15 300	12 500	10 100	7 430	5 810

（二）滩区的沉沙作用

落淤沉沙是黄河下游滩区有别于其他河流滩区的重要功能。当黄河下游发生漫滩洪水时，水流进入滩区后流速减小，其挟带的泥沙在滩地大量落淤，而后滩地的清水再退入主槽，减轻主槽淤积甚至产生“淤滩刷槽”效果，在维持宽河段主槽行洪输沙能力的同时减少了艾山以下窄河段的淤积。据实测资料统计，1950年6月至1999年10月黄河下游河道累计淤积泥沙93亿t，其中83%淤积在艾山以上宽河段；滩区落淤沉沙63.7亿t，占整个下游河道淤积量的68.5%，落淤量相当于小浪底水库设计拦沙量的65%。

进一步统计不同时段黄河下游来水来沙、河道冲淤和平滩流量的变化情况，见表5.4-2。20世纪50年代，人类活动干预较少，河道总淤积量占来沙量的20.1%，主槽淤积量占总淤积量的22.7%，滩槽同步抬升，主槽过流能力接近6000m^3/s；20世纪70年代以来，滩区居民修建了大量的生产堤，阻碍了滩槽水沙交换，再加上1986年龙羊峡水库投入运用，进入下游的汛期来水量所占的比例由天然时期的60%减少到47%左右，有利于河道输沙的大流量过程减少，造成河道淤积加重，同期泥沙淤积量占来沙量的比例由天然时期的20%增加至30%左右，且70%以上的泥沙淤积在主槽和“嫩滩”上，主槽过流能力逐步减小到2000m/s左右，同时造成下游河道形态严重恶化，呈现“槽高、滩低、堤根洼”的“二级悬河”不利态势，严重威胁黄河下游防洪安全，对滩区群众防洪保安全也产生了明显的不利影响。

表 5.4-2　不同时期黄河下游来水来沙和河道冲淤特征值统计

时段	年均进入下游沙量		年均冲淤量		平滩流量/（m^3/s）	
	来沙量/亿 t	淤积量占比/%	全断面/亿 t	主槽占比/%	平均值	最大值
1950年7月至1960年6月	17.95	20.1	3.61	22.7	5441	6000
1960年9月至1964年10月	6.08		−5.78	−69.6	7025	7500
1964年11月至1973年10月	16.08	27.3	4.39	67.0	4627	6500
1973年11月至1980年10月	12.30	14.7	1.81	1.1	4559	5510
1980年11月至1986年10月	8.42		−0.59	−145.6	5733	6800
1986年11月至1997年10月	8.21	31.1	2.55	69.0	3495	5000
1997年11月至1999年10月	4.86	14.8	0.72	100.0	2350	2400
1999年11月至2017年4月	0.60		−1.66	−100.0	3389	4200

（三）未来滩区泥沙淤积变化分析

采用三门峡站（2000 年以后为小浪底站）、黑石关站、武陟站（简称“小黑武”）的实测日均资料，结合黄河上游水库运用情况，分时段统计进入下游河道的洪水泥沙量，见表 5.4-3。可以看出，2000 年以来“小黑武”日均流量 3000～4000m^3/s 和 4000m^3/s 以上洪水发生的概率相比 1968 年以前天然时期分别降低 72%和 95%，水量、沙量也明显减小。未来随着小浪底水库拦沙及古贤水库的投入运用，下游河道平滩流量将在 60 年内基本维持在 4000m^3/s 左右。由于 3000～4000m^3/s 和 4000m^3/s 以上洪水发生的概率降低，因此随漫滩洪水进入滩区的沙量将非常有限，泥沙淤积将主要发生在主槽和“嫩滩”。

表 5.4-3 不同时期 6～10 月进入黄河下游河道的洪水泥沙量

时段	3000～4000m^3/s			4000m^3/s 以上		
	天数/d	水量/亿^3	沙量/亿 t	天数/d	水量/亿^3	沙量/亿 t
1960～1968 年	23.5	69.64	2.09	28.0	121.04	2.99
1968～1986 年	14.6	44.05	2.43	14.8	63.84	2.87
1986～2000 年	3.9	11.33	1.29	1.9	8.20	1.07
2000～2016 年	6.6	20.18	0.10	1.4	4.76	0.01
1960～2016 年	10.8	32.48	1.41	9.5	40.58	1.59

三、数学模型和计算方案

（一）数学模型原理

采用河流数值模拟系统（RSS）建立黄河下游花园口至艾山河段平面二维水沙模型，经“96·8”洪水验证后开展方案计算分析。

1. 控制方程

平面二维水沙数学模型的控制方程可写成如下通用形式：

$$\frac{\partial}{\partial t}(H\rho\varphi)+\frac{\partial}{\partial x}(H\rho u\varphi)+\frac{\partial}{\partial y}(H\rho v\varphi)=\frac{\partial}{\partial x}\left(H\Gamma_{\varphi}\frac{\partial\varphi}{\partial x}\right)+\frac{\partial}{\partial y}\left(H\Gamma_{\varphi}\frac{\partial\varphi}{\partial y}\right)+S_{\varphi} \tag{5.4-1}$$

式中，φ 为通用变量；Γ_φ 为广义扩散系数；S_φ 为源项；ρ 为密度；H 为水深；u、v 分别为 x、y 方向的流速。

控制方程中各变量的含义见表 5.4-4，Z 为水位；n 为糙率；g 为重力加速度；v_T 为水流紊动扩散系数；v_s 为泥沙紊动扩散系数；S_i 为第 i 组悬移质泥沙含量；S_{*i} 为第 i 组悬移质泥沙水流挟沙能力；ω_i 为第 i 组悬移质泥沙的沉速；α 为悬移质恢复饱和系数（淤积时 $\alpha=0.25$，冲刷时 $\alpha=1.0$）。

表 5.4-4 控制方程中各变量的含义

方程	φ	Γ_φ	S_φ
连续方程	1	0	0

续表

方程	φ	Γ_φ	S_φ
u 动量方程	u	υ_T	$-g\frac{n^2\sqrt{u^2+\upsilon^2}}{H^{\frac{1}{3}}}u-gH\frac{\partial Z}{\partial x}$
υ 动量方程	υ	υ_T	$-g\frac{n^2\sqrt{u^2+\upsilon^2}}{H^{\frac{1}{3}}}\upsilon-gH\frac{\partial Z}{\partial y}$
悬移质不平衡输沙方程	S_i	υ_s	$-\alpha\omega_i\ (S_i-S_{*i})$

河床变形方程为

$$\gamma'\frac{\partial Z_{bi}}{\partial t}=\alpha_i\omega_i\left(S_i-S_{*i}\right)+\frac{\partial g_{bxi}}{\partial x}+\frac{\partial g_{byi}}{\partial y} \tag{5.4-2}$$

式中，g_{bxi}、g_{byi} 分别为 x、y 方向的单宽推移质输沙率；γ'为泥沙干容重；Z_{bi} 为第 i 组泥沙冲淤厚度；α_i 为第 i 组泥沙恢复饱和系数。

模型进口边界给定水深、平均流速及悬移质含沙量的分布，出口边界给定水位，其他变量按照充分发展流动考虑。流速的岸壁边界按黏附条件给出，泥沙岸壁边界满足泥沙不穿透条件。滩区内片林、居民区等阻水地物通过糙率概化和地形调整实现；生产堤和输水渠道等线状地物均按照“DIKE”处理。考虑到黄河下游生产堤主要为土质材料，建设年份不一，堤身材料及堤防质量较差，在发生洪水时易发生冲决和漫决，综合以往研究成果（杨明等，2014）提出：当水流流速大于 1.8m/s 且水流方向与生产堤附近单元网格夹角大于 45°、水深超过 1.5m 时，就定性认为该段生产堤可能发生溃口；若发生大洪水，当洪水水位与生产堤堤顶高差小于 0.2m 时，即认为生产堤发生漫决。

2. 数值计算方法

为适应不同的复杂边界，RSS 系统选择多边形单元为控制体，对二维水沙模型的控制方程进行离散。离散方程不但可基于非结构三角形网格进行求解，而且可基于非结构四边形网格或混合网格进行求解。离散方程的通用形式为

$$A_p\varphi_p=\sum_{j=1}^{N_{ED}}A_{Ej}\varphi_{Ej}+b_0 \tag{5.4-3}$$

式中，A_p、A_{Ej} 为系数；b_0 为常数；N_{ED} 为控制体的边数；φ_p 为控制体的通用变量；φ_{Ej} 为控制体相邻单元的通用变量。

（二）“96・8”洪水过程验证

1. 水沙条件

采用“96・8”实测洪水过程开展模型验证，花园口站实测水量 84.17 亿 m^3、沙量 7.78 亿 t。1996 年 7 月花园口断面主要为高含沙小洪水，8 月花园口断面先后出现两次洪峰过程，第一次洪峰出现于 8 月 5 日 15 时 30 分，洪峰流量达 7860m^3/s，第二次洪峰出现于 8 月 13 日 3 时 30 分，洪峰流量达 5560m^3/s。

2. 冲淤量对比

黄河下游花园口至夹河滩、夹河滩至高村、高村至孙口、孙口至艾山河段实测累计冲淤量分别为2.57亿t、1.73亿t、0.48亿t、0.15亿t（输沙率法计算，不考虑引水引沙），模型计算结果分别为2.31亿t、1.83亿t、0.39亿t、0.11亿t。

3. 流量过程对比

花园口、夹河滩、高村、孙口、艾山断面实测洪峰流量分别为7860m^3/s、7150m^3/s、6810m^3/s、5800m^3/s、5030m^3/s，模型计算结果分别为7860m^3/s、7156m^3/s、6388m^3/s、5621m^3/s、4841m^3/s，洪峰流量计算值与实测值偏差小于10%，见表5.4-5。图5.4-2给出了夹河滩断面流量过程计算值和实测值的对比，两者吻合较好。

表 5.4-5　下游河道各控制站洪峰流量计算值和实测值对比

项目	花园口	夹河滩	高村	孙口	艾山
实测值①/（m^3/s）	7860	7150	6810	5800	5030
计算值②/（m^3/s）	7860	7156	6388	5621	4841
差值②–①/（m^3/s）	0	6	–422	–179	–189
相对误差/%	0.00	0.08	–6.20	–3.09	–3.76

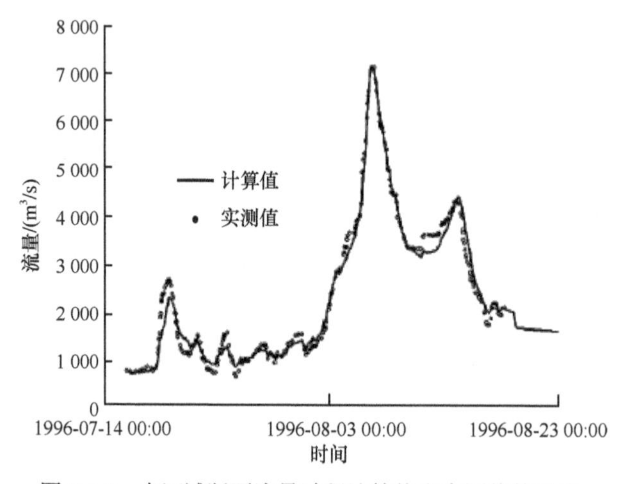

图 5.4-2　夹河滩断面流量过程计算值和实测值的对比

4. 最高洪水位对比

花园口、夹河滩、高村、孙口断面洪峰水位实测值分别为95.33m、76.24m、63.87m、49.66m，模型计算结果分别为95.42m、76.18m、63.97m、49.49m，计算值与实测值最大偏差0.17m，见表5.4-6。

表 5.4-6　下游河道各控制站最高洪水位计算值和实测值对比　（单位：m）

项目	花园口	夹河滩	高村	孙口
实测值①	95.33	76.24	63.87	49.66
计算值②	95.42	76.18	63.97	49.49
差值②–①	0.09	–0.06	0.10	–0.17

（三）计算方案设置

1. 滩区治理模式

滩区治理设置现状方案、防护堤方案和生态治理方案 3 种治理模式。现状方案采用 2017 年河道和滩地边界条件。防护堤方案为基于现状治理模式，在北店子以上河段修建防护堤，防护堤堤距 2.1～2.5km，防洪标准采用 10a 一遇（长垣滩和长平滩县城段分别采用 20a、30a 一遇），防护堤上下游设置分洪口门，洪水大于设防标准后防护堤口门按分洪运用，滩地参与行洪。生态治理方案为基于“洪水分级设防、泥沙分区落淤、滩区分区改造治理开发”的治理开发思路，将下游滩区由黄河大堤至主槽依次分区改造形成“高滩”、“二滩”和“嫩滩”，“高滩”在临堤 1～2km 内，设防标准为 20～50a 一遇，主要作为居民安置区，部分区域也可建设生态景观；“二滩”为“高滩”与控导工程之间的区域，结合“二级悬河”治理进行再造，主要用于发展高效农业、观光农业等，该区域设防标准为 5a 一遇，上水概率较高，承担一定的滞洪、沉沙功能；“嫩滩”为“二滩”以内的临河滩地，建设湿地公园，与河槽一起承担行洪输沙功能。不同治理模式下滩区典型断面见图 5.4-3。

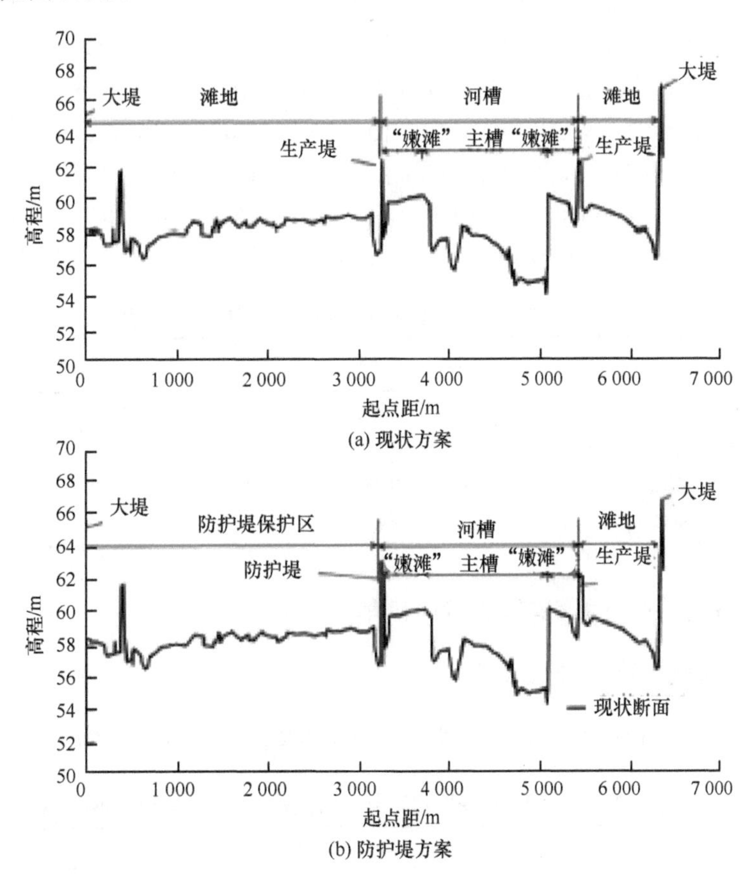

(a) 现状方案

(b) 防护堤方案

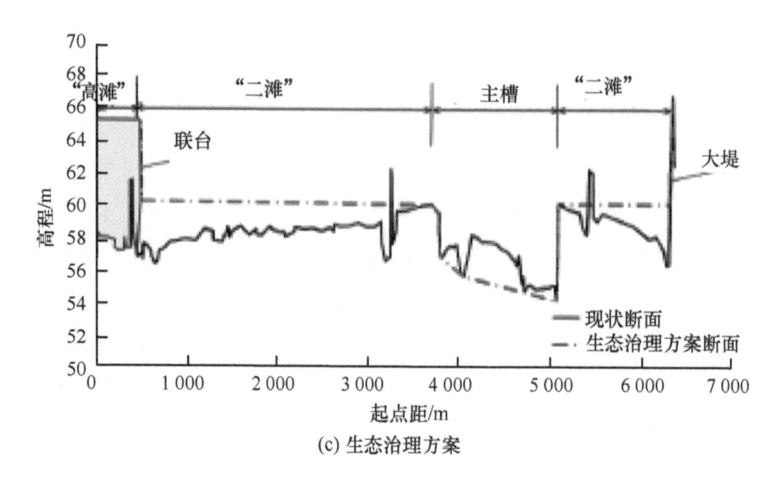

(c) 生态治理方案

图 5.4-3 不同治理模式下滩区典型断面

2. 典型洪水选择

为反映不同量级洪水下游河道水沙运行机制，分别选择 1000a 一遇（"58·7"型）、100a 一遇（"58·7"型）、10a 一遇（"73·8"型）、5a 一遇（"96·8"实测）洪水泥沙过程进行黄河下游河道二维数学模型计算。根据潼关站设计水沙过程，考虑黄河中游三门峡、小浪底、陆浑、故县、河口村 5 座水库进行调节，得到进入下游河道的水沙过程，见表 5.4-7。"58·7"型 1000a 一遇和 100a 一遇洪水历时均为 13d，洪峰流量分别为 18 900m^3/s 和 14 335m^3/s，平均含沙量略高于 50kg/m^3；"73·8"型 10a 一遇洪水历时 46d，洪峰流量为 10 000m^3/s，平均含沙量为 90.29kg/m^3；"96·8"实测洪水历时 16d，洪峰流量为 7860m^3/s，但含沙量较大，平均含沙量为 90.53kg/m^3，属于高含沙小洪水。

表 5.4-7 典型洪水进入下游河道水沙特征值统计

典型洪水	历时/d	水量/亿 m^3	沙量/亿 t	平均含沙量/（kg/m^3）	洪峰流量/（m^3/s）	最高含沙量/（kg/m^3）
"58·7"型 1000a 一遇洪水	13	114.7	6.27	54.65	18 900	152.64
"58·7"型 100a 一遇洪水	13	108.3	5.54	51.19	14 335	135.47
"73·8"型 10a 一遇洪水	46	222.6	20.09	90.29	10 000	316.52
"96·8"实测 5a 一遇洪水	16	50.9	4.61	90.53	7 860	353.00

四、不同治理模式下滩区滞洪、沉沙机制

（一）削减洪峰和滞洪效果

不同方案花园口至艾山河段对洪水的削峰率和滞洪量见表 5.4-8。

表 5.4-8 不同方案花园口至艾山河段对洪水的削峰率和滞洪量

场次洪水	艾山以上河道对洪水的削峰率/%			艾山以上河道最大滞洪量/亿 m^3		
	现状方案	防护堤方案	生态治理方案	现状方案	防护堤方案	生态治理方案
"58·7"型 1000a 一遇洪水	47	47	47	38.2	41.1	37.5
"58·7"型 100a 一遇洪水	30	31	30	29.8	33.4	28.5

续表

场次洪水	艾山以上河道对洪水的削峰率/%			艾山以上河道最大滞洪量/亿 m^3		
	现状方案	防护堤方案	生态治理方案	现状方案	防护堤方案	生态治理方案
“73・8”型 10a 一遇洪水	8	5	6	28.5	21.3	26.3
“96・8”实测 5a 一遇洪水	45	32	36	14.0	13.4	2.0

“58・7”型 1000a 一遇洪水条件下，现状方案、防护堤方案和生态治理方案洪水演进至艾山，经东平湖分洪后，对洪水的削峰率均为 47%，滞洪量分别为 38.2 亿 m^3、41.1 亿 m^3 和 37.5 亿 m^3；“58・7”型 100a 一遇洪水条件下，现状方案、防护堤方案和生态治理方案洪水演进至艾山，经东平湖分洪后，对洪水的削峰率分别为 30%、31%和 30%，滞洪量分别为 29.8 亿 m^3、33.4 亿 m^3 和 28.5 亿 m^3；“73・8”型 10a 一遇洪水条件下，洪峰近似为“平头峰”，现状方案、防护堤方案和生态治理方案艾山以上河段对洪水的削峰率分别为 8%、5%和 6%，滞洪量分别为 28.5 亿 m^3、21.3 亿 m^3 和 26.3 亿 m^3；“96・8”实测洪水条件下，现状方案、防护堤方案和生态治理方案艾山以上河段对洪水的削峰率分别为 45%、32%和 36%，滞洪量分别为 14.0 亿 m^3、13.4 亿 m^3 和 2.0 亿 m^3。

综合对比可以看出，大洪水期间，不同治理模式下黄河滩区均能较好地发挥滞洪削峰作用，但是退水期间，现状方案和防护堤方案因生产堤或防护堤的存在，洪水不易归槽，故大量洪水将蓄滞在滩区；生态治理方案因滩槽水沙交换顺畅，所以滩区蓄滞的洪量将随着洪水消退，很快归入河槽。

（二）河道输沙和滩区落淤效果

“58・7”型 1000a 一遇洪水条件下，现状方案、防护堤方案和生态治理方案全河道淤积量分别为 2.06 亿 t、1.45 亿 t 和 1.03 亿 t，其中“嫩滩”淤积量分别为 1.53 亿 t、1.68 亿 t 和 0.77 亿 t；“58・7”型 100a 一遇洪水条件下，现状方案、防护堤方案和生态治理方案全河道淤积量分别为 2.01 亿 t、1.44 亿 t 和 0.98 亿 t，其中"嫩滩"淤积量分别为 1.42 亿 t、1.59 亿 t 和 0.69 亿 t；“73・8”型 10a 一遇洪水条件下，现状方案、防护堤方案和生态治理方案全河道淤积量分别为 7.72 亿 t、6.98 亿 t 和 6.00 亿 t，其中“嫩滩”淤积量分别为 3.85 亿 t、3.76 亿 t 和 2.99 亿 t；“96・8”实测洪水条件下，现状方案、防护堤方案和生态治理方案全河道淤积量分别为 2.45 亿 t、2.30 亿 t 和 1.95 亿 t，其中“嫩滩”淤积量分别为 0.27 亿 t、0.26 亿 t 和 0.00 亿 t，具体见表 5.4-9。

表 5.4-9　不同方案河道和“嫩滩”冲淤效果统计　（单位：亿 t）

场次洪水	全河道淤积量			“嫩滩”淤积量		
	现状方案	防护堤方案	生态治理方案	现状方案	防护堤方案	生态治理方案
“58・7”型 1000a 一遇洪水	2.06	1.45	1.03	1.53	1.68	0.77
“58・7”型 100a 一遇洪水	2.01	1.44	0.98	1.42	1.59	0.69
“73・8”型 10a 一遇洪水	7.72	6.98	6.00	3.85	3.76	2.99
“96・8”实测 5a 一遇洪水	2.45	2.30	1.95	0.27	0.26	0.00

综合对比可以得出，现状方案河道淤积量占来沙量的30%～50%；“96・8”实测洪水期间，受生产堤等滩区构筑物阻挡，河道淤积的泥沙90%以上分布在主槽和“嫩滩”；对10a一遇以上较大的洪水，滩区构筑物影响减弱，但仍有约50%的淤积量分布在“嫩滩”，这是“二级悬河”发育、河道形态恶化的重要原因。防护堤方案缩窄了河道，同现状方案相比，在一定程度上减小了全河道淤积量，但是大洪水期间“嫩滩”泥沙淤积量较现状方案略有增大。对于生态治理方案，通过治理，河道形态归顺，有利于行洪输沙，全河道淤积量和“嫩滩”淤积量均较现状方案减小，有利于遏制“二级悬河”发育和河道形态恶化。

（三）洪水漫滩过程对比分析

表5.4-10为“二级悬河”典型断面（禅房）滩槽关系和漫滩洪水特征值统计。图5.4-4为不同治理模式下洪水漫滩前河槽蓄水状态示意图。现状方案，禅房断面滩槽高差5.5m，滩槽横向倒比降达到0.06%，洪水漫滩后受生产堤阻挡，水位将逐渐壅高，若生产堤突然决口，则洪水居高临下将直冲大堤，流速一般能达到3.05m/s，黄河堤根最大偎水深度为7.5m；防护堤方案10a一遇洪水启用防护堤分洪，分洪后滩地横向流速将达到3.49m/s左右；生态治理方案通过“二滩”再造和“高滩”淤筑，基本消除“二级悬河”不利局面，滩槽横向倒比降不复存在，洪水自然漫滩，黄河堤根最大偎水深度仅有0.9m。

表5.4-10　禅房断面滩槽关系和漫滩洪水特征值统计

治理模式	滩槽高差/m	滩槽横比降/%	漫滩时横向水头差/m	横向流速/（m/s）	堤根最大偎水深度/m
现状方案	5.5	−0.06	5.5	3.05	7.5
防护堤方案	5.5	−0.06	6.4	3.49	7.5
生态治理方案	0.0	0.00	0.0	0.0	0.9

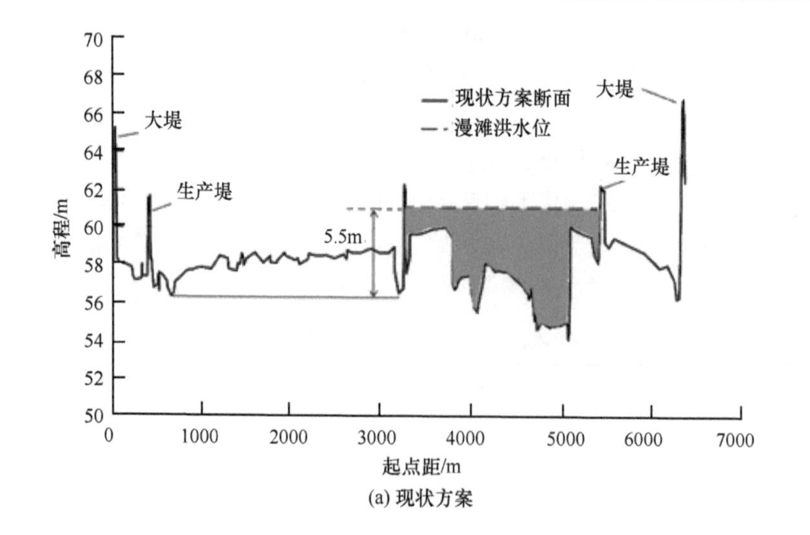

(a) 现状方案

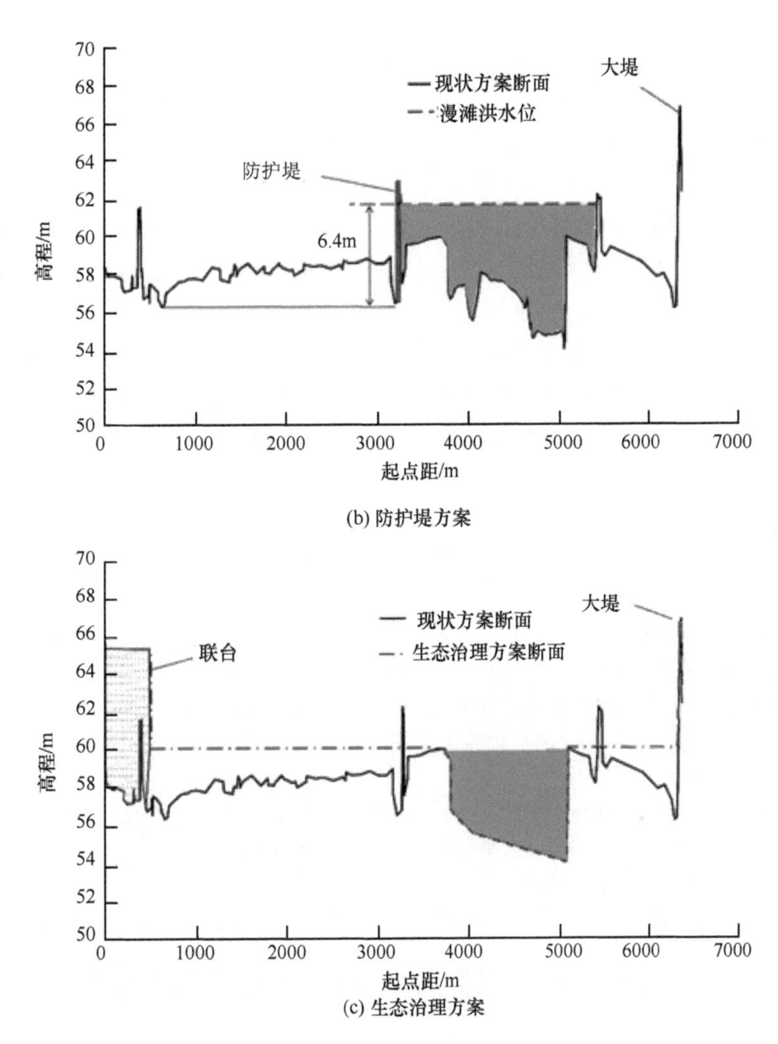

图 5.4-4　不同治理模式下洪水漫滩前河槽蓄水状态示意图

五、结语

通过建立黄河下游花园口至艾山河段二维水沙模型，采用实测资料分析和模型计算等手段研究了不同治理模式下的黄河下游水沙运行机制，主要结论如下。

（1）黄河下游宽河段以艾山为卡口形成平原水库，当发生漫滩洪水时，水流进入滩区，泥沙大量落淤，而后清水退入主槽，既减轻了主槽淤积，甚至产生“淤滩刷槽”效果，又减少了艾山以下窄河段的洪峰流量和泥沙淤积。滩区滞洪、沉沙作用显著，是黄河下游防洪减淤体系的重要组成部分。

（2）滩区滞洪、沉沙受滩区人类活动和来水来沙等因素影响，现状滩区大量修建生产堤及有利于河道输沙的大流量过程减少，导致下游河道淤积加重，汛期淤积量占来沙量的比例由天然时期的 20%增加至 30%左右。

（3）大洪水期间，现状滩区具有明显的滞洪作用，但是因“二级悬河”存在和生产堤阻碍，洪水漫滩后蓄滞在滩区，清水不易归槽；在“二级悬河”比较突出的河段，生产堤蓄滞洪水决口后，漫滩洪水顶冲堤防、顺堤行洪问题更加突出，滩槽横向流速为3.0～3.5m/s。

（4）滩区防护堤方案缩窄了河道，客观上减少下游河道淤积的7%～30%，但是增大了大洪水期间“嫩滩”的淤积量，遇超标准洪水则存在洪水顶冲大堤、顺堤行洪、滩地退水困难等问题。

（5）生态治理方案实施“高滩”淤筑和“二滩”再造，消除了滩槽横向倒比降，实现洪水自然漫滩，滩槽水沙交换顺畅，在维持宽河道滞洪、沉沙功能的同时，减少下游河道淤积的20%～50%，“嫩滩”淤积减少幅度更大，有利于遏制“二级悬河”的形成。

参考文献

牛玉国, 端木礼明, 耿明全. 2013. 黄河下游滩区分区治理模式探讨. 人民黄河, 35(1): 7-9.
水利部黄河水利委员会. 2010. 黄河流域综合规划(2012—2030年). 郑州: 黄河水利委员会: 92-98.
王渭泾, 黄自强, 耿明全. 2006. 黄河下游河道治理模式探讨. 人民黄河, 28(6): 1-3.
杨明, 余欣, 张治昊, 等. 2014. 现状边界条件黄河下游“96·8”型洪水计算研究. 人民黄河, 36(12): 28-30.
张红武, 李振山, 安催花. 2016. 黄河下游河道与滩区治理研究的趋势与进展. 人民黄河, 38(12): 1-10.
张金良. 2017. 黄河下游滩区再造与生态治理. 人民黄河, 39(6): 24-27.

第五节　基于悬河特性的黄河下游生态水量探讨——“黄河下游滩区生态再造与治理研究”之三[①]

一、黄河特性

（一）水沙特点

（1）水沙异源。黄河下游水沙主要来自三个区间：一是河口镇以上，水多沙少，水流较清，河口镇断面多年平均水量占下游来水总量的55.3%，而年均沙量仅占9.0%；二是河口镇至三门峡区间，水少沙多，水流含沙量高，该区间多年平均水量占下游来水总量的35.3%，但沙量占89.3%；三是伊洛河和沁河两大支流，为又一清水来源区，两支流多年平均水量占下游来水总量的9.4%，而沙量仅占1.7%。可见，进入下游的水量大部分来自河口镇以上，沙量则主要来自河口镇至三门峡区间。

（2）水沙量年际变化大。黄河水量年际变化极大，沙量尤甚。以三门峡水文站为例，实测最大年径流量为659.1亿m^3（1937年），最小年径流量仅为120.3亿m^3（2002年），年径流量丰枯极值比约为5.5；最大年输沙量为37.26亿t（1933年），最小年输沙量为0.50亿t（2015年），年输沙量丰枯极值比约为74.5。

① 作者：张金良

（3）水沙量年内分配不均。黄河水沙量年内分布不均，水沙均主要集中于汛期。下游汛期多年平均水量占全年的60%，沙量占全年的80%以上（张金良等，2018）。

（二）冲淤特性

黄河下游属于典型的堆积型河道，总体处于不断淤积的过程之中，同时又具有多来、多淤、多排的特点。

1950年7月至1960年6月，黄河下游河道各河段均发生淤积。1960年9月至1964年10月，黄河下游河道主槽发生明显冲刷，冲刷主要集中在高村以上河段。1964年11月至1973年10月，高村以上河段发生显著淤积，主槽淤积严重，河道断面萎缩。1973年11月，三门峡水库开始"蓄清排浑"运用。1973年11月至1980年10月，花园口以下河道淤积，下游河道整体淤积。1980年11月至1986年10月多次发生大洪水，高村至艾山略有淤积，下游河道整体冲刷。1986年11月至1999年10月，龙刘水库（龙羊峡水库、刘家峡水库）联合运用，进入下游的水沙发生较大变化，汛期来水比例减小，非汛期来水比例增大，下游河道断面淤积萎缩，总淤积量为29.62亿t，年均淤积量为2.28亿t。1999年11月至2016年4月，随着小浪底水库蓄水拦沙和黄河调水调沙，下游河道整体呈冲刷趋势，截至2016年汛前，利津以上河段年均冲刷1.65亿t，累计冲刷28.15亿t。黄河下游各河段年均冲淤量见表5.5-1。

表5.5-1　黄河下游各河段年均冲淤量　（单位：亿t）

时段	铁谢—花园口	花园口—高村	高村—艾山	艾山—利津	铁谢—利津
1950年7月至1960年6月	0.62	1.37	1.17	0.45	3.61
1960年9月至1964年10月	−1.90	−2.31	−1.25	−0.32	−5.78
1964年11月至1973年10月	0.95	2.02	0.74	0.68	4.39
1973年11月至1980年10月	−0.22	0.87	0.70	0.46	1.81
1980年11月至1986年10月	−0.26	−0.58	0.41	−0.15	−0.58
1986年11月至1999年10月	0.44	1.20	0.37	0.27	2.28

（三）下游悬河状况

由于黄河水少沙多的自然特性，加之河道外经济社会用水的不断增加，留在河道内用于输沙的水量严重不足，河床持续淤积抬升，形成地上悬河，并进一步呈现出"槽高、滩低、堤根洼"的特点，俗称"二级悬河"。黄河下游河道堤内滩面普遍高出两岸地面4～6m，部分河段高差超过10m。河南省新乡市地面低于黄河河床20m，开封市地面低于黄河河床13m，山东省济南市地面低于黄河河床5m。

东坝头至陶城铺河段"二级悬河"的滩唇一般高出黄河大堤临河地面约3m，最高达5m，滩面横比降约为0.1%，而纵比降则为0.014%。同时，滩内分布有堤河、串沟多达167条，总长846km。一旦发生较大洪水，由于河道横比降远大于纵比降，因此滩区过流比增大，从而增大了主流顶冲堤防、顺堤行洪甚至发生"滚河"的可能性，将严重危及堤防安全。

二、黄河干流输水损失分析

黄河下游地上悬河的特点，使一般河流地表水与沿岸地下水的双向补给关系变为地表水向沿岸地下水的单向补给，河流输水损失加大，导致黄河下游河段一直存在水量不平衡现象，对黄河水资源的精细化管理造成了影响。本节从河道水面蒸发和渗漏两个方面分析损失水量。

（一）水面蒸发损失水量

河道水面蒸发量一般采用河道平均水体蒸发量乘以河道水面面积的方法计算求得，其公式为

$$E = E_{河段} B_{河宽} L_{河长} \tag{5.5-1}$$

式中，E 为河道水面蒸发量；$E_{河段}$为河道平均水体蒸发量，采用 E601 蒸发皿的蒸发量折算；$B_{河宽}$为河道平均水面宽度；$L_{河长}$为河道长度。

（二）渗漏损失水量

考虑到黄河干流悬河的特点，河道渗漏损失水量较一般河流大，故采用断面水量平衡和地下水数值模拟两种方法对比分析，相互验证。

1. 断面水量平衡法

断面水量平衡法是一种间接计算河道渗漏量的方法，在水文学中经常采用，主要是通过断面测流来获取上下游断面之间的水量损失，扣除断面之间的蒸发量、引水量和补水量的差值等来间接推求河道渗漏量。这种方法的优点是简单易算，缺点是精度偏低，只能判断两个断面之间的总体渗漏量，不能明确判断漏失的地段及其分段渗漏量。断面水量平衡方程为

$$Q_{上} + Q_{区} + P - (Q_{下} + W_{取} + E + Q_{渗}) = \Delta Q \tag{5.5-2}$$

式中，$Q_{上}$为上断面水文站实测径流量；$Q_{区}$为河道区间入流量；P 为河道水面降水补给量；$Q_{下}$为下断面水文站实测径流量；$W_{取}$为从干流取走的河道外用水量；E 为水面蒸发量；$Q_{渗}$为河道渗漏量；ΔQ 为平衡项差值。

在上述上下断面径流量、区间入流量、河道水面降水补给量、河道外用水量、水面蒸发量已知且平衡项差值在合理范围内时，即可求得河道渗漏量。

2. 数值模拟法

数值模拟法是目前地下水研究中最为流行和常用的方法，可以模拟复杂地质条件在不同水文情势下的水量、水位变化过程，常用的数值方法有有限元法和有限差分法，国际国内有较为成熟的可视化计算软件，如 Visual MODFLOW、FEFLOW、GMS 等，这些地下水流模拟软件大多具有输入输出数据功能齐全、计算效率高、可视化效果好等特点，被广泛应用于地下水资源评价、预报和各类工程地下水渗流计算中。数值模拟法可

以详细刻画含水层系统的复杂三维边界条件，并可模拟蒸发、降水、地表水位的时空变化，更接近实际情况。

（1）黄河侧渗影响带的范围。对黄河侧渗量进行计算时，需要首先确定侧渗的影响范围。黄河侧渗的影响范围即黄河对地下水的影响带，包括平面和垂向两方面，平面是指黄河水补给地下水的距离和平面范围，垂向是指与黄河侧渗补给量相关的地下水循环深度。

黄河侧渗影响带的范围一般根据地下水流场特征、地下水动态特征进行分析和判断，也可以通过地下水化学、环境同位素特征分析等来进行确定。赵云章等（2004）采用地下水流场分析、地下水动态类型比拟和同位素测试分析等综合方法，较准确地划分了黄河不同河段影响带的宽度，在同位素取样的典型剖面上，郑州剖面黄河侧渗影响带的宽度南岸约为 10.0km，北岸约为 13.4km；中牟—原阳—新乡剖面南岸约为 14.4km，北岸约为 24.0km；开封—封丘剖面南岸约为 18.9km，北岸约为 26.2km；濮阳剖面黄河影响带范围（北岸）约为 19.2km。平建华等（2004）利用同位素技术对黄河下游侧渗影响带范围进行了研究，认为黄河在南岸和北岸对地下水的影响范围不一样，南岸在郑州一带约为 5km，影响范围相对较小，向下游影响范围逐渐增大，在中牟和开封一带为 7～10km；北岸影响范围为 9～20km。

（2）黄河侧渗的数值模型。对于黄河侧渗影响带内的非均质各向异性含水介质及多层空间三维结构与非稳定性质的地下水流系统，可用如下微分方程的定解问题来描述（曹剑峰等，2005）：

$$\begin{cases} \dfrac{\partial}{\partial x}\left(K_x\dfrac{\partial h}{\partial x}\right)+\dfrac{\partial}{\partial y}\left(K_y\dfrac{\partial h}{\partial x}\right)+\dfrac{\partial}{\partial z}\left(K_z\dfrac{\partial h}{\partial z}\right)+\varepsilon=S\dfrac{\partial h}{\partial t} & (x,y,z\in\Omega;t\geqslant 0) \\ K_x\left(\dfrac{\partial h}{\partial x}\right)^2+K_y\left(\dfrac{\partial h}{\partial y}\right)^2+K_z\left(\dfrac{\partial h}{\partial z}\right)^2-\dfrac{\partial h}{\partial z}\left(K_z+p\right)+p=\mu\dfrac{\partial h}{\partial t} & (x,y,z\in\Gamma_1;t\geqslant 0) \\ h(x,y,z)\big|_{t=0}=h_0(x,y,z) & (x,y,z\in\Omega;t\geqslant 0) \\ h(x,y,z,t)\big|_{\Gamma_1}=h_1(x,y,z) & (x,y,z\in\Gamma_1;t\geqslant 0) \\ K_n\dfrac{\partial h}{\partial \vec{n}}\Big|_{\Gamma_2}=q(x,y,z,t) & (x,y,z\in\Gamma_2;t\geqslant 0) \\ K_n\dfrac{\partial h}{\partial \vec{n}}-\dfrac{h-h_{\rm a}}{\sigma}\Big|_{\Gamma_3}=0 & (x,y,z\in\Gamma_3;t\geqslant 0) \end{cases} \tag{5.5-3}$$

式中，K_x、K_y、K_z 分别为 x、y、z 方向的渗透系数；ε 为含水层的源汇项（$\mathrm{d^{-1}}$）；S 为自由水面以下含水层的储水系数（$\mathrm{m^{-1}}$）；h 为地下水位（m）；Ω 为渗流区；p 为潜水面的蒸发和降水等（$\mathrm{d^{-1}}$）；μ 为潜水含水层给水度；h_0 为含水层的初始水位（m）；Γ_1 为渗流区域的上边界，即地下水位的自由表面；h_1 为上边界自由表面的水位（m）；K_n 为边界面法向渗透系数（m/d）；$\vec{n}$ 为边界面的法线方向；Γ_2 为渗流区域的下边界；q 为下边界的面流量（$\mathrm{m^2/d}$）；$h_{\rm s}$ 为黄河水位（m）；σ 为河流底部淤积层的阻力系数，$\sigma=L/K_{\rm s}$，其

中 L 为底部淤积层的厚度，K_s 为河流底部淤积层的渗透系数；Γ_3 为渗流区域的侧向（含河流侧补）边界。

黄河侧渗影响带水文地质边界条件概化见图 5.5-1。

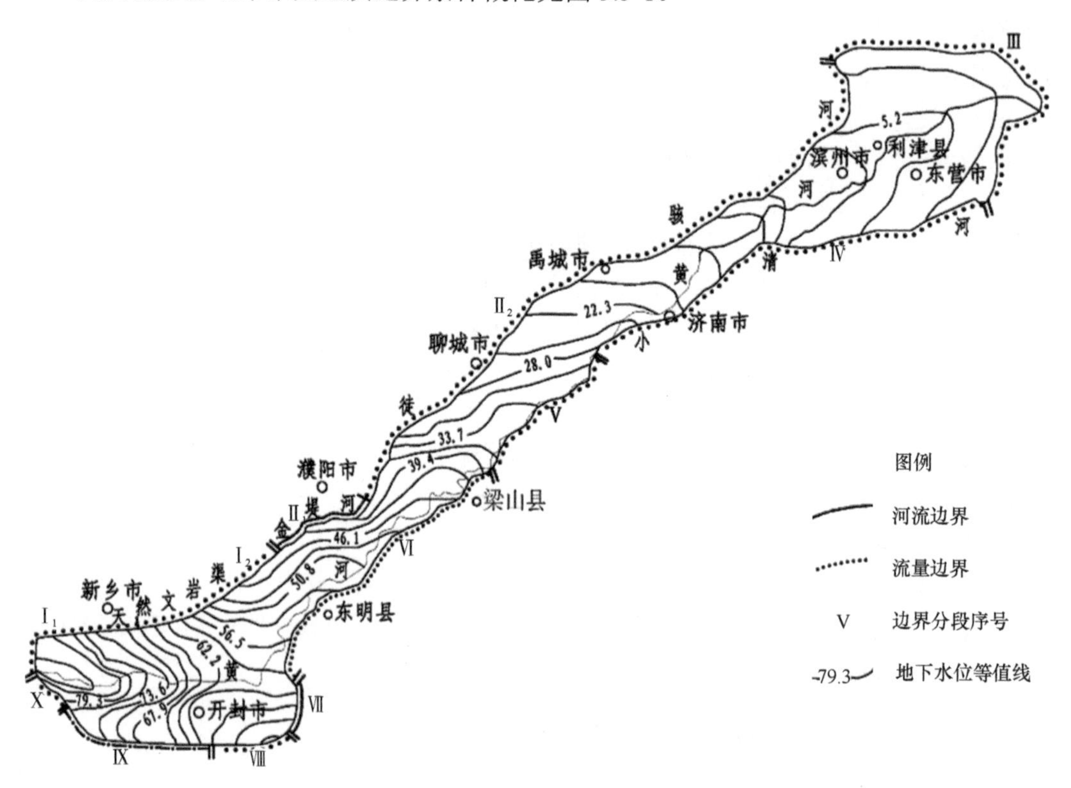

图 5.5-1　黄河侧渗影响带水文地质边界条件概化

利用各类数值模拟软件建立三维地下水流数值模型来刻画上述数学模型。根据水文地质条件对不同含水层划分参数分区，并依据各类相关勘察成果给各分区参数赋初始值，通过拟合同时期的流场，识别水文地质参数、边界值和其他均衡项，使建立的模型能更准确地定量描述研究区地下水系统，预测黄河侧渗量及其变化趋势。

三、黄河干流生态水量研究

河流地表水是一个整体，具有一定的连续性，承载着保持河流形态、输送淡水入海、为近海生物提供营养物与各种形态栖息地等多种功能。同时，由于黄河水少沙多的特性，因此还必须考虑输移泥沙、维持河槽过流能力等所需的水量。

（一）输沙水量

下游河道冲淤量与进入下游的水量、沙量及来水来沙系数等因子关系密切。根据历史水沙系列及河道冲淤资料，建立控制断面来沙量、河道淤积度与控制站汛期输沙水量的关系：

$$W = k_1 W_s - k_2 \Delta W_s + C \tag{5.5-4}$$

式中，W 为利津站输沙塑槽用水量（亿 m^3）；W_s 为三黑小（三门峡、黑石关、小浪底三站）沙量（亿 t）；ΔW_s 为下游河段冲淤量（亿 t）；k_1、k_2 为系数；C 为常数。

（二）非汛期生态水量

非汛期生态需水主要考虑包括保证河道不断流、维持河口三角洲湿地、水体自净、生物栖息环境保护等用水需求。在进行生态水量计算时，一般考虑河道不断流及维持一定的河流规模（包括湿周、水面宽度、水面面积、水面纵比降等）、河流水生生物栖息环境、河道内生物多样性等生态目标，主要采用 Tennant 法、月（年）保证率设定法、最小月（年）法、湿周法、生境法等进行计算，最后取各种算法计算结果的外包值（杨志峰等，2009）。

（三）考虑悬河特性的生态水量探讨

对于一般河流而言，丰水期河流对地下水有一定的补给作用，枯水期地下水会反向补给河流。由于黄河下游河床高于两岸地面，因此河道向两岸地下水的补给为单向补给，每年补给的水量对于缓解地下水超采产生一定作用，也是维持下游河流两岸生态系统的重要因素。下游生态水量在考虑河道不断流及维持生物栖息环境、生物多样性等因素的基础上，必须考虑由地上悬河引起的地下水侧渗补给量，计算公式为

$$Q = W_{输} + \max(Q_T，Q_y，Q_m，Q_s，Q_{生}) + Q_{渗} \tag{5.5-5}$$

式中，Q 为断面生态需水量；$W_{输}$为输沙水量；Q_T 为 Tennant 法计算结果；Q_y 为月（年）保证率设定法计算结果；Q_m 为最小月（年）法计算结果；Q_s 为湿周法计算结果；$Q_{生}$为生境法计算结果；$Q_{渗}$为因悬河特性而激发的渗漏补给量。

四、结语

黄河作为中华民族的母亲河，以占全国 2%的河川径流量承担着全国 15%的耕地面积和 12%人口的供水任务。黄河亦是世界上泥沙最多的河流，河道内必须留足一定的水量用于输沙入海。同时，每年还需向流域外沿黄地区供水约 100 亿 m^3，水资源供需矛盾极其尖锐。随着经济社会发展，用水量不断增加，生态水量被大量挤占，导致河道断流、河床淤积、水体污染等一系列生态问题。党的十八大报告指出，生态文明建设是关系人民福祉、关乎民族未来的长远大计，把生态文明建设放在了突出地位，融入经济建设、政治建设、文化建设、社会建设的各方面和全过程，提出了“五位一体”的总体布局。黄河为中华民族的母亲河，更应该高度关注其生态系统的恢复与保护。黄河下游的地上悬河增强了河流向地下水的补给作用，具备特殊的生态作用，在下游生态环境水量的分析研究和管理过程中，应充分考虑这一特点，合理确定下游各断面生态环境水量，为黄河水资源管理、生态环境调度和下游生态环境治理提供决策依据，为维护母亲河生命健康奠定基础。

参 考 文 献

曹剑峰, 冶雪艳, 姜纪沂, 等. 2005. 黄河下游悬河段断流对沿岸地下水影响评价. 资源科学, 27(5): 77-83.
胡一三. 2017. 黄河治理琐议笔谈. 郑州: 黄河水利出版社: 140-149.
平建华, 曹剑峰, 苏小四, 等. 2004. 同位素技术在黄河下游河水侧渗影响范围研究中的应用. 吉林大学学报(地球科学版), 34(3): 399-304.
杨志峰, 崔保山, 刘静玲, 等. 2009. 生态环境需水量理论、方法与实践. 北京: 科学出版社: 26-30.
曾庆华. 2004. 黄河下游二级悬河治理途径的探讨. 泥沙研究, (2): 1-4.
张金良, 刘继祥, 万占伟, 等. 2018. 黄河下游河道形态变化及应对策略. 人民黄河, 40(7): 1-6.
赵云章, 邵景力, 闫震鹏, 等. 2004. 黄河下游影响带地下水系统边界的划分方法. 地球学报, 25(1): 99-102.

第六节　黄河下游滩区治理与生态再造模式发展 ——“黄河下游滩区生态再造与治理研究”之四[①]

一、研究背景

黄河下游河段始于桃花峪，于山东省东营市垦利区注入渤海，全长786km，流域面积2.3万km^2。水少沙多、水沙关系不协调的根本特点使得黄河复杂难治，造成黄河下游长期淤积，导致河道形态不断演变，形成了举世闻名的地上悬河。同时，受修建生产堤等人类活动影响，主槽比滩地高，形成了黄河下游特有的“二级悬河”（水利部黄河水利委员会，2013；胡一三，2006；Liu，2012；Zhang et al.，2017），其典型断面形态见图5.6-1。目前黄河下游滩区面积约3154.0km^2，居住有189.5万人（水利部黄河水利委员会，2013），以传统农业为生，“二级悬河”等的防洪、生态和社会发展带来了诸多影响，如增加了堤防溃决、顺堤行洪、堤防冲决及“滚河”发生的可能性，进一步增加了河道整治难度，增大了滩区群众财产损失风险（水利部黄河水利委员会，2013；胡一三，2006；Liu，2012；Zhang et al.，2017）。针对黄河下游滩区治理问题，治黄学者通过研究提出了“宽河固堤”、“窄河治理”及“分区治理”等多种模式（赵勇，2004；胡春宏，2016；张红武等，2011；牛玉国等，2013），在防洪控制、特定河段治理、滩区群众经济发展等方面提出了积极的措施和建议，为滩区治理提供了很多思路（张红武等，2016；陈效国，2004）。然而，在黄河下游复杂的来水来沙条件下，受防洪与经济社会发展等多维度博弈关系的限制，上述治理模式最终并没有得到社会各界的一致认可，无法完整实施。随着社会进步和治河理念的转变，尤其是随着党的十八届五中全会提出了“创新、协调、绿色、开放、共享”的发展理念，上述模式在生态协调方面的短板日益显现。

① 作者：张金良，刘继祥，李超群，崔振华

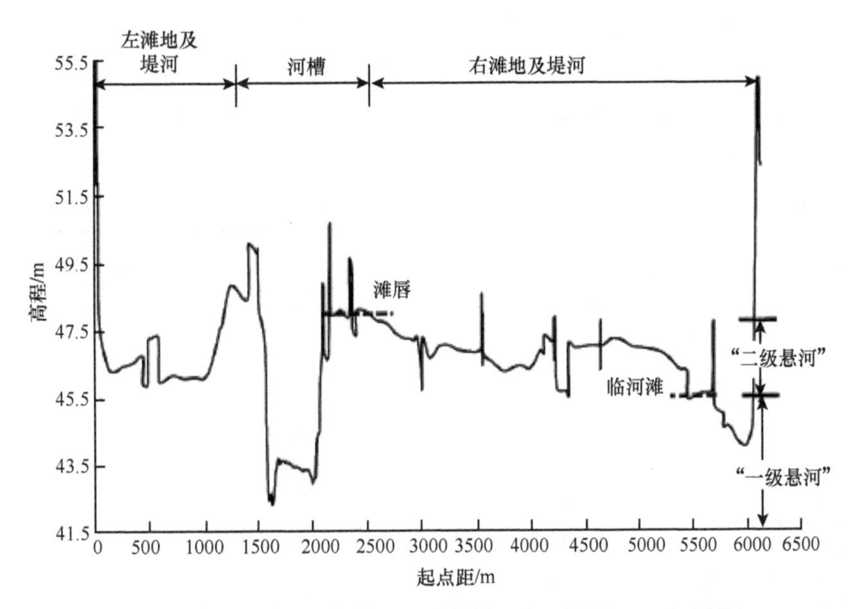

图 5.6-1　黄河下游"二级悬河"示意图（孙口断面 2016 年汛前）

本节针对黄河下游滩区现状，从"人水和谐"的角度出发，从防洪、生态等方面分析，提出了黄河下游滩区治理的需求。同时，秉承"生态发展"理念，提出了滩区生态再造与治理的新模式。

二、黄河下游滩区治理需求

（一）治河需求

黄河下游滩区的主要问题是长期进入黄河下游的不利水沙关系和生产堤等人类活动影响产生的"横河"、"斜河"及"滚河"等不利河势，见图 5.6-2。因此，黄河下游滩区治理的首要问题是下游河道形态治理问题，其主要途径为稳定主流并同时协调进入下游河道的水沙关系。

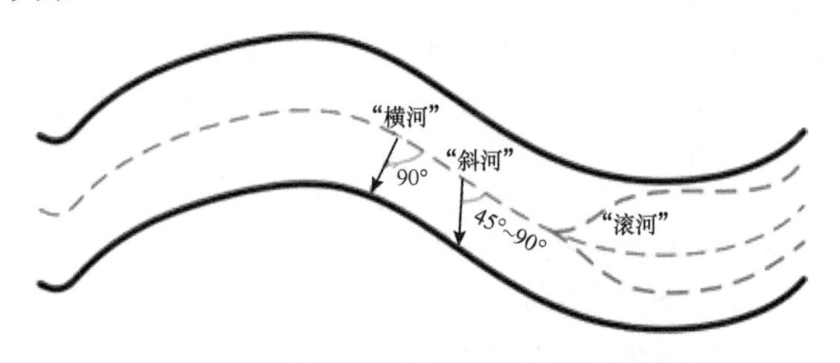

图 5.6-2　"横河"、"斜河"及"滚河"示意图

（1）协调水沙关系。小浪底水库建成并运用以后，以黄河干流上的龙羊峡、刘家峡、三门峡、小浪底等骨干水利枢纽为主体，以海勃湾、万家寨水库为补充，与支流上的陆浑、故县、河口村等控制性水库共同构成了完善的黄河水沙调控体系，在协调下游水沙关系、减少河道淤积、恢复中水河槽等方面发挥了重要作用。由表 5.6-1 可以看出，

小浪底水库运用以后，通过水沙调控实现了黄河下游河段全线冲刷，铁谢—利津河段年均冲刷量达到 1.63 亿 t。即使小浪底水库拦沙库容淤满，配合规划的古贤水利枢纽、东庄水利枢纽等黄河水沙调控体系布局，也仍然可以在一定时期内具备协调水沙关系、恢复并稳定中水河槽的能力。

表 5.6-1　黄河下游各河段年平均冲淤量及其纵向分布

时段	年均水量/亿 ^{3}	年均沙量/亿 t	年均冲淤量/亿 t				
			铁谢—花园口	花园口—高村	高村—艾山	艾山—利津	铁谢—利津
1950 年 11 月至 1960 年 10 月	474.03	17.59	0.62	1.37	1.17	0.45	3.61
1960 年 11 月至 1964 年 10 月	572.59	5.93	−1.90	−2.31	−1.25	−0.32	−5.78
1964 年 11 月至 1973 年 10 月	425.41	16.31	0.95	2.02	0.74	0.68	4.39
1973 年 11 月至 1980 年 10 月	397.03	12.43	−0.22	0.87	0.70	0.46	1.81
1980 年 11 月至 1986 年 10 月	460.70	8.87	−0.26	−0.58	0.41	−0.15	−0.58
1986 年 11 月至 1997 年 10 月	291.27	8.47	0.50	1.36	0.40	0.30	2.56
1997 年 11 月至 1999 年 10 月	203.47	5.38	0.08	0.34	0.18	0.13	0.73
1999 年 11 月至 2016 年 10 月	252.59	0.62	−0.48	−0.71	−0.23	−0.21	−1.63

（2）稳定主流。稳定主流的主要目标是消除“横河”、“斜河”及“滚河”等不健康河势，最终治理“二级悬河”。由于目前“二级悬河”的存在，以及滩区内群众生产生活等诸多因素的影响，无法通过黄河水沙调控体系的调水调沙措施或其他自然手段解决，必须依靠人工措施改变河道形态加以解决。人民治理黄河实践中，通常会采用控导工程来控制并稳定主流。然而，由于费用较高且严重阻碍滩槽水沙交换，因此无法在全下游大范围推广应用。

（二）生态发展需求

随着社会的不断发展进步，人水和谐共处的理念不断提升，兼顾生态与安全、发展等成为新时期治河的主要趋势。从考虑绿色发展和协调发展等理念的角度来看，现状下游滩区在生态方面存在不足，其主要问题是上游与下游、滩地与河槽的水沙无法自由交换，滩区及周边群众用水不亲水，无法实施可持续的生态发展措施等。

黄河下游“二级悬河”形态的主要特点是“槽高、滩低、堤根洼”，如孙口断面（图 5.6-1），滩唇高出临河滩 2.6m，滩面横比降为 0.09%，约为高村—陶城铺河段河道平均纵比降的 6 倍。这样的断面形态与河势首先影响了滩槽的水沙交换，使滩区无法充分发挥滞洪、沉沙的作用；此外，易形成“横河”、“斜河”及“滚河”等不健康河势，严重影响河道上下游的水沙交换，不利于滩区群众的生产生活稳定和绿色发展。由于进入黄河下游水沙条件的复杂性，因此在无人工干预的情况下，“二级悬河”对水沙交换的影响将会愈加严重。即便是黄河水沙调控体系能够协调进入下游河道的水沙关系，也无法实现水沙自由交换。

为了保护生产，滩区群众自发建设了数量繁多的生产堤，借以保护堤内的农田和生产生活。生产堤的存在虽然减轻了河道小洪水行洪对生产生活的影响，但未能解决防洪安全问题。由于滩区防洪标准低，因此洪水动辄上滩，群众的生产生活及防洪安全得不到有效保障，导致滩区和周围群众无法亲水发展。用水而无法亲水成为阻碍生态发展的主要矛盾。

由于滩区防洪标准低，生产堤的防洪能力弱，因此无法发展可持续的生态产业，生态公园、生态小镇、生态农业等可持续的生态发展措施均无法实施。

（三）社会稳定需求

滩区属于河道内行洪区，现有的《中华人民共和国防洪法》要求河道内不允许开展大规模的经济作物种植和其他产业发展，滩区群众以传统农业为生，经济收入主要是“一水一麦”。由于滩区防洪标准低，洪水淹没概率高，因此农田保收能力低，滩区内同等面积耕地的收益远远小于滩区外的。农田长期收益不高导致滩区群众生活水平低下，滩区内经济不发达，部分群众甚至属于低收入贫困人口。以河南省黄河滩区为例，2013年滩区农民人均纯收入 3651 元，仅为全省农民人均纯收入的 43%。滩区内外经济不平衡问题严重，也影响了滩区内外社会稳定。因此，急需研究基于人工干预的下游滩区治理新模式，从防洪、生态等多方面综合考虑，通过与黄河水沙调控体系配合，彻底完成黄河下游滩区生态再造与治理。

三、以往治理模式

黄河下游是黄淮海平原的生态屏障，在我国经济发展布局中具有举足轻重的地位。因此，黄河下游滩区治理持续成为黄河治理开发的研究热点。综合各方的研究成果，以往的治理模式主要集中在三个方面。

（一）“宽河固”堤类

该模式的出发点是充分发挥全滩区的滞洪、沉沙作用，通过调水调沙等手段在下游河道塑造并逐步形成稳定的中水河槽后，配合滩区移民等措施，逐步拆除现状生产堤，恢复全滩区行洪输沙通道，淤滩刷槽并利用滩地处理泥沙。经黄河水利委员会等各方研究，形成了“稳定主槽、调水调沙、宽河固堤、政策补偿”的黄河下游河道治理战略，并纳入《黄河流域防洪规划》及《黄河流域综合规划（2012—2030 年）》，得到国务院批复，已成为今后一个时期指导黄河下游河道和滩区治理的基本依据。“宽河固堤”治理模式充分考虑下游滩区的滞洪、沉沙作用，维持黄河下游河道的行洪输沙能力，尤其是在维护黄河健康生命、减轻堤防压力、保障黄淮海平原防洪安全等方面立意深远，一旦实施将取得显著成效。但是，由于目前下游河道形态复杂、滩区人口数量庞大等，该模式需要其他政策和措施相配合，存在实施难度大、周期长等诸多问题。

（二）“窄河治理”类

由于“宽河固堤”的实施工作量大、实施周期长，因此有的学者提出了“窄河治理”、“束水攻沙”及“二道防线”等治理模式（胡春宏，2016；张红武等，2011，2016）。该模式通过改造生产堤或建设防洪堤等方式来缩窄河道、加大流速，进而提高河道排沙能力，实现河道冲刷，将泥沙输送入海；充分考虑滩区现有群众的生产生活安全，将现有生产堤改造为低标准防护堤，借以防御一定标准的小洪水，使得小洪水不上滩，仅在大洪水时运用全滩区滞洪、沉沙，从而减小滩区的淹没概率和损失。“窄河治理”模式利用了输沙能力与可控水沙条件及河道边界条件的关系，尤其是“束水攻沙”等模式具有一定的理论基础支撑，可有效提高黄河下游河道的输沙能力，但该模式对于防御黄河下游大洪水而言，降低了河道滞洪能力，几乎阻断了滩槽水沙交换过程，引发的大洪水归河困难及大洪水滩区淹没历时延长等问题无法处理。同时，对于黄河下游如此长的河道而言，该模式实施困难，一旦防护堤溃决将造成更大的淹没损失。

（三）“分区治理”类

该模式结合滩区分布特征和洪水演进特点，从最大限度地减少漫滩洪水淹没损失角度出发，通过修筑一定标准的围堤和分洪、退水设施，在滩区内形成分隔的滞洪、沉沙区；根据漫滩洪水的滞洪要求，进行分区滞洪、沉沙运用（牛玉国等，2013）。该模式同样在黄河下游大洪水防御、滩槽水沙自由交换等方面存在不足，因此也无法大范围实施。

上述模式立足于治河本身，从不同的角度考虑了提高河道行洪输沙能力、提升滩区群众防洪安全水平等多方面需求，但均在一定程度上存在实施难度大、周期长、无法彻底消除“二级悬河”影响等诸多问题，在生态发展理念方面考虑较少。因此，需要提出一种更有利于生态发展的滩区治理新模式。

四、生态再造与治理模式

（一）生态再造与治理支撑条件

黄河下游滩区的主要问题是长期进入黄河下游的不利水沙关系和生产堤等人类活动影响产生的“横河”、“斜河”及“滚河”等不利河势（胡春宏等，2008）。因此，要彻底解决该问题，就需要协调的水沙关系作为支撑条件。

小浪底水库于1999年10月开始“蓄水拦沙”运用，初步形成了以干流上的龙羊峡、刘家峡、三门峡、小浪底等骨干水利枢纽为主体，以海勃湾、万家寨水库为补充，与支流上的陆浑、故县、河口村等控制性水库联合运用的黄河水沙调控体系，结合规划中的古贤等水利枢纽，可以在一定时期内塑造进入黄河下游的较为协调的水沙关系。采用自主研发的水沙数学模型进行黄河下游平滩流量模拟，结果见图5.6-3，可以看出，黄河水沙调控体系，尤其是加入古贤等水利枢纽以后，通过水库群联合调控，可以在一定时期内维持黄河下游的中水河槽规模，为下游滩区的生态再造与治理提供支撑。

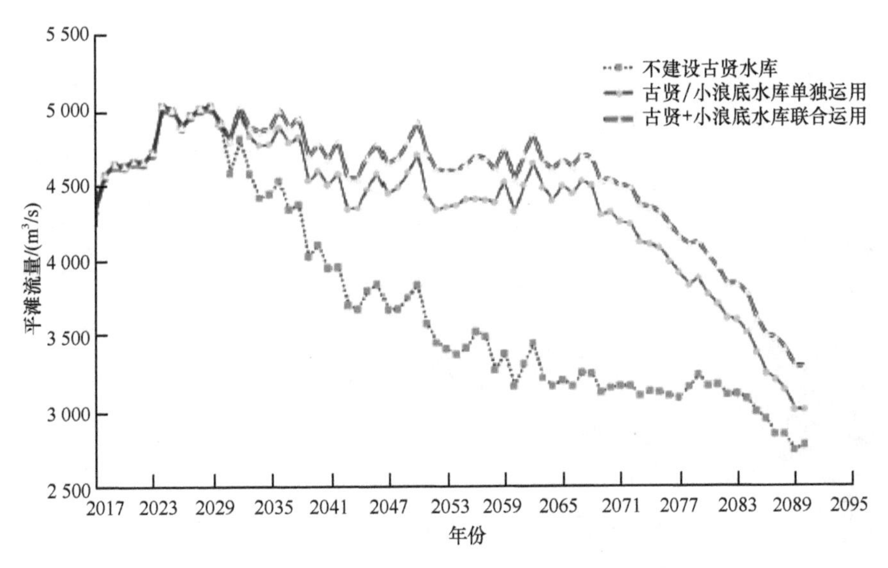

图 5.6-3　不同情况下黄河下游平滩流量过程

（二）“洪水分级设防、泥沙分区落淤、滩槽水沙自由交换”模式

为充分发挥全滩区的滞洪、沉沙作用，治黄学者提出“洪水分级设防、泥沙分区落淤、滩槽水沙自由交换”模式（张金良，2017），对下游滩区进行生态再造与治理。采用挖河、放淤等手段，对两岸大堤至主槽间的滩地进行再造，将下游滩区由黄河大堤至主槽依次建设成三级滩（“高滩”）、二级滩（“二滩”）、一级滩（“嫩滩”）等防洪标准和功能不同的分区。其中，“高滩”区域在临堤 1～2km 划定淤高，结合滩区地形和居民安置需要，作为居民安置区或生态景观区，其防洪标准为 20a 一遇，在发生中小洪水情况下无淹没风险；“二滩”为“高滩”与河势控导工程之间的区域，其平均高程介于“高滩”和“嫩滩”之间，用于发展高效农业、观光农业等，防洪标准为 5a 一遇，漫滩概率较高，是承担滞洪、沉沙功能的主要区域；“嫩滩”为“二滩”与主槽之间的临河滩地，用于建设湿地公园等亲水功能区，其在洪水期间与主槽一起承担行洪输沙功能。下游滩区生态再造与治理后的河道典型横断面效果见图 5.6-4，平面效果见图 5.6-5。

图 5.6-4　黄河下游滩区生态再造与治理后的河道典型横断面效果图

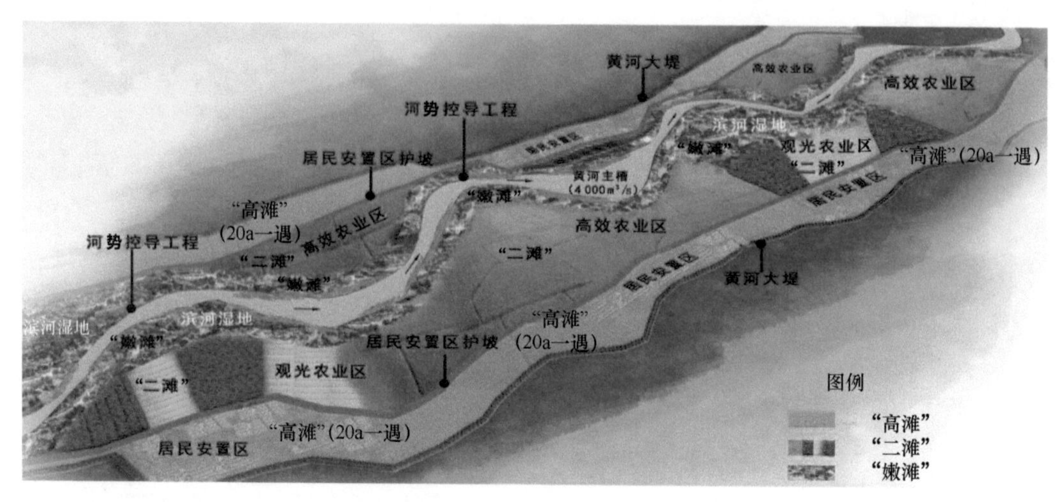

图 5.6-5　黄河下游滩区生态再造与治理后的平面效果图

（三）生态再造与治理新模式特色及目标

“洪水分级设防、泥沙分区落淤、滩槽水沙自由交换”模式考虑了全滩区的滞洪、沉沙作用，立足于生态文明建设和系统化的治理，是一种对下游滩区进行生态再造和治理的全新模式。

1. 充分发挥滩区的滞洪、沉沙作用

根据花园口站洪峰流量大于 8000m³/s 的 9 次洪水分析，花园口—孙口河段的平均削峰率为 24.37%，其中 3 次较大洪水（花园口站洪峰流量大于 15 000m³/s 的洪水）的平均削峰率为 35.02%。同时，根据 1950 年 6 月至 1998 年 10 月实测资料分析，黄河下游河道淤积的 92 亿 t 泥沙中，滩地淤积 63.70 亿 t，占总量的 69.2%。因此，滩区的滞洪、沉沙作用对于维持河道行洪能力、保障黄河下游两岸防洪安全具有重要意义。

一般洪水的含沙量和挟带的沙量要低于大洪水的，由于其主要在主槽和“嫩滩”行洪，因此沉沙主要发生在“嫩滩”。20a 一遇以上的大洪水或者特大洪水的含沙量和挟带的沙量较高，此时全滩区和主槽一起行洪，沉沙会发生在全滩区。在该模式下，泥沙根据洪水和含沙量的量级在滩区内分区落淤。由于“高滩”、“二滩”及“嫩滩”间没有防护堤或生产堤隔断，因此在发生不同量级洪水后，退水自然归槽，保证了滩槽水沙的自由交换，是区别于以往“窄河固堤”和“分区治理”的最大特征。

2. 适度保障滩区防洪安全

从防洪的角度而言，该模式的防洪格局为：防洪标准最高的“高滩”为 20a 一遇，相当于一般乡村的防洪标准（中华人民共和国住房和城乡建设部和中华人民共和国国家质量监督检验检疫总局，2014）；“二滩”约为 5a 一遇，可以抵御小洪水；“嫩滩”是行洪输沙通道。在该格局下，“嫩滩”可以常态化行洪，“二滩”可以按照基本农田的标准来防洪，而居民集中安置的“高滩”可以按照一般县城的标准来抵御中小洪水。当发生 20a 一遇以上的大洪水或者特大洪水时，全滩区和主槽一起行洪，实现洪水的分级设防。

对于一般洪水可以保障滩区的防洪安全，仅在发生较大洪水情况下才影响滩区群众的正常生产生活。

3. 系统构建生态亲水空间

以往的滩区治理模式多从治河本身的角度出发，对生态需求考虑较少。而生态再造与治理模式更加突出对沿河生态系统的打造。该模式中的“高滩”部分可以建设生态水系，“二滩”部分可以发展生态观光农业，“嫩滩”可以建设生态湿地，通过协调生态、生产和防洪安全，实现生产空间的集约高效、生活空间的适度宜居、生态空间的健康稳定，建设黄河下游和谐的“三生”空间系统。该模式立足于系统治理，立足于构建黄河下游生态亲水空间系统，立足于打造黄河下游生态经济带，是对党的十八大提出的“五位一体”总体布局要求和十九大提出的“统筹山水林田湖草系统治理”要求的积极践行。

五、结语与建议

（1）长期的水沙关系不协调及修建生产堤等人类活动，形成了黄河下游“二级悬河”等不利的河道形态，引发了黄河下游滩区治理难题。以往的“宽河固堤”、“窄河固堤”和“分区运用”等治理模式，在提高河道行洪输沙能力、提升滩区群众防洪安全水平等方面多有侧重，但均在一定程度上存在实施难度大、周期长等问题，没有考虑防洪、生态等均衡发展，也无法大范围完整实施。

（2）黄河下游滩区治理的主要需求包括防洪、生态等诸多方面，其主要途径为稳定主流并同时协调进入下游河道的水沙关系，使得河道内滩槽水沙自由交换，滩区群众用水、亲水，实施可持续的生态发展措施等。

（3）基于防洪、生态等均衡发展的理念，提出了“洪水分级设防、泥沙分区落淤、滩槽水沙自由交换”的治理模式，彻底消除“二级悬河”的影响，通过与调水调沙工程体系配合，服务于黄河下游生态经济带建设。

（4）“洪水分级设防、泥沙分区落淤、滩槽水沙自由交换”模式的实施需要全面可行的规划方案做支撑，尤其是需要明确改造后的效益，这需要在后续工作中进一步研究。

参考文献

陈效国. 2004. 黄河下游治理刍议. 人民黄河, 26(4): 8-9.
胡春宏. 2016. 黄河水沙变化与治理方略研究. 水力发电学报, 35(10): 1-11.
胡春宏, 陈建国, 孙雪岚, 等. 2008. 黄河下游河道健康状况评价与治理对策. 人民黄河, 30(10): 7-9.
胡一三. 2006. 略论二级悬河. 泥沙研究, (5): 1-9.
牛玉国, 端木礼明, 耿明全, 等. 2013. 黄河下游滩区分区治理模式探讨. 人民黄河, 5(1):7-9.
水利部黄河水利委员会. 2013. 黄河流域综合规划(2012—2030 年). 郑州: 黄河水利出版社: 103.
张红武, 李振山, 安催花, 等. 2016. 黄河下游河道与滩区治理研究的趋势与进展. 人民黄河, 38(12): 1-10.
张红武, 张俊华, 钟德钰, 等. 2011. 黄河下游游荡型河段的治理方略. 水利学报, 42(1): 8-13.

张金良. 2017. 黄河下游滩区再造与生态治理. 人民黄河, 39(6): 24-33.
赵勇. 2004. 黄河下游宽河道治理对策. 人民黄河, 26(5): 3-6.
中华人民共和国住房和城乡建设部, 中华人民共和国国家质量监督检验检疫总局. 2014. 防洪标准(GB 50201—2014). 北京: 中国计划出版社: 6.
Liu G W. 2012. On the geo-basis of river regulation in the lower reaches of the Yellow River. Science China Earth Sciences, 55(4): 530-544.
Zhang M, Huang H Q, Carling P A, et al. 2017. Sedimentation of overbank floods in the confined complex channel-floodplain system of the Lower Yellow River, China. Hydrological Processes, 31: 3472-3488.

第七节 黄河下游滩区生态治理模式与效果评价——“黄河下游滩区生态再造与治理研究”之五①

一、滩区生态治理思路背景

黄河下游滩区是黄河滞洪、沉沙区域，也是滩区居民赖以生存的家园。多年来，下游滩区治理投入较少，治理效果不明显，滩区居民防洪安全缺乏保障，灾后低水平重复建设，财富没有积累，发展没有潜力，生产生活水平低下，形成沿黄贫困带。黄河下游河道河床高于两岸地面，形成“悬河”，而滩唇一般高出黄河大堤临河地面 3m 左右，形成“二级悬河”不利态势，滩内分布有众多串沟、堤河，一旦发生较大洪水，主流就会沿串沟顶冲堤防、顺堤行洪，严重危及堤防安全（郝步荣等，1983；黄河勘测规划设计有限公司，2009）。为解决目前黄河下游面临的上述问题，结合国家生态文明战略建设要求，发挥滩区生态功能优势，提升滩区生态品质，实现确保黄河防洪安全、推动滩区群众脱贫致富奔小康及促进流域人水和谐的目标，张金良（2017）提出了黄河下游滩区生态再造治理思路：将下游滩区由黄河大堤至主槽的滩地依次分区改造为“高滩”、“二滩”和“嫩滩”（图 5.7-1），各类滩地设定不同的洪水上滩设防标准，不达标部分通过改造治理达标。“高滩”区域也可称高台，作为居民安置区；二滩为“高滩”与“嫩滩”之间的区域，发展高效农业、观光农业等，该区域上水概率较高，承担滞洪、沉沙功能；“嫩滩”为“二滩”以内的临河滩地，可建设湿地公园，与河槽一起承担行洪输沙功能。

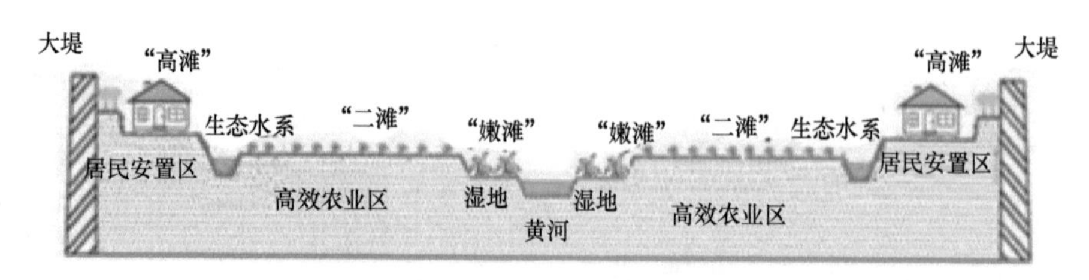

图 5.7-1 黄河下游滩区生态再造治理典型横断面示意图

本节依据黄河下游滩区生态再造治理思路，考虑各河段河道地形特征、滩区人口分布及区位特点、地方经济社会发展需求等因素，结合近期滩区居民迁建实际情况，对黄

① 作者：张金良，刘生云，暴入超，张瑞海

河下游不同河段滩区的生态治理模式及详细实施途径进行深入分析研究。

二、不同河段滩区生态治理模式及实施途径

（一）黄河下游河道及滩区基本特征

黄河下游河南省孟津县白鹤镇—山东省渔洼断面河道总面积为 4860.3km^2，其中滩区面积 3154.0km^2，2007 年底滩区人口为 189.52 万，考虑人口增长等因素进行测算，截至 2017 年底滩区人口为 195.79 万。依据河道特性，一般将黄河分为 4 个河段：①孟津县白鹤镇—郑州市京广铁路桥河段，滩地主要集中在左岸京广铁路桥以上的孟州市、温县、武陟县境内，中小洪水不漫滩；②郑州市老京广铁路桥—东坝头河段，滩区广阔且地势相对较高，主要分布在原阳县、郑州市、开封市等的大滩上，一般洪水不上滩；③东坝头—陶城铺河段，一般被称作低滩区，洪水漫滩概率较高，“二级悬河”发育，受灾频繁，是黄河下游滩区治理的重点地区；④陶城铺—渔洼河段，与上游河道相比较窄，一般被称为窄河段（黄河勘测规划设计有限公司，2009）。各河段河道、滩区的基本特征及人口、村庄分布等见表 5.7-1。

表 5.7-1 黄河下游河道滩区基本情况

河段	河道长度/km	河道面积/km^2	堤距/km	滩区面积/km^2	村庄/个	人口/万人
白鹤镇—京广铁路桥	98	744.0	5.0～10.0	445.2	73	9.56
京广铁路桥—东坝头	131	1155.2	5.0～24.0	702.5	361	47.70
东坝头—陶城铺	235	1987.9	1.5～10.0	1477.2	992	96.90
陶城铺—渔洼	350	973.2	1.0～2.0	529.1	502	41.63
合计	814	4860.3		3154.0	1928	195.79

（二）“高滩”生态移民安置

黄河下游滩区总人口为 195.79 万，扣除河南、山东两省已实施试点、3 年（2017～2019 年）内计划外迁或筑堤保护人口、已达标滩区及正在开展居民安全建设措施研究的封丘倒灌区人口，剩余人口约 91.58 万。为解决滩区群众安居问题，考虑到滩区群众的经济社会发展要求，本研究对滩区居民“高滩”生态移民安置布局、“高滩”淤筑标准、“高滩”发展模式等进行了分析。考虑下游滩区以往村台建设中的人均占地需求及公共设施占地需求并适当兼顾发展，“高滩”淤筑按人均 80m^2 标准安置滩区居民。综合考虑滩区地形条件和人口分布特点，对河南段原阳滩、长垣滩及山东段东明滩、葛庄滩等滩区，在沿大堤临河侧 300～500m，结合疏浚主槽泥沙淤筑“高滩”，共淤筑“高滩”面积 7326 万 m^2，各“高滩”安置人口 0.8 万～20 万人，防洪标准取 10～20a 一遇。为给滩区安置居民生活及经济发展创造更安全的保障，同时结合黄河下游已实施的村台建设标准，推荐“高滩”淤筑标准为 20a 一遇水位加 1.5m 超高。

在解决滩区居民安居问题的同时，对沿黄地区及滩区群众发展需求和各安置区乡镇特色进行分析，将“高滩”居民安置区打造成为生态旅游型特色小镇、历史文化型特色

小镇、农业型特色小镇及新型社区等，促进滩区发展生态观光旅游业。

（三）“二滩”生态治理

在滩区居民迁至“高滩”安置后，结合黄河下游“二级悬河”治理、地方产业发展及生态文明建设的迫切需求，开展“二滩”生态治理。据有关地形资料分析，目前黄河下游东坝头—陶城铺长235km的河段洪水漫滩概率较高且“二级悬河”发育，需要开展重点治理，淤填串沟、堤河及低洼滩区（水利部黄河水利委员会，2013）。东坝头以上河段滩面相对较高，“二级悬河”问题不突出。陶城铺以下河段河道较窄，扣除“嫩滩”行洪区域后“二滩”面积较小，故不再对东坝头以上及陶城铺以下河段开展“二滩”淤筑。“二滩”共淤筑滩面面积978.79km^2。淤筑滩面在消除“二级悬河”威胁的同时，因滩区面积较大、耕地开发利用价值较高，可适当提高淤筑标准，为滩区农业耕作提供一定保障，但若淤筑标准过高，则会影响黄河下游滩槽水沙交换，对安全行洪造成一定影响。综合分析，“二滩”采用5a一遇洪水标准进行淤筑治理。

滩区现状主要以小规模农户经营的传统农业为主，产业化、组织化程度不高，农民科技文化素养较低（中国科学院学部，2008；九三学社中央调研组，2015）。考虑到在滩区居民集中迁至“高滩”安置后，“二滩”面积广阔，便于集中管理，且防洪标准提高后为农业发展提供了适当保障，应抓住国家农业供给侧改革、土地流转政策等机遇，改变过去的小规模农户经营方式，转到依靠科技、依靠提高劳动者素质的轨道上来，打造具有独特优势的现代化规模化农业/牧业基地。同时，应充分把握城乡居民消费转型升级、休闲观光体验、科普教育等需求越来越大的机遇，发挥郑州滩、原阳滩、开封滩、长垣滩等滩区紧邻城市、交通便利、游客较集中的区位优势，充分融合农业生态保护、观光休闲体验功能，发展更高业态的农业休闲观光产品。此外，结合城市发展所需的生态空间要求，城市周边滩区可借助邻近黄河的优势，建设城市生态水系，发展生态公园，打造城市居民“后花园”。

（四）“嫩滩”改造

在塑造“高滩”和“二滩”时，通过放淤将主槽及“嫩滩”的泥沙淤至“高滩”和“二滩”，“嫩滩”改造后的形态随之形成。考虑生态发展要求，对“嫩滩”的主要功能及发展模式进行分析。根据黄河下游实际情况进行分析，滩区生态治理后“嫩滩”面积为1056km^2。“嫩滩”与主槽一起承担黄河下游行洪输沙的任务，应逐步完善黄河下游调水调沙工程体系，加强河道整治工程建设，增强主槽对河势的控制能力，长期维持黄河下游河道及“嫩滩”的过洪能力。

“嫩滩”紧邻黄河河道且经常行洪，水资源丰富，是黄河下游河道湿地的主要分布区，应维持自然形成的湿地生态，注重生物多样性、湿地生态系统保护，通过实施生态修复、湿地建设、水生物保护等措施，结合“二滩”、“高滩”生态治理，构建河、滩、田、林等复合生态空间，形成河南、山东两省生态屏障带；在紧邻城市的“嫩滩”区域，充分利用优越的自然条件和丰富的湿地资源，结合“高滩”生态旅游小镇、“二滩”休闲观光农业、生态公园等建设黄河生态湿地公园，兼具生态保护与游憩功能，成为城市生态空间的一部分，通过“高滩”+“二滩”+“嫩滩”整体城市生态观光休闲带的打造，助力沿黄地区生态旅游发展。

（五）滩区生态治理模式

黄河下游各河段及滩区各功能组成部分开展生态治理后，滩区将形成“高滩”+“现状二滩”+“嫩滩”、“高滩”+“二滩”+“嫩滩”、“现状二滩”+“嫩滩”、“二滩”+“嫩滩”和“高滩”+“嫩滩”等 5 种治理模式。在各治理模式下结合滩区区位特点、沿黄地区经济社会发展等不同要求，分析提出城市生态观光及乡村生态修复两种生态发展模式。典型滩区的平面布局见图 5.7-2。

(a) 申庄滩

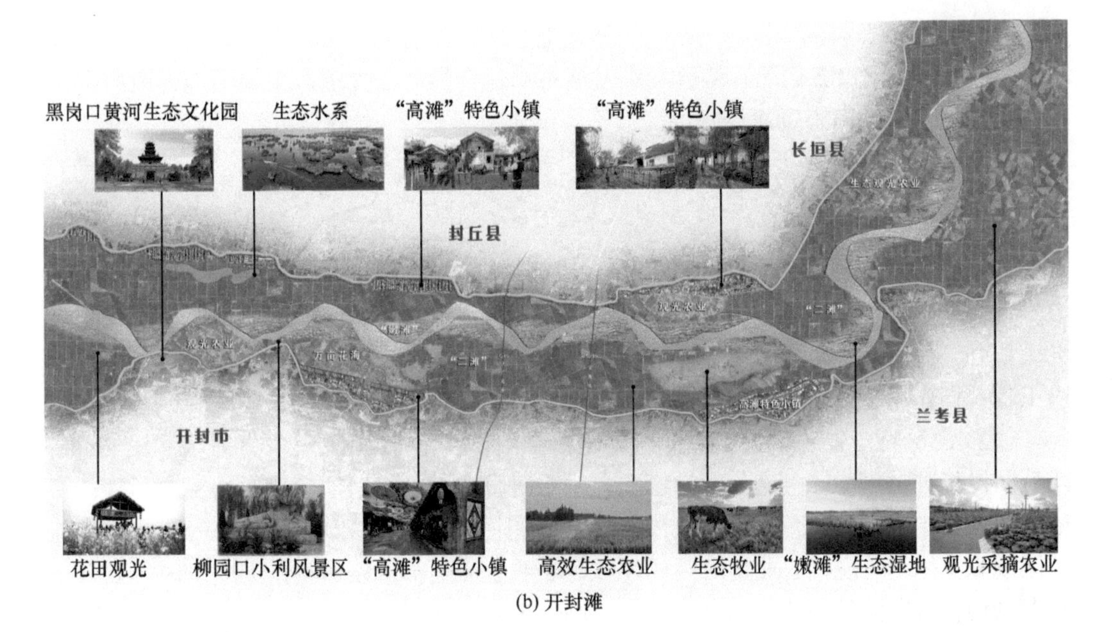

(b) 开封滩

(c) 左营滩

图 5.7-2 典型滩区的平面布局图

（六）投资分析

估算“高滩”居民安置、“高滩”淤筑及“二滩”淤筑等滩区生态移民安置与治理内容，投资共计 973.2 亿元。滩区生态发展布局包含的产业投资，主要由地方政府根据市场需求，通过招商引资途径解决，故不再纳入。

三、滩区生态治理效果评价

（1）防洪保安效果。黄河下游滩区生态治理实施后，不利的河道断面形态将得以改变，“横河”及“斜河”不利河势得到控制，顺堤行洪问题得到解决，主槽过流能力大大增强，黄河下游与滩区的防洪工程体系进一步完善，与黄河水沙调控体系和下游防洪工程共同作用，可有力促进黄河下游长治久安。

（2）滩区群众安居乐业效果。黄河下游滩区生态治理实施后，安置滩区居民的“高滩”防洪标准达到 20a 一遇，发生标准内洪水时群众的生命财产安全将得到有效保障；依托乡镇集中安置居民，为滩区发展提供了空间；“二滩”防洪标准基本达到 5a 一遇，滩区观光、休闲等现代农业生产模式建立，农业生产结构得以调整，土地资源得到合理开发利用；滩区淹没补偿政策有效落实，进一步保障滩区发展。滩区居民安居乐业，与全国人民一道共享小康社会的建设成就。

（3）生态效果。黄河下游两岸分布有郑州、开封、济南等 30 余座大中型城市，通过滩区生态治理，在城市区域建设沿黄生态水系景观，结合休闲观光农业、湿地公园，打造黄河特色旅游区、滨河景观等风貌，形成独具特色的黄河生态旅游休闲带；乡村区域通过湿地生态修复保护，结合“二滩”和“高滩”生态再造治理，构建河、滩、田、林等复合生态空间，形成河南、山东两省生态屏障带、黄河沿岸生态经济带。黄河沿岸800km以上的生态长廊将为沿黄地区提供生态空间，提升城市发展质量和竞争力，同时为保障黄淮海平原生态经济安全提供有力支撑。

（4）经济效果。经济效果主要包括农业产业化效益、生态产业带旅游收益、带动服务业就业人口及收益、节余土地指标效益等。生态治理后滩区主要产业为规模化现代农业及休闲观光农业，滩区耕地面积22.7万hm^2，滩区农业产业化效益68亿元/a。通过建设沿黄特色小镇、生态观光休闲农业、湿地景观等，形成黄河生态长廊及生态湿地文化公园。估算年接待游客数将达到近1亿人次，年直接旅游收入约400亿元。通过实施滩区生态旅游及产业带建设，可带动周边50万居民就业，年收益300亿元。滩区居民原有房屋拆除后进行土地复垦，同时结合滩区再造对滩区内串沟、堤河及荒地进行整理，可净增土地2万hm^2，每年节余建设用地土地指标效益300亿元。年均效益共计1068亿元，滩区居民人均年增收约4万元，将有力支撑滩区居民脱贫致富奔小康。同时，滩区生态治理为郑州、焦作、新乡、开封等城市及黄河沿线地区的发展提供优良条件，变黄河天堑为黄河生态走廊，促进黄河两岸经济融合，可拉动周边城市GDP增长约7000亿元，使黄河滩区成为沿线地区新的经济增长极，在促进滩区经济社会快速发展的同时实现治河和惠民双赢。

四、结语与建议

黄河下游滩区生态治理保留了黄河下游滩区水沙交互和滞洪、沉沙功能，维持了黄河下游河道“宽河固堤”的治理格局，符合国务院批复的《黄河流域防洪规划》和《黄河流域综合规划（2012—2030年）》中关于黄河下游河道治理战略及有关政策的要求。本次分析充分考虑了国家大力推进生态文明建设战略、实现人与自然和谐共生的要求，重视滩区是滩区居民赖以生存的家园这一社会属性，充分利用滩区土地优势及紧邻黄河的资源环境优势，积极发展休闲旅游服务业，大力发展现代农业，有力推进河南省“三山一滩”精准扶贫、精准脱贫工作，符合河南省“加快建设中原经济区”、“大力实施促进中部地区崛起”和“中原城市群发展规划”等战略对农业、黄河下游滩区经济社会发展的定位要求。本次分析将滩区治理放到生态文明建设大局中去谋划，打造绿水青滩，改善区域生态环境，构筑区域生态屏障，最终实现人水和谐共生，符合国家大力推进生态文明建设有关政策的要求。黄河下游滩区生态再造治理对于推动滩区群众快速脱贫致富奔小康、促进沿黄经济快速发展及流域生态文明建设具有重要作用，建议国家加快推进黄河下游滩区生态治理工作，并出台优惠政策，着力扶持以现代农业为核心的滩区一、二、三产业发展，鼓励科技型农业企业及科研技术人员到滩区发展，切实加强滩区居民职业教育和培训扶持政策，为滩区生态治理的顺利实施创造有利条件。

参 考 文 献

郝步荣，徐福龄，郭自兴. 1983. 略论黄河下游的滩区治理. 人民黄河, 5(4): 7-12.

黄河勘测规划设计有限公司. 2009. 黄河下游滩区综合治理规划. 郑州: 黄河勘测规划设计有限公司: 3-8.
黄河勘测规划设计有限公司, 黄河水利科学研究院. 2009. 黄河下游河道治理战略研究报告. 郑州: 黄河勘测规划设计有限公司: 68-153.
水利部黄河水利委员会. 2013. 黄河流域综合规划(2012—2030 年). 郑州: 黄河水利出版社: 26-35.
九三学社中央调研组. 黄河滩区发展困境和脱贫建议.(2015-05-21)[2018-06-20]. http://www. yellowriver.gov.cn/hdpt/wypl/201505/t20150521_154169.html.
张金良. 2017. 黄河下游滩区再造与生态治理. 人民黄河, 39(6): 24-33.
中国科学院学部. 2008. 关于黄河下游滩区安全和发展的对策与建议. 中国科学院院刊, 23(2): 153-156.